Carl-Auer

Für HMS und JCS

C. Otto Scharmer/Katrin Käufer

Von der Zukunft her führen

Von der Egosystem- zur Ökosystem-Wirtschaft

Theorie U in der Praxis

Aus dem Amerikanischen
von Maren Klostermann

Mit einem Vorwort von Götz W. Werner

Dritte Auflage, 2023

Umschlaggestaltung: Heinrich Eiermann (nach Motiven der Originalausgabe)
Satz u. Grafik: Verlagsservice Hegele, Heiligkreuzsteinach
Printed in Germany
Druck und Bindung: CPI books GmbH, Leck

MIX
Papier | Fördert gute Waldnutzung
FSC® C083411
www.fsc.org

klimaneutral
Mehr Bäume. Weniger CO_2

Dritte Auflage, 2023
ISBN 978-3-8497-0488-9 (Printausgabe)
ISBN 978-3-8497-8423-2 (ePub)

Titel der Originalausgabe: "Leading From The Emerging Future.
From Ego-System to Eco-System Economies"
Published in 2013 by Berrett-Koehler Publishers, Inc., San Francisco, USA

Bibliografische Information der Deutschen Nationalbibliothek:
Die Deutsche Nationalbibliothek verzeichnet diese Publikation
in der Deutschen Nationalbibliografie; detaillierte bibliografische
Daten sind im Internet über http://dnb.d-nb.de abrufbar.

Informationen zu unserem gesamten Programm, unseren Autoren
und zum Verlag finden Sie unter: **https://www.carl-auer.de/**.
Dort können Sie auch unseren Newsletter abonnieren.

Carl-Auer Verlag GmbH
Vangerowstraße 14 • 69115 Heidelberg
Tel. +49 6221 6438-0 • Fax +49 6221 6438-22
info@carl-auer.de

Inhaltsverzeichnis

Vorwort

»Wollen Sie sich das wirklich antun?« Es ist mehr als 40 Jahre her, dass mir ein ehemaliger Geschäftspartner diese Frage stellte. Wir waren in seinem Büro in einem der obersten Stockwerke eines Hochhauses in Frankfurt, und ich hatte ihm gerade meine Idee erklärt, einen discountierenden Drogeriemarkt zu eröffnen. Er konnte nicht verstehen, warum ich einen gut bezahlten Managerposten mit Dienstwagen sowie Sekretärin aufgeben und von vorne anfangen wollte. Für ihn lag es viel näher, dass ich das Erreichte bewahren sollte.

Jeder kennt Situationen, in denen man diesen Drang spürt, bewährte Erfolgsrezepte zu wiederholen, zu reproduzieren, zu perpetuieren. Diesem Impuls zu folgen bedeutet, Goethes berühmte Wette zu verlieren: »Werd ich zum Augenblicke sagen: Verweile doch! du bist so schön! Dann magst du mich in Fesseln schlagen, dann will ich gern zu Grunde gehen!« Die Frage ist: Wie oft verliere ich als Einzelner diese Wette, und wie oft verlieren wir als Gemeinschaft diese Wette?

Mein Erlebnis erzähle ich, weil es ein Kernanliegen dieses Buches veranschaulicht: Orientieren wir uns an der Vergangenheit oder an der im Entstehen befindlichen Zukunft? Meine Beobachtung ist, dass jeder Einzelne sich bei seinen täglichen Entscheidungen mal an der Vergangenheit, mal an Zukunftsweisendem orientiert. Der Punkt ist: Gelingt es uns, ein Bewusstsein für die unterschiedlichen Impulse zu entwickeln?

Wir machen es uns oft nicht klar, woher der Handlungsimpuls kommt. Deswegen kann ich jedem dieses Buch von Otto Scharmer und Katrin Käufer sehr ans Herzen legen, denn es erleichtert die Bewusstseinsarbeit, die die heutigen Herausforderungen dringend nötig machen. Wir können nur die Situationen aktiv gestalten, die wir mit Bewusstsein durchdringen. Ganz im Sinne von Joseph Beuys: »Die äußere Freiheit hat ja mit Freiheit gar nichts zu tun. Die Freiheit ist das Anwachsen des menschlichen Bewusstseins.« Oder um es mit den Worten dieses Buches zu formulieren: Aufmerksamkeit und Achtsamkeit sind das Tor zum sozialen Wandel.

Jedem grundlegenden Wandel, der mittels Einsicht erfolgt, geht ein handlungsbegründendes Realträumen voraus, das künftige Wirklichkeiten vergegenwärtigt. Die Herausforderung besteht darin, das Neue zu erkennen – also auch Chancen und Gefahren zu suchen und wahrzunehmen, für die es noch keine fertigen Begriffe gibt. Das ist nur möglich, wenn wir uns von der Vergangenheit frei machen, wenn wir uns zu einem leeren Gefäß machen können, in das die Wirklichkeit gleichsam einströmt, um dort von uns unvoreingenommen, erlebend wahrgenommen zu werden.

Worauf es ankommt ist, sich wirklich innerlich zu entrümpeln von all den Urteilen, den Vorstellungen, den Gewohnheiten, den schönen Erfahrungen. Kein (Vor-)Urteil, keine Kritik darf die Wahrnehmung verschleiern.

Damit die aufgeschlossene Wahrnehmung in einer Tat münden kann, müssen wir uns beständig daran erinnern: Auch für das größte und fernste Ziel kann nur im gegenwärtigen Augenblick gehandelt werden; die Zukunft mag noch so lebhaft vor Augen stehen, wir müssen doch den Augenblick beachten. Der Unternehmer – und jeder Mensch ist ein Unternehmer seiner Lebensbiografie – muss sich immer zurückrufen in die Verantwortung für den Augenblick, er wird leicht in Gefahr geraten, nur in die Zukunft zu denken oder in der Vergangenheit haften zu bleiben.

Können wir uns von der Vergangenheit lösen? Es geht nicht darum, die Vergangenheit zu vergessen, sondern darum, uns bewusst den gegenwärtigen Folgen unserer vergangenen Handlungen zu stellen und daraus Erkenntnisse zu gewinnen. Wenn wir aus der Erfahrung zu Einsichten und Erkenntnissen gelangen, können wir die Zukunft gestalten. Die Gefahr ist, dass sich unsere Vorstellung zwischen Wahrnehmung und Denken schiebt und dass wir das Vorgestellte für unsere Wahrnehmung der Wirklichkeit halten. Dann bleiben wir in unserem eigenen Vorstellungs- bzw. Erfahrungsgefängnis gefangen.

Erfolg heißt Erfolg, weil er Folgen hat. Und die Folgen des Erfolgs sind, dass sich die Situation verändert und dass wir nicht so weitermachen können wie bisher. Im besten Fall ist es der eigene Erfolg, auf den wir zu reagieren haben. Zu dem Gespräch damals in Frankfurt kam es aufgrund des Erfolgs von Discountern wie Aldi, die die Drogeriemarktbranche aufmischten. Die herkömmlichen Drogerien verloren Marktanteile. Auch mein Arbeitgeber, eine Großdrogerie, war in einer schwierigen Lage.

Mein damaliger Gesprächspartner hatte eine verantwortliche Position in der Industrie. Ich schätzte ihn. Darum hatte ich ihn um ein

Gespräch gebeten, um seine Meinung zu meiner Idee zu erfahren. Sein Unverständnis für meine Pläne lag vielleicht auch daran, dass er die Dramatik meiner Lage nicht verstand. Wenn er an meiner Stelle gewesen wäre, hätte er die Situation vielleicht ähnlich beurteilt wie ich.

Die Anzeichen des Künftigen waren damals offensichtlich. Für mich war es darum evident, dass es nicht so weitergehen konnte wie davor. Ich kündigte und eröffnete den ersten dm-Markt. Die Großdrogerie, bei der ich zuvor gearbeitet hatte, ging kurze Zeit später in die Insolvenz.

Wenn wir selbstbestimmt tätig werden wollen, brauchen wir Klarheit darüber, was oder wer den aktuellen Zustand bewirkt oder beeinflusst. Die Verhältnisse werden durch die Gedanken und die Willensimpulse von Menschen herbeigeführt. Veränderung beginnt im Denken.

Diesen Zusammenhang veranschaulicht das Lebenszeugnis von Christoph Kolumbus. Er hatte das Ziel, einen kürzeren Seeweg nach Indien zu finden. Er orientierte sich nicht an seinem Know-how oder seinem Erfahrungswissen, sondern am Know-why, am Ziel. Hinzu kam die Erkenntnis, dass die Erde rund ist. Diese konnte er sich in seinem Denken aneignen und daraus eine Erkenntnisgewissheit erlangen – nämlich dass er auch nach Westen in See stechen kann. Sein Handlungsimpuls kam nicht aus dem tradierten Weltbild, aus dem vorherrschenden Denken, sondern aus einem neuen Denken, das er sich mittels einer neuen Erkenntnis erschlossen hatte. Dieses Denken eröffnete ihm neue Möglichkeiten.

Die Biografie von Kolumbus fasziniert mich: Welche unerschütterliche Erkenntnisgewissheit brauchte er, um hinaus aufs offene Meer zu segeln? Kolumbus brachte als geistesgegenwärtiger Mensch aus einer bewussten Auseinandersetzung mit den Fragen der Vergangenheit und der Zukunft das Neue in die Welt. Vor dieser Aufgabe stehen wir jeden Tag aufs Neue. Dieses Buch eröffnet dem Leser den Zugang zum *Presencing*, um die Spuren der Zukunft in der Gegenwart finden, aufgreifen und verwirklichen zu können.

Götz W. Werner

Einleitung

Einem sterbenden System Leben einhauchen

Finanzkrise, Nahrungsmittelmangel, Energiekrise, Wasserknappheit, Rohstoffmangel, Klimakatastrophe, Massenarmut, Massenmigration, Fundamentalismus, Terrorismus, finanzielle Oligarchien. Wir leben in einem Zeitalter des disruptiven Wandels – der krisenhaften Erschütterungen und Zusammenbrüche. Dennoch ist die Möglichkeit tiefgreifender persönlicher, gesellschaftlicher und globaler Erneuerung nie realer gewesen als jetzt. Das hier ist unser Moment.

Dieser Moment des Umbruchs enthält zugleich Elemente von Ende und Neubeginn. Was endet, ist eine alte Zivilisation und eine Denkweise der »Ego«-Maximierung – maximaler materieller Konsum, »größer ist besser« sowie eine von Sonderinteressen getriebene Entscheidungsfindung, die uns in einen Zustand organisierter Verantwortungslosigkeit geführt hat und *Ergebnisse hervorbringt, die niemand will.*

Was neu entsteht, ist weniger klar, aber deshalb nicht weniger wichtig. Die Ankunft des Neuen lässt sich an vielen Orten auf der Welt *erspüren.* Bei dieser im Entstehen begriffenen Zukunft geht es nicht nur um Brandbekämpfung und ein Herumdoktern an der Oberfläche struktureller Veränderungen. Es geht auch nicht nur darum, ein Denkmodell, das uns nicht mehr länger dienlich ist, durch ein anderes zu ersetzen. Vielmehr geht es darum, dass diese Zukunft von uns verlangt, eine tiefere Ebene unserer Fähigkeiten und unserer Menschlichkeit aufzuschließen, gewissermaßen als Landebahn zur Verfügung zu stellen. Dieser Moment, so wir ihn nicht verschlafen, begegnet uns mit der Frage, wer wir wirklich sind und was für eine Gesellschaft wir gemeinsam in die Welt bringen wollen. Es ist eine zukünftige Möglichkeit, die wir spüren, fühlen und verwirklichen können, indem wir den *inneren Ort,* von dem aus wir handeln, öffnen und erweitern. Es ist eine mögliche Zukunft, die in diesen Momenten der globalen Erschütterung, durch die wir uns gegenwärtig bewegen, anwesend zu werden beginnt.

Dieser innere Perspektivwechsel, von der Bekämpfung des Alten hin zu einem Erspüren und Gegenwärtigen der höchsten zukünftigen Möglichkeit, bildet den Kern substanzieller Führungsarbeit. Dieser Umschwung erfordert, unser Denken vom Kopf-Feld auf das Herz-Feld zu erweitern. Es ist der Umschwung von einem Egosystem-Bewusstsein, das auf das Eigenwohl konzentriert ist, zu einem Ökosystem-Bewusstsein, das auf das Wohl aller, auf das Gemeinwohl ausgerichtet ist. Wenn wir aus einem Egosystem-Bewusstsein heraus handeln, werden wir von den Interessen und Zielen unseres *kleinen Ego-Selbst* gesteuert. Wenn unser Handeln auf einem Ökosystem-Bewusstsein basiert, dann werden unsere Impulse von unserem werdenden oder *höheren Selbst* angetrieben – das heißt von einem Interesse, das sich am Wohl des Ganzen orientiert. Die Vorsilbe *Öko* geht auf das griechische *oikos* zurück und beschreibt das »ganze Haus«. Das Wort *Ökonomie* hat dieselbe Sprachwurzel. Die Weiterentwicklung unserer derzeitigen Egosystem-Ökonomie in eine im Entstehen begriffene Ökosystem-Ökonomie bedeutet, dass wir ökonomisches Denken wieder mit seinem Ausgangspunkt verbinden, nämlich mit dem Wohl des ganzen Hauses und nicht mit bloßem Geldscheffeln oder dem Wohl einiger weniger Hausbewohner*. Während allerdings für die Griechen das »ganze Haus« etwas lokal Begrenztes war, umfasst es heute auch das Wohl unserer globalen Gemeinschaften und Ökosysteme.

Dieser Bewusstseinswandel vom Egosystem zum Ökosystem betrifft nicht nur Gruppen und Organisationen, sondern auch unsere globale Gesellschaft. Ideen, Experimente und persönliche Praktiken zu entwickeln, die diesen Wandel erleichtern oder unterstützen, ist möglicherweise eines der wichtigsten Unterfangen unserer Zeit.

Einstürzende Mauern

Über die globalen Krisen unserer Zeit sind zahlreiche Bücher geschrieben worden. Warum ein weiteres hinzufügen? Mit diesem Buch hoffen wir, Führungskräfte und Veränderungsinitiatoren in ihrer Arbeit zu unterstützen und einen Beitrag für diesen Paradigmenwechsel von der Egosystem- zu Ökosystem-Wirtschaft zu leisten.

* Aus Gründen der besseren Lesbarkeit wird auf die gleichzeitige Verwendung männlicher und weiblicher Sprachformen weitgehend verzichtet. Sämtliche Personenbezeichnungen gelten gleichwohl selbstverständlich für beiderlei Geschlecht.

Die Welt ist im Umbruch. Mauern bröckeln, Tyrannen stürzen, Polkappen und Gletscher schmelzen. Diesen Umbruch beobachten wir seit Jahren. Doch was tief eingefroren und unverändert erscheint, sind unsere *kollektiven Denkgewohnheiten* und die aus diesen Denkgewohnheiten resultierenden *Handlungen*.

Warum ist das so? Warum schaffen wir kollektiv eine Wirklichkeit, die niemand will? Was hält uns in alten Handlungsmustern gefangen? Und was können wir tun, um diese Muster, durch die wir fest im Griff der Vergangenheit bleiben, zu durchbrechen?

Der blinde Fleck: Führung von der im Entstehen begriffenen Zukunft her

Wir haben dieses Buch für all diejenigen geschrieben, die in verschiedenen Sektoren, Kulturen und Systemen, einschließlich Wirtschaft, Regierung, Zivilgesellschaft, Medien, Wissenschaft und lokalen Gemeinschaften, an Veränderungsprozessen arbeiten. Es befasst sich mit dem, was wir für einen *blinden Fleck* im heutigen Diskurs halten: Wie lässt sich auf die derzeitigen disruptiven Krisen von einem tiefen inneren Ort her antworten, aus einer im Entstehen begriffenen Zukunft heraus, anstatt gegen alte Muster anzukämpfen und diese damit zu replizieren?

Unsere Überlegungen basieren auf der These, dass wir, um von der entstehenden Zukunft her zu agieren, den inneren Ort, von dem aus wir handeln, verändern müssen. Dazu müssen wir in unserem Urteilen *innehalten*, unsere Aufmerksamkeit *umwenden*, die Vergangenheit *loslassen* und uns in die entstehende Zukunft hineinlehnen, die uns braucht, um real zu werden.

Die Fähigkeit, nicht nur auf die Vergangenheit zu reagieren, sondern sich in eine entstehende Zukunft hineinzulehnen und sie gegenwärtig werden zu lassen, ist vielleicht eine der wichtigsten Führungsfähigkeiten, die heute gebraucht werden. Je mehr wir es mit Situationen disruptiver Krisen zu tun haben, umso wichtiger ist diese Fähigkeit, von einer im Entstehen begriffenen Zukunft aus zu handeln, und das gilt nicht nur für Institutionen und Systeme, sondern auch für Teams und Individuen. Die Zeiten, in denen Individuen einen bestimmten Beruf erlernen und ihn ihr gesamtes Arbeitsleben lang ausüben, sind vorbei. Heute stehen wir vor sich rasch wandelnden Situationen, die immer mehr von uns verlangen und in denen wir uns häufig neu erfinden. Je radikaler sich unsere Umwelt verändert, desto weniger können wir uns auf existierende Denk- und Handlungsmuster verlassen und desto besser müssen wir lernen, unserem werdenden Selbst von der Zukunft her zu begegnen, ihm von dort entgegenzulaufen.

Dieses Buch ist der Versuch, drei zusammenhängende Fragen zu beantworten:

1) Wie führen wir angesichts von Zusammenbrüchen *von der entstehenden Zukunft her*?
2) Wie kann ein *evolutionärer* Bezugsrahmen aussehen, der eine Orientierung im Hinblick auf die *Entwicklungsstufen der Ökonomie* bietet?
3) Welche *Strategien* können uns helfen, unser werdendes Selbst als Mikrokosmos und Vehikel für die Transformation des Ganzen zu entwickeln?

Beginnen wir mit einem Ausflug entlang des sogenannten »Eisberg«-Modells unseres derzeitigen Gesellschafts- und Wirtschaftssystems (vgl. auch Abb. 1). Wieso Eisberg? Wie bei einem Eisberg sind unter der sichtbaren Ebene der Ereignisse und Krisen tiefer liegende Strukturen, mentale Modelle und Ursachen verborgen, die für die Entstehung dieser Krisen verantwortlich sind. Ignoriert man diese tiefer liegenden Schichten, dann bleiben wir in der Reinszenierung derselben alten Muster gefangen.

Eine genauere Untersuchung der verschiedenen Schichten des Eisbergs – von der Oberfläche zur Tiefe – wirft Licht auf mehrere blinde Flecke, die – wenn man sie beachtet – dazu beitragen können, unsere Ökonomie und Gesellschaft so umzugestalten, dass sie an Intentionalität, Inklusivität und Inspiration gewinnen.

Symptome: Eine Landschaft der Pathologien

Wie die Spitze eines Eisbergs – also diese 10 Prozent, die über der Wasseroberfläche sichtbar sind – machen unsere derzeitigen Krisen den sichtbaren und expliziten Teil unserer gegenwärtigen Realität aus. Diese sichtbare Symptomebene beschreibt eine Problemlandschaft, die durch drei Abgründe gekennzeichnet ist, vor denen wir gegenwärtig als Zivilisation stehen: einem *ökologischen*, einem *sozialen* und einem *spirituell-kulturellen Abgrund.*

Der ökologische Abgrund

Wir plündern unsere natürlichen Rohstoffe, verbrauchen jedes Jahr größere Mengen an nicht erneuerbaren, kostbaren Ressourcen. Obwohl wir nur über einen Planeten Erde verfügen, hinterlassen wir einen ökologischen Fußabdruck von 1,5 Planeten. Das heißt: Um unsere Konsumbedürfnisse derzeitig zu befriedigen, verbrauchen wir 50 Prozent mehr an Ressourcen, als die Erde reproduzieren kann. Diese Übernutzung wird z. B. darin sichtbar, dass ein Drittel unserer landwirtschaftlich nutzbaren Fläche im Laufe der letzten vierzig Jahre verschwunden ist. Verstärkt durch den rapide sinkenden Wasserpegel erhöht sich das Risiko einer Nahrungsmittelknappheit erheblich und auch das Risiko eines starken Preisanstiegs für Nahrungsmittel.

Der soziale Abgrund

Zweieinhalb Milliarden Menschen weltweit leben von weniger als zwei US-Dollar am Tag, und rund eine Milliarde Menschen leben in extremer Armut. Auch wenn viele Erfolge in der Armutsbekämpfung zu verzeichnen sind, hat sich an dieser Zahl in den letzten Jahrzehnten kaum etwas geändert. Hinzu kommt eine wachsende Polarisierung der Gesellschaft, bei der – im Fall der USA – das oberste Prozent ein größeres Vermögen besitzt als die Gesamtheit der unteren 90 Prozent.[1]

Der soziale Abgrund ist das Auseinanderfallen, ist die gähnende Kluft zwischen den Besitzenden und Besitzlosen (Haves und Have Nots).

Der spirituell-kulturelle Abgrund

Während der ökologische Abgrund auf einer Distanz zwischen Selbst und Natur beruht und der soziale Abgrund auf einer Distanz zwischen Selbst und dem anderen, beschreibt der spirituell-kulturelle Abgrund eine Trennung in uns selber, im eigenen Selbst – das heißt einen Bruch zwischen unserem gewordenen und unserem werdenden Selbst, unserem höchstmöglichen Zukunftspotenzial. Dieser Abgrund wird in den rasant ansteigenden Fällen von Burn-out und Depressionen immer sichtbarer und reflektiert einen Bruch zwischen unserem tatsächlichen Handeln und unserem authentischen Selbst. Laut WHO starben im Jahr 2000 weltweit mehr als doppelt so viele Menschen durch Selbstmord wie in Kriegen.[2]

Was ist unser Umgang als Gesellschaft mit der sich vertiefenden Kluft dieser Abgründe? Was haben wir gelernt?

Im 20. Jahrhundert haben wir Ministerien und UN-Behörden für jede dieser Bruchlinien gegründet; zudem haben wir Nicht-Regierungsorganisationen (NGOs) geschaffen, die sich spezifischer Krisen und Probleme annehmen; in der Wissenschaft und in Universitäten haben wir für jeden dieser Problembereiche einen oder mehrere Fachbereiche, mit entsprechenden Fachzeitschriften, Promotions- und Karrierewegen etc., geschaffen. Das Ergebnis ist eine Versäulung, ist eine Silostruktur, die die Bruchlinien der jeweiligen Problem- und Symptommuster widerspiegelt und reproduziert.

In unserem Bild des Eisbergs soll jetzt ein Versuch unternommen werden, den tiefer liegenden und nicht unmittelbar sichtbaren Rest des Eisbergs zu erkennen – die tieferen systemischen Strukturen unter der Wasseroberfläche.

Strukturen: Systemische Entkopplungen

Ein Blick unter die Wasseroberfläche macht wichtige strukturelle Bruchlinien oder Abkopplungen sichtbar:

1) *Die Entkopplung der Finanz- von der Realwirtschaft.* Ein Symptom dieser Bruchlinie ist der Fakt, dass sich der Gesamtwert der weltweiten Devisengeschäfte 2010 auf 1,5 Billiarden US-Dollar (1 Billiarde sind 1000 Billionen) belief, während der Gesamtwert des internationalen Handels lediglich 20 Billionen US-Dollar betrug, also weniger als 1,4 Prozent aller Devisentransaktionen. Lawrence Lau, emeritierter Professor für Wirtschaftsentwicklung an der Stanford University und Chairman von CIC International (Hongkong), erklärt in diesem Zusammenhang: »Die überwältigende Mehrheit der Devisengeschäfte ist also rein spekulativ – im Grunde reines Glücksspiel, das keinerlei nützlichen sozialen Zwecken dient.«[3] Diese Entkopplung zwischen der Finanz- und der Realwirtschaft erzeugt die Finanzblasen, die die globale Wirtschaft immer wieder heim-

suchen: die lateinamerikanische Schuldenkrise (1980er), die asiatische Finanzkrise (1997), die Dotcom-Blase (2000) und die US-amerikanische Immobilienkrise (2006–2007), gefolgt von der internationalen Finanzkrise (2007–2009) und der Eurokrise (2010–). Solche Finanzblasen destabilisieren die reale Wirtschaft, anstatt ihr zu dienen.

2) *Die Entkopplung eines unbegrenzten Wachstumsimperativs von den begrenzten Ressourcen der Erde.* Diese Bruchlinie zwischen einem, von der derzeitigen Wirtschaftslogik geforderten, unbegrenzten Wachstum und den nur endlichen Ressourcen der Erde hat eine Riesenblase hervorgerufen: Die eklatante Übernutzung knapper Ressourcen wie Wasser und Boden hat dazu geführt, dass innerhalb einer Generation weltweit ein Drittel unserer landwirtschaftlichen Flächen verloren gegangen ist.
3) *Die Abkopplung der Besitzenden von den Besitzlosen.* Diese Entkopplung hat zu einer extremen Ungerechtigkeitsblase geführt, bei der die reichsten ein Prozent der Weltbevölkerung (Erwachsene mit Einkommen über 500 000 US-Dollar) 40 Prozent des weltweiten Vermögens besitzen, während die Hälfte der Weltbevölkerung (50 Prozent) gemeinsam gerade einmal ein Prozent des globalen Haushaltsvermögens besitzt.[4] Die wachsende Polarisierung von Vermögen und Einkommen unterminiert den Zugang zu gleichen Chancen und untergräbt von daher grundlegende Menschenrechte in der heutigen Gesellschaft.
4) *Die Entkopplung einer institutionellen Führung von den Menschen.* Diese Abkopplung resultiert in einem Führungsdefizit, das darin sichtbar wird, dass wir kollektiv Ergebnisse hervorbringen, die niemand will. Dieser Zustand kollektiver Paralyse ist ein Kennzeichen der derzeit bestehenden systemweiten Führungsschwäche (oder »Blase«).
5) *Die Entkopplung des Bruttoinlandsproduktes (BIP) vom Wohlbefinden in der Gesellschaft.* Diese Abkopplung wird als Konsumblase sichtbar, als zunehmender materieller Konsum, der das tatsächliche Wohlbefinden der Menschen einer Gesellschaft nicht fördert. Studien in Industrieländern zeigen, dass, im Gegensatz zu weitverbreiteten Überzeugungen, ein höheres Bruttoinlandsprodukt und höherer materieller Konsum nicht zu einem größeren Wohlbefinden führen, wie wir weiter unten noch ausführlicher besprechen werden.

6) *Die Entkopplung zwischen Governance (Leitung und Kontrolle) und Menschen ohne Mitspracherecht in unseren Systemen.* Bei der Abkopplung zwischen derzeitigen Governance-Mechanismen und den Stimmen der Marginalisierten handelt es sich um ein Governance-Versagen, bei dem die Menschen das System, in dem sie leben, sei es die Stadt, der Staat oder die Region, in keiner oder nur geringer Weise beeinflussen oder ändern können. Bauern in Indien, zum Beispiel, die die Eigentumsrechte an ihrem Saatgut an Monsanto verlieren.
7) *Die Entkopplung von Eigentumsrechten von der bestmöglichen gesellschaftlichen Nutzung von Eigentum.* Diese Entkopplung resultiert in einer katastrophalen Übernutzung und einem Missmanagement der ökologisch-sozialen Gemeingüter in einem bisher nicht gekannten Ausmaß.
8) *Die Entkopplung der Technikentwicklung von realen gesellschaftlichen Bedürfnissen.* Diese Abkopplung erzeugt Wohlfühlblasen, die dem Wohlsein einiger weniger in bereits heute überversorgten Märkten dienen. So ist zum Beispiel der Großteil der Ausgaben für Forschung und Entwicklung in der pharmazeutischen Industrie auf Märkte in den Industrieländern ausgerichtet, während die Bedürfnisse an der Basis der sozioökonomischen Pyramide größtenteils ignoriert werden.

Diese strukturellen Entkopplungen erzeugen Systeme, die darauf angelegt sind, *nicht* zu lernen. Diese Systeme operieren über *verzögerte* oder *unterbrochene* Feedbackschleifen, die die Entscheidungsträger davon abhalten, die Auswirkungen ihrer Entscheidungen selbst zu erleben, zu spüren oder ihrer wirklich gewahr zu werden. In unseren komplexen und globalen Systemen beeinflussen Entscheidungsträger durch ihre Handlungen häufig große Menschengruppen, ohne die Folgen ihres Handelns jemals zu sehen, zu fühlen oder bewusst wahrzunehmen. Ohne Feedback aber gibt es kein Lernen. Die Folge ist, dass Institutionen dazu tendieren, sich zu wenig und zu spät zu ändern.[5]

Positive Externalitäten fließen nach oben, negative nach unten

Ein zweites Merkmal, das den strukturellen Entkopplungen gemeinsam ist, betrifft die Externalitäten. *Externalität* ist ein Begriff aus den Wirtschaftswissenschaften, der sich auf unbeabsichtigte Nebeneffekte für Dritte oder auf Kosten bezieht, die im Preis nicht berücksichtigt

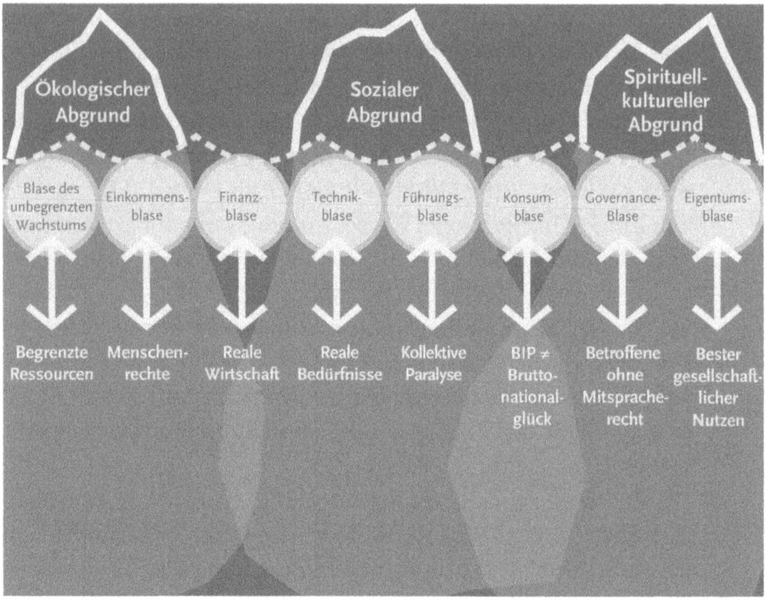

Abb. 1: Das Eisberg-Modell: Eine Oberfläche mit Symptomen und strukturellen Entkopplungen darunter

werden. Externalitäten können positiv (Gewinne) oder negativ (Kosten) sein. So genieße ich es vielleicht, mit meinem Auto zu fahren, nehme aber im Gegensatz zu dem Fahrradfahrer hinter mir nur selten die negative Externalität – die Luftverschmutzung – wahr, die ich produziere.

Unsere soziale und ökonomische Gegenwart ist dadurch gekennzeichnet, dass positive Externalitäten in der sozioökonomischen Pyramide nach oben fließen, während die negativen tendenziell nach unten fließen. Das lässt sich sowohl in Organisationen als auch auf Gesellschaftsebene beobachten. Global betrachtet sind wertvolle Rohstoffe seit Jahrhunderten vom globalen Süden zum Norden geflossen, von Entwicklungs- zu Industrieländern, während Giftmüll und toxische Produkte den entgegengesetzten Weg gegangen sind. All diese Ströme werden durch ökonomische Theorien wie z. B. die vom komparativen Kostenvorteil erklärt. Diese Theorien berücksichtigen allerdings nicht die Wirkung von Externalitäten.

Wann immer ökologische Probleme und Umweltkatastrophen eintreten, bezahlen die Armen den höchsten Preis (z. B. nach Hurrikan Kathrina in den USA oder nach den Tsunamis von 2004 und 2011 in Indonesien und Japan). Wenn die Preise für Nahrungsmittel infolge von menschengemachten Umweltproblemen in die Höhe schießen, leiden die 2,5 Milliarden Menschen, die unterhalb der Armutsgrenze leben, am meisten darunter.

In den Vereinigten Staaten forderte der wirtschaftliche Zusammenbruch von 2008 die größten Opfer von Familien mit mittlerem oder niedrigem Einkommen. Heute wissen wir, dass die Finanzbranche mit toxischen Immobilienkrediten speziell die ärmeren Bevölkerungsgruppen ins Visier genommen hatte. Während die Gewinne an der Wall Street wieder gewachsen sind, gehören die weniger Privilegierten weiterhin zu den Verlierern: Zuerst haben sie ihre Arbeit verloren, dann Fördergelder für Schulen, Schulküchen und Bibliotheken und schließlich auch noch Heizkostenzuschüsse und medizinische Dienstleistungen.

Im Gegensatz dazu kommen die Wall-Street-Banker, deren kollektives Verhalten diese Krise verursacht hat, im Großen und Ganzen wieder in den Genuss ihrer Bonuspakete. Tatsächlich haben sich ihr Einfluss und ihre Möglichkeit, dem Staat künftig noch mehr Beihilfen zu entlocken, nach 2008 weiter vergrößert. 1995 besaßen die sechs größten Bank-Dachorganisationen in den USA ein Gesamtvermögen, das auf weniger als 17,1 Prozent des US-amerikanischen Bruttoinlandsprodukts geschätzt wurde.[6] Dreizehn Jahre später, am Vorabend der finanziellen Krise von 2008, beliefen sich die Aktiva dieser Finanzdienstleister auf 55 Prozent des Bruttoinlandsprodukts. Im Jahr 2010 war dieser Anteil keineswegs geschrumpft. Im Gegenteil – das gemeinsame Vermögen erreichte 64 Prozent des BIP. Das heißt, der Möglichkeitsraum der sechs größten Wall-Street-Banken, exzessive Risiken einzugehen, um Gewinne zu privatisieren und Verluste zu sozialisieren, indem sie einen vom Steuerzahler finanzierten Rettungsschirm erzwingen, ist nicht kleiner, sondern größer geworden.[7]

Das Geld fließt in die falsche Richtung

Ein drittes Merkmal betrifft den Geldfluss. Um kosteneffizient zu arbeiten und Kreditrisiken zu minimieren, konzentrieren sich Banken und Finanzinstitutionen auf die Finanzierung großer Projekte für bekannte Kunden, die ausreichende Sicherheiten bieten und auf bestehende Geschäftsmodelle und bekannte Technologien in vertrauten Märkten setzen.

Kleinere Projekte von jungen Unternehmern, möglicherweise ohne einschlägige Referenzen oder Sicherheiten, erfordern von den Banken, dass sie auf den Einzelfall zugeschnittene Kreditentscheidungen treffen, die riskanter und teurer sind. Um zum Beispiel zu entscheiden, ob Innovationen im Bereich erneuerbare Energien finanziert werden sollen, braucht man Fachkenntnisse, über die traditionelle Kreditgeber in der Regel nicht verfügen. Die Folge ist, dass innovative Unternehmer und kleine, noch junge Firmen, die Projekte in neuen Bereichen in Angriff nehmen oder in Bereichen mit traditionell niedrigen Gewinnen, einen besonders eingeschränkten Zugang zum Kapital haben und mehr dafür bezahlen.

Von daher fließt Geld in unserem heutigen Finanzsystem in die falsche Richtung: Wer innovativ ist, neue Ideen ausprobiert oder sogar bewusst niedrigere Gewinne in Kauf nimmt, um zum gesellschaftlichen Nutzen beizutragen, zahlt mehr, während jene, die unter Umständen bereits mehr haben, als sie wirklich brauchen, weniger zahlen.

Das sind alles Beispiele für dasselbe grundsätzliche Problem: Das ökonomische Spielfeld ist auf die Big Player ausgerichtet, welche die Gewinne an der Spitze privatisieren und die Verluste sozialisieren. Die dadurch aufgeworfene Frage, warum ökonomische Chancen derart ungleich verteilt sind, bringt uns zum vierten gemeinsamen Merkmal der strukturellen Entkopplungen – der Rolle von organisierten Sonderinteressen.

Die politische Steuerung und Kontrolle (Governance) durch organisierte Interessen

Viele organisierte Interessengruppen, zum Beispiel in Bereichen wie Bankwesen, Landwirtschaft, Atomenergie, Öl und Pharmazie, haben einen unverhältnismäßig großen Einfluss auf die Steuerungsorgane, die ursprünglich mit dem Ziel gegründet wurden, diese Gruppen zu überwachen. Zur Debatte steht nicht nur das Ausmaß an Geld und Lobbyistenmacht, über das diese Gruppen verfügen, sondern auch die Drehtür-Praxis, die in Washington und anderen Regierungszentralen weltweit herrscht.

Um nur eines von vielen möglichen Beispielen zu nennen: Am 5. November 2008, dem Tag nach der Wahl von Barack Obama zum US-Präsidenten, wurde Michael Froman von Citigroup, einem einflussreichen Spendenbeschaffer im Wahlkampf, damit beauftragt, das Wirtschaftsteam der Obama-Regierung zusammenzustellen. In dieser Funktion blieb Froman zwei weitere Monate lang Angestellter von Citigroup, obwohl es seine Aufgabe war, die Personen zu identifizieren, die in den folgenden Wochen und Monaten eine Kontrollfunktion in Bezug auf Citigroup und die anderen Finanzinstitutionen ausüben sollten.[8] Das Ergebnis ist bekannt.

Ähnlich kehrten diejenigen, die für die Deregulierung der Finanzbranche während der Clinton-Regierung verantwortlich waren, in Schlüsselpositionen in der Obama-Regierung zurück, wo sie massive Rettungsschirm-Programme für ihre ehemaligen Kollegen und ihre »zum Scheitern zu großen« Banken entwickelten.

Dieses Muster wiederholt sich in der Nahrungsmittelbranche. Eine Drehtür zwischen Monsanto, dem Lebensmittelriesen, und seinen beiden regulierenden Regierungsbehörden, der Food and Drug Administration (FDA) und der Environmental Protection Agency (EPA), verhindert eine wirkungsvolle Kontrolle. Die potenziellen Schäden, die aus diesem Bündnis entstehen, sind nicht weniger gravierend als im Falle des Finanzsektors.

Wenn der politische Prozess durch ungleiche Voraussetzungen und fehlende Transparenz von vornherein beeinflusst wird, kommt es zu Dysfunktionalitäten, wie oben beschrieben. Wie wir aus der Arbeit des Ökonomen Mancur Olson über kollektives Handeln wissen, können Gruppen mit nur wenigen Mitgliedern sich selbst schnell organisieren und mit einer gemeinsamen Stimme sprechen.[9] Offensichtliche Beispiele sind die Big Player in der Finanz-, Lebensmittel-, Gesundheits- und Energiebranche. Größere und diversere Gruppen können sich nicht so mühelos organisieren und haben folglich größere Schwierigkeiten, den Interessen ihrer Mitglieder Gehör zu verschaffen. Steuerzahler, die für die Rettungsschirme bezahlen, und künftige Generationen sind zwei gute Beispiele für Gruppen, deren Stimme in politischen Prozessen untergeht.

Diese strukturellen Probleme sind wichtig, und es müssen neue Wege und Lösungen gefunden werden. Doch ist die strukturelle Ebene möglicherweise nicht die Grundursache für die oben besprochene Landschaft der Pathologien. Was ist also angesichts all dieser Blasen und Brüche die *force motrice*, die uns dazu veranlasst, diese höchst dysfunktionalen Strukturen immer wieder zu reproduzieren?

Mentale Modelle, die strukturelle Entkopplungen generieren

Im Eisberg-Modell bezeichnen wir diese tiefere Schicht als »Denken«, »mentale Modelle« oder Paradigmen ökonomischen Denkens.[10] Wie Albert Einstein es so treffend formulierte: »Man kann Probleme nicht mit demselben Denken lösen, durch das sie entstanden sind.«[11] Das Denken erschafft die Welt. Die Strukturen des ökonomischen Denkens von gestern zeigen sich in den Strukturen der Institutionen und Handlungen von heute. Wenn wir unser globales ökonomisches Betriebssystem erneuern wollen, müssen wir *als Erstes* das ihm zugrunde liegende Denksystem erneuern; wir müssen unsere *ökonomische Logik* und Denkweise aktualisieren, d. h. wieder auf Ballhöhe bringen.

Egosystem-Bewusstsein versus Ökosystem-Realität

Das heutige Denken prägt, wie wir die Wirklichkeit von morgen inszenieren. Diese Verbindung zwischen Denken und Erschaffung der gesellschaftlichen Realität tritt nirgends deutlicher zutage als in unserer Wirtschaft.

Die acht oben aufgeführten Bruchlinien stehen für die Entkopplung von zwei Welten – für die Entkopplung der Struktur gesellschaftlicher Realität von der Struktur ökonomischen Denkens. Man könnte auch sagen, dass es sich um eine Entkopplung der Strukturen der Ökosystem-Realität von den Strukturen des Egosystem-Bewusstseins handelt. Die heutige wirtschaftliche Realität ist eingebettet in ein globales Ökosystem von ökologischen, sozialen, politischen und kulturellen Kontexten, die aufs Engste miteinander verwoben sind und sich auf ungewisse, komplexe und schwer fassbare Weise entwickeln. Diese Bedingungen erfordern aufseiten von Entscheidungsträgern eine Denkweise, die offener, aufmerksamer, anpassungsfähiger und eingestimmter auf entstehende Veränderungen reagiert.

Stattdessen ist in der derzeitigen Realität häufig eine Entkopplung zwischen Realität und Bewusstsein zu beobachten; das heißt zwischen einer globalen Wirtschaft, die als ein interdependentes Ökosystem strukturiert ist, und dem Bewusstsein von institutionellen Entscheidungsträgern, das um personale und institutionelle Egosysteme strukturiert ist. Das Ergebnis ist ein Krieg der Teile gegen das Ganze. Wir beobachten die Auswirkung dieser Entkopplung zum Beispiel in der dramatischen Übernutzung von knappen Ressourcen, die häufig als »Tragik der *commons*« bezeichnet wird.[12]

Die Überbrückung der Kluft zwischen Ökosystem-Realität und Egosystem-Bewusstsein ist die vielleicht wichtigste Führungsherausforderung unserer Zeit. Entscheidungsträger in allen Institutionen eines Systems müssen sich auf einen *gemeinsamen Weg* begeben und lernen, nicht nur den eigenen Standpunkt (Ego-Bewusstsein) zu sehen, sondern das System aus der Perspektive der anderen Akteure wahrzunehmen, insbesondere jener, die am stärksten marginalisiert sind. Ziel muss sein, gemeinsam eine entstehende Zukunft für das System zu erspüren, zu inspirieren und zu gestalten, eine Zukunft, die das Wohl aller und nicht nur das Wohl einiger weniger wertschätzt.

Das ist nicht nur eine ethische, sondern auch eine *ökonomische* Aufgabe. Blicken wir zum Beispiel auf die Euro-Krise im Anschluss an die globale Finanzkrise von 2008. Die Euro-Krise ist in nicht geringem Ausmaß eine Folge davon, dass Deutschland und einige andere Staaten zu einer auf den Nationalstaat zentrierten Sichtweise der Realität zurückgekehrt sind. Was hat die EU nach dem Zweiten Weltkrieg zu einer so unglaublichen Erfolgsstory gemacht? Der Einklang zwischen Frankreich und Deutschland, die mit anderen europäischen Kernstaaten darin übereinstimmten, dass sie gemeinsam eine Zukunft schaffen wollten, die anders sein sollte als die Vergangenheit. Mit den immer noch lebendigen Erinnerungen an den Krieg war Westdeutschland bereit, etwas mehr zu bezahlen, als ein eingeschränktes, auf den Nationalstaat zentriertes Eigeninteresse verlangt hätte. Der daraus resultierende EU-Prozess ist größtenteils erfolgreich verlaufen. Die heutige EU hat im Gegensatz zu der in den USA herrschenden Meinung die weltgrößte Ökonomie, mit einem Bruttoinlandsprodukt von 17,6 Billionen Dollar im Jahr 2011 (gefolgt von den USA mit 15,1 Billionen Dollar und China mit 7,3 Billionen), wovon die meisten der 500 Millionen Bürger in den 27 Mitgliedsstaaten profitiert haben.

Der Erfolg der EU spricht dafür, dass eine gute Wirtschaft und eine gute Politik davon abhängen, dass man sein Eigeninteresse breit (ökozentrisch) und nicht eng (egozentrisch) definiert, damit es mit dem Wohl anderer und dem Wohl des Ganzen im Einklang steht. Leider beweisen die sich abzeichnenden Misserfolge der EU denselben Punkt. Eine schlechte Wirtschaft und eine schlechte Politik sind das Ergebnis eines zu eng definierten Eigeninteresses. Bei der Euro-Krise sieht man exemplarisch, wie ein eng definiertes Eigeninteresse zu schlechten ökonomischen und politischen Entscheidungen führt. Im September 2008, nach dem Zusammenbruch von Lehman Brothers erklärte der deutsche Finanzminister vor dem Parlament, dass dies ein amerikanisches, kein europäisches oder deutsches Problem sei.[13] Die zweite und größere Fehleinschätzung folgte am 12. Oktober 2008, als sich die deutsche Kanzlerin und ihr Finanzminister in Paris mit ihren EU-Kollegen zum ersten Krisengipfel trafen und entschieden, dass jedes Land seinen eigenen Rettungsmechanismus entwickeln würde, anstatt einen gemeinsamen europäischen Mechanismus zu konzipieren, der die Europäische Gemeinschaft schützen könnte.[14]

Was fehlte, war ein Augenblick des *reflexiven Gegenwärtigwerdens,* bei dem alle Akteure in den Spiegel schauen und sehen, was sie sich selbst antun. Sie hätten ihre auf den Nationalstaat fixierte Ego-Sichtweise aufgeben und sie durch eine Denkweise ersetzen können, die den komplexen globalen Ökosystem-Realitäten, vor denen sie heute stehen, angemessen wäre. Diese zweite Sichtweise bezeichnen wir als Ökosystem-Bewusstsein, weil sie das Wohl anderer und das Wohl des Ganzen wertschätzt und berücksichtigt.

Vom Egosystem- zum Ökosystem-Bewusstsein

Der Landschaft der Symptome und den acht strukturellen Bruchlinien liegt dieselbe tiefere Ursache zugrunde – ein ökonomischer Denkrahmen, der in der Vergangenheit feststeckt. Das Denkmodell, mit dem wir heute arbeiten, mag früher angemessen gewesen sein, doch zu den komplexen Herausforderungen und Anforderungen unserer heutigen Zeit hat es keinen Bezug mehr.

Wie sind wir an diesen Punkt gekommen? Wie hat sich das ökonomische Denken im Laufe der Zeit entwickelt? Welche anderen ökonomischen Denksysteme stehen uns heute zur Verfügung, und welches könnte das nächste sein?

Abbildung 2 beschreibt vier Stadien, Denkweisen und Paradigmen ökonomischen Denkens, die jeweils eine andere Lösung für die Frage anbieten, vor der jede moderne Ökonomie steht: Wie koordiniert man Kooperationsprozesse und Arbeitsteilung? Dafür gibt es aus der Geschichte der Ökonomie vier Vorschläge:

1.0: Das staatszentrierte Modell, in dem die Koordination durch Hierarchie und Kontrolle in einer Einzelsektorgesellschaft stattfindet.
2.0: Das Modell des freien Marktes, das durch den Aufstieg eines zweiten (privaten) Sektors gekennzeichnet ist und in dem die Koordinierung durch die Mechanismen von Markt und Wettbewerb stattfindet.
3.0: Das Modell der sozialen Marktwirtschaft, gekennzeichnet durch den Aufstieg eines dritten Sektors und durch die verhandelte und diskursive Koordination zwischen organisierten Interessengruppen.
4.0: Das Modell einer generativen Gemeinwirtschaft, gekennzeichnet durch den Aufstieg eines vierten Sektors, der Plattformen schafft und die Möglichkeit für sektorübergreifende Kooperation und Innovation bietet, an denen Partner aus allen Sektoren beteiligt sind.

Wie bei den Stadien einer Evolution finden sich die früheren Stadien auch in späteren Stadien wieder: Das heißt, alle vier Koordinationsmechanismen ergänzen sich und ersetzen sich nicht gegenseitig.

Der ökonomische und politische Diskurs wird jedoch häufig als Entscheidung zwischen größerer Privatisierung, Deregulierung und Einschränkung des Wohlfahrtsstaates einerseits und mehr Regulierung, Staat und anreizbasierter Defizitfinanzierung andererseits dargestellt. Diese Debatte spiegelt die Welt des 20. Jahrhunderts, nicht die des 21. Jahrhunderts wider.

In Anlehnung an das obige Einstein zugeschriebene Zitat könnte man auch sagen: Wir können die heutigen Ökosystemprobleme, die wir als 4.0 beschrieben haben, nicht mit der 2.0- und 3.0-Denkweise lösen, die diese Probleme hervorgebracht hat. Wir müssen gemeinsam einen neuen ökonomischen Bezugsrahmen schaffen, der uns hilft, ökonomische Schlüsselkonzepte von einer bewusstseinsbasierten Perspektive aus zu überdenken und zu entwickeln. Außerdem müssen wir aus diesem Bezugsrahmen oder diesem Denken heraus Methoden, Prozesse, Institutionen und Werkzeuge entwickeln, mit

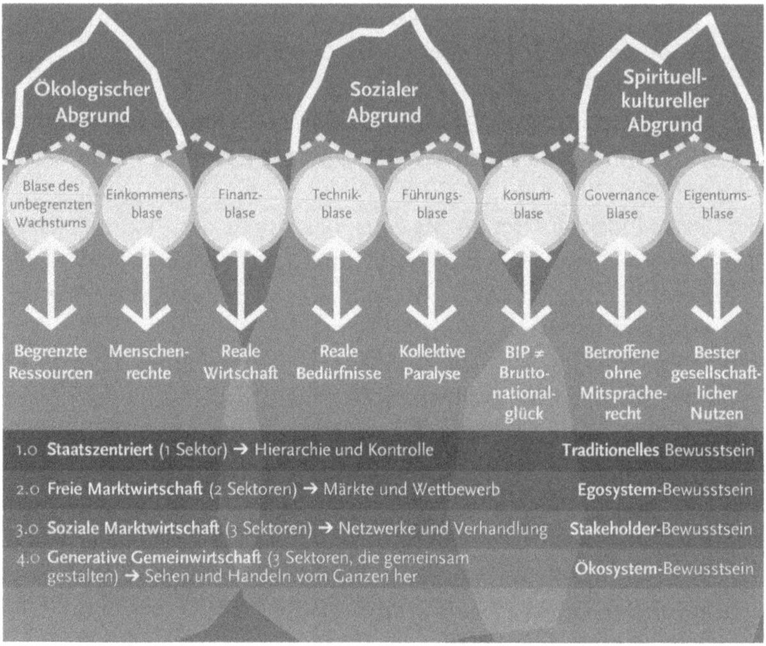

Abb. 2: Das Eisberg-Modell: Symptome, Strukturen, Denken und Quellen

denen wir die Herausforderungen unserer derzeitigen Realität in Angriff nehmen können.

Geht Ihnen gerade durch den Kopf, dass diese ökonomischen Ausführungen ein bisschen langweilig sind? Nun, das ist genau *das* Denkmuster, das uns davon abhält, über unseren blinden Fleck hinauszuschauen. *Der blinde Fleck unserer Zeit ist, dass wir das etablierte ökonomische Denken für selbstverständlich halten, so als wäre es ein Naturgesetz.* Doch in Wahrheit beginnen diese sogenannten Wirtschaftsgesetze, sich zu verflüssigen und zu verwandeln, sobald man anfängt, eine wichtige Variable zu verändern: die *Qualität des Bewusstseins* der Teilnehmer in einem System. Wer sind diese Teilnehmer? Dazu gehören Führungskräfte und Veränderungsmacher in Wirtschaft, Regierung und Zivilgesellschaft ebenso wie Verbraucher, Investoren und lokale Gemeinschaften.

In Kapitel 3 rekonstruieren wir die Evolution der ökonomischen Logik, die der Entwicklung der Ökonomie zugrunde liegt. Und wir zeigen, dass es sich bei diesem Entwicklungsweg im Wesentlichen um eine Evolution des menschlichen *Bewusstseins* handelt.

Diese ökonomischen Denkrahmen beschreiben vier verschiedene wirtschaftliche Logiken oder Paradigmen, die zu vier unterschiedlichen operativen Betriebssystemen führen. Das ökonomische Betriebssystem 1.0 basiert auf einem traditionellen Bewusstsein und einem hierarchischen Denken. Das ökonomische Betriebssystem 2.0 beruht auf dem Egosystem-Bewusstsein und egozentriertem Denken (in der neoklassischen Ökonomie wird dieses »Ego« als *Homo oeconomicus* bezeichnet, d. h. die Vorstellung von einem Menschen, dessen Handeln ausschließlich der Maximierung seines Eigeninteresses dient). Das ökonomische Betriebssystem 3.0 basiert auf dem institutionellen Stakeholder-Bewusstsein und diskursiv verhandelten Koalitionen, die das Interesse am Wohl der Hauptakteure verinnerlichen. So verhandeln und kooperieren zum Beispiel Unternehmen und Gewerkschaften. Man kümmert sich um das Wohlergehen der nahestehenden Partner, aber nicht so sehr um das Wohlergehen des größeren Ganzen. Das ökonomische Betriebssystem 4.0 (das später noch ausführlich dargestellt wird) beruht auf dem Bewusstsein vom größeren Ganzen (Ökosystem) – das heißt einem Bewusstsein, das dem Wohl aller und dem Wohl des Ganzen dient.

Da sich die *Gesetze* der Ökonomie entsprechend der *Bewusstseinsebene*, von der aus die Akteure in einem System handeln, verändern, müssen wir eine Wirtschaftswissenschaft entwickeln, dic die gesamte Matrix berücksichtigt (1.0 bis 4.0), anstatt sich auf die Erforschung von einer ihrer Spalten oder Paradigmen zu beschränken (Kapitel 3 bietet eine ausführliche Erörterung). In Anlehnung an die Psychologin Eleanor Rosch könnte man sagen, was wir heute brauchen, ist eine Wirtschaftswissenschaft, die aus der Gegenwärtigung Wissen hervorbringt (science needs to be performed with the mind of wisdom).[15] Wir brauchen eine Wirtschaftswissenschaft, die den Weg von 1.0 zu 4.0 beschreibt und untersucht und das auf allen Systemebenen: für Individuen, Teams aber auch für Institutionen und das Gesamtsystem z. B. der Gesellschaft.

Quellpunkt von mentalen Modellen, Strukturen und Symptomen

Der Weg vom Egosystem-Bewusstsein zum Ökosystem-Bewusstsein oder vom »Ich« zum »Wir« umfasst drei Veränderungsdimensionen:

1. eine verbesserte Beziehung zu *anderen*; 2. eine verbesserte Beziehung zum *gesamten* System; und 3. eine verbesserte Beziehung zu *sich selbst*. Diese drei Dimensionen erfordern von den Beteiligten, dass sie sich aus dem Zentrum herausbewegen und die Randgebiete des Systems und des Selbst erforschen.

Das *Randgebiet des Systems* zu erforschen bedeutet, den Ort der größten Möglichkeit aufzusuchen: sich zum Beispiel in die Lage marginalisierter Menschen zu versetzen, wie etwa der Bewohner entlegener Dörfer oder Gemeinden oder der Immigranten in einem Industrieland (siehe Kapitel 7). Nach unserer Erfahrung zeigt sich das Neue in jedem System zunächst an der Peripherie. Dort sieht man die Probleme und die Chancen wie durch ein Vergrößerungsglas. Verschiedene Stakeholder-Gruppen können ihre gemeinsamen Erfahrungen nutzen, um sich bewusst zu machen und zu erklären, was tatsächlich vor sich geht.

Randgebiete des Selbst zu erforschen bedeutet, den inneren Ort, von dem aus man handelt, zu verändern. Es bedeutet, das Denken, das Fühlen und den Willen zu öffnen. Es bedeutet, dass wir nicht automatisch in alte Beurteilungsgewohnheiten verfallen, sondern innehalten. Es bedeutet, dass wir Empathie entwickeln. Und es bedeutet, dass wir das, was in uns selbst sterben will, loslassen und das, was darauf wartet, geboren zu werden, kommen lassen.

Im Laufe der letzten achtzehn Jahre haben wir uns darum bemüht, Umwelten für diese Arten von äußeren und inneren Forschungsreisen zu entwickeln – in Organisationen, Systemen, Sektoren und Kulturen. Das Überraschende ist, wie verlässlich diese Reise an die Peripherie eines Systems funktioniert. Es ist nicht leicht. Es ist echte Arbeit. Und man kann es nicht mit der alten Methode – der der Kontrolle – erreichen. Aber man kann Bedingungen schaffen, die es möglich machen, dass eine tiefere Alchemie ihre Wirkung entfaltet – das heißt Bedingungen, die den Führungskräften in einem System helfen, ihre Sichtweise des Systems von Ego zu Öko, von »Ich« zu »Wir« zu erweitern und zu vertiefen.

Aus dieser Art des Ausprobierens und Arbeitens ergibt sich eine neue Art von auf Bewusstsein gegründetem gemeinsamen Handeln. Hier wird nicht das alte Kollektivierungsmodell genutzt, bei dem die gemeinsame DNS von oben aufgezwungen wird – die alte Top-down-Pyramide, die wir alle nur zu gut kennen. Bei diesem eher horizontalen Modell verinnerlicht jeder Knotenpunkt das Wohl der anderen. Dieses gemeinsame Bewusstsein ermöglicht eine schnelle, flexible und flüssige Koordination und Entscheidungsfindung, die wesentlich anpassungsfähiger und co-kreativer ist als irgendein anderes Organisationsmodell, das derzeit in größeren gesellschaftlichen Institutionen genutzt wird.

Der Weg zum U-Prozess

Wir sind 1995 in die USA gekommen, um mit dem MIT-Center for Organizational Learning, das Anfang der 1990er-Jahre von Peter Senge und seinen Mitarbeitern zusammen mit einem Unternehmensnetzwerk gegründet wurde, zu arbeiten. Bei unserer Ankunft erfuhren wir, dass Senge und seine Organisation zu derselben MIT-System-Dynamics-Gruppe gehörten, von der die einflussreiche Studie über die *Grenzen des Wachstums* stammte, die uns früher inspiriert hat und zum Auftakt einer globalen Umweltbewegung in den 1970er-Jahren wurde.[16]

Senge hatte in seiner Arbeit mit Doktoranden der System Dynamics festgestellt, dass diese herausragend Systemzusammenbrüche in unserer heutigen Gesellschaft analysieren konnten. Doch ihr praktischer Einfluss auf eine Veränderung irgendeines dieser Systeme war gleich null. Diese verwirrende Beobachtung weckte Senges Interesse an der verhaltensbezogenen Dimension von Veränderungen.

Senges Buch *Die fünfte Disziplin* basiert auf einer Verknüpfung von 1. Systems Dynamics, 2. organisationalem Wandel und 3. dem kreativen Prozess. Diese Synthese resultierte im Konzept für das MIT Center for Organizational Learning und in einem Basispaket von Methoden und Werkzeugen, das von dieser kleinen Gruppe von Aktionsforschern am MIT entwickelt wurde.

Nach einigen Jahren fiel Senge und seinen Mitarbeitern auf, dass einige Praktiker und Führungskräfte Erfolge mit diesen Methoden erzielten, dass aber in anderen Fällen die Anwendung derselben Methoden und Werkzeuge keine nennenswerten Veränderungen bewirkte. Warum erweisen sich dieselben Werkzeuge bei einigen als wirksam und als unwirksam bei anderen? Dieser Frage sind wir nachgegangen, unter anderem, indem wir 150 Interviews mit Führungskräften, Unternehmern und Innovatoren führten (viele dieser Interviews wurden von Otto und unserem Kollegen Joseph Jaworski geführt) und selbst Veränderungsprozesse in Unternehmen, Regierungsorganisationen und NGOs unterstützt oder durchgeführt haben.[17] Das Ergebnis dieser achtzehnjährigen Arbeit ist ein 2.0-Bezugsrahmen für Lernen, Führung, Innovation und tief greifende systemische Erneuerung. Weil die Grafik, mit der wir diesen Bezugsrahmen darstellen, die Form des Buchstabens »U« hat, bezeichnen wir diesen Ansatz als Theorie U. Sie wird ausführlich in Ottos Buch *Theorie U* beschrieben und in dem Buch *Presence*, das Otto gemeinsam mit Peter Senge, Joseph Jaworski und Betty Sue Flowers verfasst hat.[18]

Die Grundidee ist einfach: Die Qualität der Ergebnisse, die von einem beliebigen System hervorgebracht werden, hängt von der Qualität des Bewusstseins ab, aus dem heraus die Menschen im System handeln. Die Formel für einen erfolgreichen Veränderungsprozess lautet nicht »Form folgt der Funktion«, sondern »Form folgt dem Bewusstsein«. Die Struktur des Bewusstseins und der Aufmerksamkeit bestimmt, wie sich eine Situation entfaltet.

Die Wandlung des inneren Ortes, von dem aus wir handeln

Wir entdeckten dieses tiefe Terrain der Führungsforschung, als wir Bill O'Brien, den verstorbenen CEO von Hanover Insurance interviewten. O'Brien fasste die wichtigsten Einsichten zusammen, die er aus der Leitung von Veränderungsprozessen in seinem eigenen Unternehmen gewonnen hatte, und erklärte: »Der Erfolg einer Intervention hängt von der *inneren Haltung* des Intervenierenden ab.«[19] Man könnte auch sagen: Der Erfolg unserer Handlungen als Veränderungsmacher hängt nicht davon ab, *was* wir tun oder *wie* wir es tun, sondern von dem *inneren Ort*, von dem aus wir handeln (siehe Abb. 3).

Als ich (Otto) O'Brien interviewte, dachte ich: »Mann, was weiß ich eigentlich über diesen inneren Ort? Ich weiß nichts davon! Haben wir einen oder mehrere oder eine unendliche Anzahl dieser Orte?« Ich wusste es nicht, weil dieser Ort ein blinder Fleck in unserer Alltagserfahrung ist. Wir können beobachten, was wir tun und wie wir es tun. Aber die Qualität der Quelle (oder des inneren Ortes), von dem aus wir im »Jetzt« vorgehen, liegt tendenziell außerhalb des Bereichs unserer normalen Beobachtung, Wahrnehmung und Bewusstheit.

Diese erstaunliche Einsicht in die tiefere Quellebene der gesellschaftlichen Realitätserzeugung führte uns auf einen faszinierenden

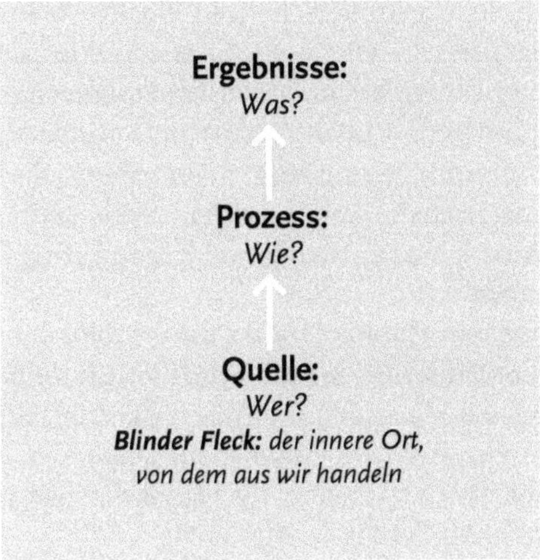

Abb. 3: Der blinde Fleck von Führung

Forschungsweg, auf dem wir neuere Erkenntnisse aus Führung, Management, Wirtschaft, Neurowissenschaft, kontemplativer Praxis und Komplexitätsforschung untersuchten und miteinander verbanden. Die Essenz unserer Sichtweise betrifft die Kraft der Aufmerksamkeit: Wir können das Verhalten von Systemen nur verändern, wenn wir die Qualität der – individuellen wie der kollektiven – Aufmerksamkeit verändern, die die Menschen ihrem Handeln innerhalb dieser Systeme widmen.

Von einer im Entstehen begriffenen Zukunft her führen

Bei der Erforschung dieses tieferen Terrains wurde uns klar, dass die Mehrzahl der aktuellen Lernmethoden darauf beruhte, dass man aus der Vergangenheit lernt, während die meisten der realen Führungsprobleme in Organisationen etwas ganz anderes zu erfordern schienen – nämlich dass man die Vergangenheit loslässt, um sich mit entstehenden Zukunftsmöglichkeiten zu verbinden und aus ihnen zu lernen.

Wir erkannten, dass diese zweite Art des Lernens – das Lernen aus einer im Entstehen begriffenen Zukunft – nicht nur keine Methode hatte, sondern auch keinen wirklichen Namen. Und doch können innovative, unternehmerische und kreative Menschen aus der Zukunft heraus handeln. Otto begann, diesen Prozess als Theorie U und Presencing zu bezeichnen. *Presencing* verbindet die Begriffe »sensing« (die Zukunftsmöglichkeit spüren) und »presence« (der Zustand des Anwesendseins im gegenwärtigen Augenblick). Es bedeutet, dass man die eigene höchste Zukunftsmöglichkeit spürt und verwirklicht – dass man das, was entstehen will, gegenwärtigt und von dieser Präsenz aus handelt.

Die Aussage von Theorie U, dass die Qualität der Ergebnisse in jedem sozioökonomischen System vom Bewusstsein abhängig ist, aus dem heraus die Menschen im System handeln, führt zur Unterscheidung von vier Bewusstseinsebenen. Diese vier Ebenen beeinflussen, wie weit der Ort, von dem die Handlungen ausgehen, jeweils von den Grenzen des Systems entfernt ist.

Nehmen wir das Beispiel des Zuhörens. Wir bezeichnen die erste Ebene des Zuhörens als *Downloading* oder Runterladen. Damit sind die gewohnheitsmäßigen Verhaltens- und Denkweisen gemeint, die die Verhaltensweisen und Ergebnisse der Vergangenheit reproduzieren. Diese Art des Zuhörens geht von unseren Gewohnheiten aus, von dem Wissen, das wir aus bestehenden Erfahrungen gewonnen haben. Hier ein Beispiel: Als Präsident George W. Bush und der Vizepräsident Dick Cheney vor dem 11. September 2001 CIA-Informationen über einen drohenden Angriff auf die USA erhielten, waren sie so sehr auf den Krieg gegen Saddam Hussein konzentriert, dass sie unfähig waren, die zahlreichen nachdrücklichen Warnungen seitens der Geheimdienste zu hören und zu verstehen. Sie waren nicht in der Lage, irgendetwas zu hören, das nicht zu den Erkenntnissen passte, über die sie bereits zu verfügen glaubten. Diese Unfähigkeit hielt die Entscheidungsträger innerhalb der Welt ihrer voreingenommenen Denkweisen und Ansichten gefangen.[20]

Im Gegensatz dazu beschreibt das Zuhören der Ebene 4, das sogenannte *Presencing*, wie sich der Kreis der Aufmerksamkeit erweitert und eine neue Realität am Horizont sichtbar wird und Gestalt annimmt. In dieser Qualität hat das Zuhören seinen Ursprung außerhalb der Welt unserer voreingenommenen Meinungen. Wir verbinden uns mit einer sich erweiternden Umweltsphäre und handeln auch von ihr aus. In dieser Qualität eines erhöhten Aufmerksamkeitszustands verlangsamt sich häufig die Zeitwahrnehmung, und die Erfahrung des Selbst erweitert sich von einem einzelnen Punkt (Ego) in eine verstärkte Anwesenheit und stärkere Verbindung zu dem uns umgebenden Raum (Öko). Ein Beispiel, das viele von uns kennen, ist, wenn eine Sportmannschaft plötzlich *zu Topform aufläuft* und sich »blind« zuspielen kann oder wenn eine Jazzband *ihren Groove findet.*

Die beiden dazwischen liegenden Ebenen sind Ebene 2 (faktisches Zuhören) und 3 (empathisches Zuhören). Wir werden alle vier Ebenen ausführlicher besprechen, wenn wir die Matrix der sozialen Evolution einführen (siehe Kapitel 4).

Was brauchen Einzelne, Teams, Institutionen und größere Systeme, um ihre Aufmerksamkeitslogik und Vorgehensweise vom Downloading zum Presencing zu verlagern?

Prinzipien des Presencing

Diese Frage werden wir im weiteren Verlauf des Buches noch wesentlich ausführlicher behandeln. An dieser Stelle soll es genügen, einige Schlüsselprinzipien vorzustellen, die widerspiegeln, was wir im Laufe der letzten Jahre gelernt haben, und die vielleicht auch mit einigen Ihrer eigenen Erfahrungen übereinstimmen:

1) *Energie folgt der Aufmerksamkeit.* Der Punkt, auf den Sie Ihre Aufmerksamkeit richten, bestimmt darüber, wohin die Energie fließt. »Energie folgt der Aufmerksamkeit« bedeutet, dass wir unsere Aufmerksamkeit von dem, was wir zu vermeiden suchen, abziehen und auf das richten müssen, was wir in die Welt bringen wollen.
2) *Folgen Sie den drei Bewegungen des »U«.* Wir bezeichnen das aufgrund der »Form« der Reise als den U-Prozess. Um den tiefen Punkt der Verwandlung zu erreichen (am Boden des U) ist es notwendig, zunächst an der linken Seite des U nach unten zu wandern, indem wir unser Denken, unser Fühlen und unseren Willen öffnen, und dass wir dann, nachdem wir »das Nadelöhr« am Tiefpunkt des U passiert haben, an der rechten Seite wieder nach oben wandern, um das Neue in die Welt zu bringen (siehe Abb. 4). Mit den Worten unseres Kollegen, des Ökonomen Brian Arthur, bestehen die drei Hauptbewegungen des U-Prozesses in folgenden Schritten:

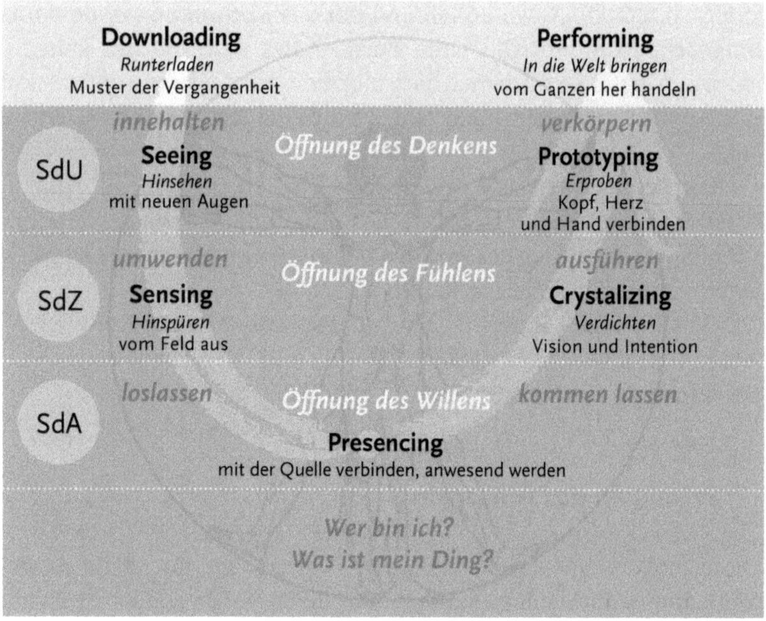

Abb. 4: Der U-Prozess des gemeinsamen Hinspürens und Gestaltens (Co-Sensing und Co-Creating): Presencing

a) Das U hinunterwandern: *Observe, observe, observe* (beobachten, beobachten, beobachten). Hören Sie mit dem Runterladen auf und tauchen Sie in die Orte des größten Potenzials ein, in die Orte, die für die Situation, mit der Sie es zu tun haben, wichtig sind.
b) Am Tiefpunkt des U: *Retreat and reflect* (Rückzug und Reflexion). Lassen Sie das innere Wissen auftauchen. Suchen Sie die Stille, in der Wissen wahrnehmbar wird. Betrachten Sie an dieser Stelle all das, was Sie im Prozess des Zuhörens gelernt haben, und fragen Sie: »Was will hier entstehen?«, »Wie hängt das mit der Reise nach vorn zusammen?« und »Wie können wir ein Teil der Geschichte der Zukunft werden, anstatt an der Geschichte der Vergangenheit festzuhalten?«
c) Das U hinaufwandern: *Act in an instant* (unmittelbares Handeln). Erkunden Sie die Zukunft im *Tun.* Entwickeln Sie einen Prototyp. Durch einen Prototyp erforscht man die

Zukunft, indem man etwas Kleines, Schnelles und Spontanes tut. Er ermöglicht ein schnelles Feedback von allen wichtigen Stakeholdern und hilft, die eigene Idee weiterzuentwickeln.

3) *Suchen Sie die Grenzen des Selbst.* Um diesen Innovationsprozess im Kontext von Institutionen umzusetzen, bedarf es einer neuen Führungstechnik. Diese Technik konzentriert sich im Wesentlichen darauf, drei Instrumente einzustellen: das offene Denken, das offene Herz und den offenen Willen. Wenn unser Denken offen und wach ist, können wir in alten Denkgewohnheiten *innehalten.* Wenn unser Herz offen ist, können wir *Empathie empfinden* oder eine Situation mit den Augen einer anderen Person sehen. Wenn unser Wille offen ist, können wir *loslassen* und *das Neue kommen lassen.*
4) *Das Nadelöhr passieren.* Am Tiefpunkt des U-Prozesses befindet sich eine Schwelle. Diese Schwelle zu überschreiten, das Nadelöhr zu passieren, fühlt sich mitunter so an, als würde man sterben und neu geboren werden. Der Bibelspruch »Eher geht ein Kamel durch ein Nadelöhr, als dass ein Reicher in das Reich Gottes gelangt«[21] bezieht sich auf ein Tor im alten Jerusalem: Wer mit seinem Kamel durch das Jerusalemer Tor, das »Nadelöhr«, wollte, musste zunächst alle Taschen vom Rücken des Tieres entfernen, damit es hindurchpasste. Ähnliches gilt, wenn wir durch das Nadelöhr des U gehen wollen – wir müssen loslassen und das Gepäck, das nicht wichtig ist, abladen. Durch dieses Tor zu gehen bedeutet, dass wir die zwei Grundfragen unserer Reise stellen: »Wer bin ich?« und »Was ist meine Aufgabe, mein Ding?« Die erste Frage betrifft unser höchstes Selbst, unsere höchste Zukunftsmöglichkeit. Die zweite Frage bezieht sich auf das Ziel – auf die Tätigkeit, auf den Unterschied, den wir durch unsere Arbeit und unser Leben in die Welt bringen wollen.
5) *Die drei Quellen des Widerstands verwandeln.* Warum kommt es so selten vor, dass wir Muster durchbrechen und aus unserer höchsten Zukunftsmöglichkeit heraus handeln? Woran liegt es, dass sich viele Leute dieses tieferen Erkenntnisprozesses bewusst sind und er trotzdem kaum stattfindet? Ein Grund ist, dass uns in einem solchen Prozess drei Quellen des Widerstands begegnen: Die *Stimme des Zweifels und des Urteils* (SdU:

das offene Denken schließen), die *Stimme des Zynismus* (SdZ: das offene Herz schließen) und die *Stimme der Angst* (SdA: den offenen Willen schließen).

6) *Ein erster Indikator ist die Stelle, wo es knackt, wo erste Risse aufbrechen.* Wo stoßen wir zuerst auf die Zukunft? In dem Film *Bagger Vance* von Robert Redford lautet die wesentliche Anweisung, die Bagger Vance für Junah parat hat: »Suche mit deinen Händen. Denk nicht darüber nach – fühle.« Die Zukunft zeigt sich zuerst in unseren Gefühlen und durch unsere Hände, nicht in unseren abstrakten Analysen. »Achte darauf, wo erste Risse aufbrechen« bedeutet, dass man auf Öffnungen und Probleme, auf Spalten und Brüche achtet, bei denen uns unser Gefühl sagt, dass hier eine Vergangenheit endet und eine Zukunft beginnen will.
7) *Man braucht einen geschützten Raum, damit sich die Gesprächsfelder von der Debatte zum Dialog und zur gemeinsamen Kreativität verwandeln können.* Jedes soziale Feld braucht ein »Gefäß«. Gespräche höherer Qualität wie Dialog und kollektive Kreativität erfordern qualitativ hochwertigere Gefäße und sichere Räume. Die Qualität des Gesprächs in einem System zu verändern bedeutet, dass man die Qualität der Beziehungen und des Denkens verändert – das heißt die Qualität der zukünftigen Ergebnisse.
8) *Stärken Sie die Quellen des Presencing, um die destruktive Dynamik des Absencing zu vermeiden.* Gesellschaft entsteht aus dem Zusammenspiel zweier kraftvoller sozialer Felder: Presencing und Absencing. Presencing heißt: das Erspüren und Gegenwärtigen der höchsten zukünftigen Möglichkeit. Absencing meint: den Verlust der lebendigen Verbindung zum werdenden Selbst, d. h. das Erstarren des Selbst im Gewordenen. Das Feld des Presencing wirkt dadurch, dass wir Denken, Herz und Willen öffnen. Wir wissen, dass es viele inspirierende Beispiele für diesen Prozess auf der Welt gibt. Doch jeder, der in Institutionen und Systemen arbeitet, weiß auch, dass es da draußen noch ein weiteres Feld gibt. Kennzeichnend für dieses Feld ist, dass man sich an die Vorstellung einer einzig gültigen Wahrheit klammert, anstatt das Denken zu öffnen, dass man im »Wir gegen die Anderen« feststeckt, anstatt das Herz zu öffnen, und dass man innerlich in einer kalten, unbeweg-

lichen Identität erstarrt, anstatt den Willen zu öffnen. Solche sozialen Systeme, die sich durch diese drei Merkmale auszeichnen, nennen wir fundamentalistisch. Fundamentalismus ist das Ergebnis, wenn man Denken, Herz und Willen »dichtmacht« und in Kälte erstarren lässt – anstatt sie zu öffnen und mit Wärme und Licht zu füllen.

Wir leben im Spannungsfeld dieser beiden Felder. Wir sind nicht das eine oder das andere, sondern häufig zwischen beiden hin- und hergerissen. Manchmal handeln wir von unserer höchsten Zukunftsmöglichkeit aus (Presencing). Doch manchmal verlieren wir diese Zukunftsmöglichkeit aus den Augen und verfangen uns in den alten Mustern des Runterladens (Absencing). Wir erleben dieses zerbrechliche Wesen unserer gegenwärtigen Realität nicht nur in persönlichen Beziehungen, sondern auch in globalen Entwicklungen

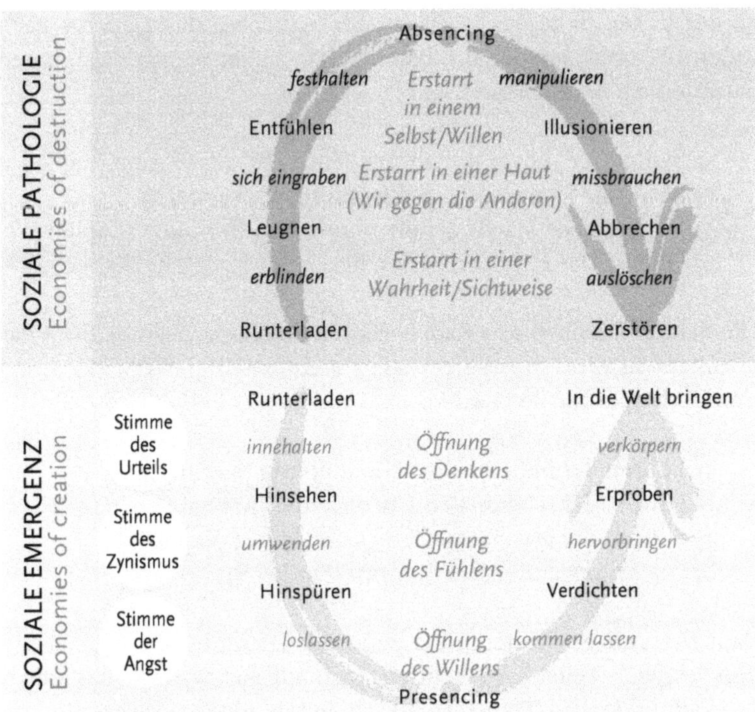

Abb. 5: Die sozialen Räume der kollektiven Gestaltung (Presencing) und Zerstörung (Absencing)

und Veränderungen. Wir sind hin- und hergerissen zwischen diesen beiden Feldern und müssen lernen, unseren Halt im Feld des Presencing zu stärken.

Die soziale Realität entsteht immer aus dem Zusammenspiel dieser beiden Kräfte: dem Feld des Presencing, das uns zur gemeinsamen Gestaltung von einer tieferen Ebene unseres Menschseins und unserer Intention aus befähigt, und dem Feld des Absencing, das uns durch unseren blinden Fleck des Nicht-Gewahrwerdens in Mustern der Zerstörung und Selbstzerstörung gefangen hält (siehe Abb. 5).

Der Weg dieses Buches

Dieses Buch begibt sich auf eine Reise durch einen entstehenden Bezugsrahmen für eine Verwandlung von Institutionen, Gesellschaften, Beziehungen und Selbst. Die ersten vier Kapitel sind eine Einladung, an der linken Seite des U durch vier Schichten des Eisbergs nach unten zu reisen, von der sichtbaren Spitze zu den weniger sichtbaren darunterliegenden Ebenen:

1) Symptome: Zusammenbruch, Ende und Neubeginn (Kapitel 1)
2) Struktur: Systemische Entkopplungen (Kapitel 2)
3) Denken: Die Matrix der ökonomischen Evolution (Kapitel 3)
4) Quelle: Das Hindurchgehen durch das Nadelöhr (Kapitel 4).

Die darauffolgenden vier Kapitel führen Sie an der rechten Seite des U hinauf in die Prozesse der Vergegenwärtigung, Verwirklichung und Verkörperung des Neuen:

5) Führen der individuellen Umstülpung (Kapitel 5)
6) Führen der relationalen Umstülpung (Kapitel 6)
7) Führen der institutionellen Umstülpung (Kapitel 7)
8) Die Landebahnen der Zukunft (Kapitel 8)

Kapitel 5 und 6 skizzieren die persönliche und beziehungsmäßige Perspektive. Kapitel 7 konzentriert sich auf das, was wir die Matrix der institutionellen Transformation nennen, eine Landkarte für den evolutionären Weg von Schlüsselinstitutionen und gesellschaftlichen Systemen von 1.0 zu 4.0. Diese Karte zeigt, dass die erforderlichen Veränderungserfahrungen in Bildung, Gesundheit, Finanzen, Wirtschaft, Regierung und Zivilgesellschaft im Grunde gar nicht so verschieden voneinander sind. Sie alle umfassen ähnliche Prozesse der Umstülpung[22] von pyramidenartigen Systemen, um den Boden für ein co-kreatives Feld gemeinsamer Intention, Bewusstheit und Aktivität über institutionelle Grenzen hinweg zu bereiten. Kapitel 8 schließt mit einem konkreten Blick auf mögliche Schritte, zu denen wir – als derzeitige Generation – in den nächsten zehn oder zwanzig Jahren beitragen können.

Am Ende jedes Kapitels finden sich abschließende Bemerkungen und praktische Fragen für eine individuelle Reflexion und auch für eine mögliche Gruppenarbeit (Dialogkreise). Sie sind so formuliert, dass sie ein praktisches Mittel liefern, um sich der entstehenden weltweiten Bewegung anzuschließen, einer Bewegung, die die ökologische, soziale und spirituelle Krise unserer Zeit als unterschiedliche Seiten eines tiefer liegenden Problems sieht, das von uns verlangt, den Schritt von Ego zu Öko zu tun. Die Fragen am Ende jeden Kapitels sind Vorschläge für eine mögliche Gruppenarbeit.* Die Website (www.presencing.com) mit Live-Streaming vom Global Forum usw. bietet Ihnen die Möglichkeit, sich mit anderen Menschen zu verbinden, um unseren Weg nach vorn gemeinsam zu erspüren und zu gestalten.

* Die Fragen stehen auch als Download zur Verfügung: http://www.carl-auer.de/machbar/von_der_zukunft_her_fuehren.

1 Oberfläche: Symptome von Tod und Werden

Dieses Kapitel betrachtet die Symptomebene, also die Spitze des Eisbergs unserer gegenwärtigen Realität. Die Beschreibung der Gegenwart beginnt mit dem Sturz von Tyrannen und führt zu einer Erkundung von tiefer liegenden Bruchlinien, die immer wieder Umbrüche in unseren Gesellschaften auslösen. Außerdem betrachten wir diese krisenhaften Ereignisse aus der Perspektive von Akteuren, die diese Veränderungen bewirken: Was entscheidet angesichts von Erschütterungen und Zusammenbrüchen darüber, ob wir uns in einer Situation des Abgleitens oder der Achtsamkeit wiederfinden?

Der Sturz von Tyrannen

Im Herbst 1989, zwei Wochen vor dem Fall der Berliner Mauer, reisten wir mit einer internationalen Studierendengruppe nach Ostberlin, wo wir uns im Keller einer Kirche mit Bürgerrechtsaktivisten trafen. Irgendwann im Laufe des Treffens bot der Professor, der uns begleitete – der Friedensforscher Johan Galtung –, den Anwesenden eine Wette an: »Die Berliner Mauer wird noch vor Ende des Jahres fallen«. Alle bezweifelten das, einschließlich derjenigen, die den Widerstand gegen die DDR-Regierung organisierten. Und wir alle haben uns geirrt. Die Mauer fiel, und der Kalte Krieg endete nur wenige Monate nach dem Treffen.

Fast zwei Jahrzehnte später, im Herbst 2008, sandte die Pleite von Lehman Brothers, einem internationalen Finanzdienstleister, Schockwellen um den Globus und brachte das Finanzsystem der Vereinigten Staaten und Europas innerhalb weniger Stunden an den Rand des Kollapses. Die verbliebenen Megabanken an der Wall Street und ihre europäischen Kollegen haben dank der massiven, vom Steuerzahler finanzierten Rettungsschirme ihrer Regierungen überlebt. Am 11. Oktober desselben Jahres warnte der Leiter des Internationalen Währungsfonds (IWF), dass das globale Finanzsystem »am Rand eines systemischen Zusammenbruchs« stehe.[23]

Im Dezember 2010 setzte sich Mohamed Bouazzi, ein junger Obst- und Gemüsehändler in Tunesien, selbst in Brand, um gegen seine

Behandlung durch die Polizei zu protestieren, die Bestechungsgelder von ihm erpressen wollte und ihm – als er sich weigerte – seine Ware wegnahm und ihn zusammenschlug. Im Januar 2011 stellte Asmaa Mahfouz, eine 26-jährige ägyptische Aktivistin, ein Video ins Internet, in dem sie dazu aufforderte, gegen die korrupte Regierung von Ägyptens Präsident Hosni Mubarak zu protestieren und sich auf dem Tahrir-Platz in Kairo zu versammeln.[24] Dieses Video wurde zum Auslöser und zur Inspiration für den Aufstand der ägyptischen Bevölkerung. Eine Woche später, am 25. Januar, schlossen sich ihr Tausende Menschen am Tahrir-Platz an. Innerhalb weniger Tage zählte die Bewegung Millionen Anhänger. Die ägyptische Polizei schlug den Aufstand zunächst brutal nieder. Doch weniger als vier Wochen, nachdem Mahfouz ihr ursprüngliches Video veröffentlicht hatte, trat Präsident Mubarak zurück.

Einen Monat später wurde die Küste Japans von einem Erdbeben der Stärke 9 getroffen, das einen schweren Tsunami auslöste, durch den mehr als 20 000 Menschen ums Leben kamen. Das Atomkraftwerk von Fukushima war durch einen Damm geschützt, der einem Tsunami von 5,7 Metern standhalten sollte. Minuten nach dem Ausbruch des Erdbebens erreichte ein Tsunami von 14 Metern die Küste, überwand mühelos den Damm und setzte die Notstromgeneratoren der Anlage außer Betrieb. Die Folge war, dass das radioaktive Material sich zu überhitzen begann und das Atomkraftwerk auf eine katastrophale Kernschmelze zuschlitterte.

Im weiteren Verlauf des Jahres breitete sich der arabische Frühling aus. In Libyen wurde Muammar Gaddafi gestürzt. Die Occupy-Wall-Street-Bewegung, die zum Teil vom arabischen Frühling inspiriert wurde, führte Aktionen in mehr als tausend Städten auf der ganzen Welt durch.[25]

Der Fall der Berliner Mauer, der Sturz des Mubarak- und Gadafi-Regimes, die Kernschmelze von Fukushima und der Beinahe-GAU des westlichen Finanzsystems zeichnen sich alle durch einige gemeinsame Merkmale aus. Sie umfassen:

1) das Ende einer unflexiblen, zentralisierten Kontrollstruktur, die vorher als unzerstörbar galt;
2) den Anfang einer spontanen, dezentralen Bewegung von Menschen, die ihre Angst überwinden und zu einer neuen Ebene des Bewusstseins und der wechselseitigen Verbundenheit vorstoßen;

3) die Öffnung von kleinen Spalten und Rissen im System, gefolgt von seinem Zerfall und letztlich seinem Zusammenbruch;
4) das Wiedererstarken der alten Kräfte, sobald die Erinnerung an den Zusammenbruch zu verblassen begann; die alten Kräfte versuchten, die tatsächlichen Grundursachen des Zusammenbruchs zu verschleiern, um ihren privilegierten Zugang zu Macht und Einfluss zu erweitern (ein Beispiel ist die Finanzoligarchie der Wall Street).

Diese Veränderungen markieren den Anfang einer neuen Ära, einer Ära zunehmender Disruption. Manchmal lösen derartige Bewegungen weitreichende Aktivitäten aus, die zu tief greifenden Veränderungen führen, und manchmal geraten sie ins Stocken und scheitern. In vielen Fällen, wie wir später im Buch besprechen werden, sind diese Erschütterungen und Zusammenbrüche bereits in Gang. Es ist zu spät, um sie alle zu verhindern. Wo also können wir ansetzen, um das Geschehen in den Griff zu bekommen? Entscheidend ist die Art, wie wir auf die Auswirkungen, die diese Brüche auf unsere Arbeits- und Lebensweise haben, reagieren.

Eine disruptive Veränderung beeinflusst nicht nur unsere äußere Welt, sondern auch unser inneres Selbst. Solche Momente lassen unsere Welt schlagartig stillstehen. Sie können entsetzlich sein, aber sie bilden auch einen großen Leerraum, der sich auf zweierlei Weise füllen lässt: Wir können *erstarren* und zu den Mustern der Vergangenheit zurückkehren, oder wir können auf die *höchsten Zukunftsmöglichkeiten* blicken. Die zweite Reaktion – das Hineinlehnen, Erspüren und Verwirklichen der eigenen entstehenden Zukunft – ist das Thema dieses Buches.

Presencing: Anwesendwerden

In dem Augenblick, in dem wir den Punkt des Zusammenbruchs erreichen, haben wir eine Wahl: Wir können erstarren und zu den tief verankerten Gewohnheiten der Vergangenheit zurückkehren, oder wir können innehalten und uns in den Raum des Unbekannten hineinlehnen, in das, was entstehen möchte.

Diese zweite Möglichkeit – dass wir uns auf unser höchstes Zukunftspotenzial einlassen und uns damit verbinden – bezeichnen wir als Presencing. Wie in der Einleitung erwähnt, verknüpft das Wort *Presencing* die Begriffe *presence* und *sensing*. Presencing beschreibt das Erspüren eines entstehenden Zukunftsfeldes und die Fähigkeit, von diesem Zukunftsfeld aus zu handeln. Wenn wir uns mit diesem Feld erhöhter Bewusstheit verbinden, geht unsere Aufmerksamkeit vom *Verlangsamen, Öffnen, Umwenden und Loslassen* dazu über, das Neue *kommen zu lassen, zu verdichten und zu verkörpern*. Abbildung 4 (siehe Einleitung) fasst diesen Prozess zusammen.

Der Prozess, durch den wir uns mit unserem höchsten Selbst, mit unserer höchsten Zukunftsmöglichkeit verbinden und zum Handeln übergehen, kann eine Sequenz sein, die wir in einem kurzen Augenblick oder im Laufe vieler Jahre durchlaufen. Es ist ein Archetyp der menschlichen Lebensreise. Es ist ein Prozess, in dem man sich öffnet und zulässt, dass etwas Neues »landet«, entsteht und durch uns in die Welt gebracht wird.

Ein Beispiel für diesen Prozess ist das Video, das Asmaa Mahfouz am 18. Januar 2008 ins Netz stellte und das Menschen auf der ganzen Welt inspirierte. Darin spricht sie aus einem Bewusstsein heraus, das die drei wesentlichen Hindernisse (Zweifel, Zynismus und Angst) überwindet, die uns daran hindern, uns mit unserer Quelle tiefer Präsenz und Authentizität zu verbinden.

Anstatt ängstlich zu zweifeln und damit der Regierungspropaganda nachzugeben, spricht sie mit großer Klarheit. Anstatt mit Zynismus zu reagieren, spricht sie mit tiefer Verbundenheit und Empathie. Und anstatt Angst zu äußern, die sie isolieren würde, spricht sie mit einer Haltung, die sich durch Verletzlichkeit, Engagement und Mut auszeichnet.

> »Vier Ägypter haben sich selbst angezündet, um gegen die Demütigung und den Hunger, die Armut und die Erniedrigung, mit denen sie seit 30 Jahren leben mussten, zu protestieren. Vier Ägypter haben sich selbst angezündet und dabei vielleicht gedacht, dass bei uns eine Revolution wie die in Tunesien möglich ist, dass Freiheit, Gerechtigkeit, Ehre und Menschenwürde vielleicht möglich sind. Heute ist einer dieser vier Männer gestorben, und ich habe gehört, dass Leute sagten: ›Möge Gott ihm vergeben. Er hat eine Sünde begangen und sich selbst sinnlos getötet.‹
>
> Leute, schämt ihr euch nicht?
>
> Ich habe angekündigt, dass ich, eine Frau, zum Tahrir-Platz gehen und mich dort allein hinstellen werde. Und dass ich ein Transparent hochhalten werde. Vielleicht werden die Leute ein bisschen Ehre zei-

gen. Ich habe sogar meine Telefonnummer angegeben, damit sich mir vielleicht ein paar Menschen anschließen. Es sind nur drei Männer gekommen – drei Männer und drei Panzerwagen der Polizei. Und zig angeheuerte Schlägertypen und Beamte, um uns zu terrorisieren. Sie haben uns brutal von den Menschen weggeschubst. Doch sobald wir allein mit ihnen waren, fingen sie an, mit uns zu reden. Sie sagten: ›Genug! Diese Männer, die sich verbrannt haben, waren Psychopathen!‹ In den nationalen Medien ist natürlich jeder Protestierende, der zu Tode kommt, ein Psychopath. Wenn sie Psychopathen waren, warum haben sie sich dann vor dem Parlamentsgebäude verbrannt?

Ich mache dieses Video, um euch eine einfache Botschaft zu übermitteln: Wir wollen am 25. Januar zum Tahrir-Platz gehen. Wenn wir noch einen Funken Ehre haben und in Würde in diesem Land leben wollen, müssen wir am 25. Januar dorthin gehen. Wir werden hingehen und unsere Rechte – unsere fundamentalen Menschenrechte – fordern.«[26]

Als Mahfouz zum ersten Mal zum Tahrir-Platz ging, schlossen sich ihr, wie sie selbst sagt, drei junge Männer an. Das nächste Mal, eine Woche nachdem sie den Video-Blog ins Netz gestellt hatte, schlossen sich ihr über 50 000 Protestierende an, und eine Woche später, am 1. Februar, kamen über eine Million Menschen zusammen, um friedlich zu protestieren. Am 11. Februar war das vermeintlich »unsinkbare« Regime am Ende, und Mubarak schied aus dem Amt.

Dieser Prozess eines gemeinsam gestalteten disruptiven Wandels ist kein spektakulärer Einzelfall. Er gehört zu einem viel größeren Bild, das allmählich sichtbar wird. Diejenigen, die diese Veränderungen initiieren, verlassen bekannte Wege und begeben sich an den Rand des Unbekannten. Sie verbinden sich mit tieferen Erkenntnisquellen, spüren die Zukunft, die entstehen möchte. Doch sehr häufig sprechen diese Initiatoren von Veränderungen nicht über diese tiefe persönliche Seite, weil es keine Sprache dafür gibt, die allgemein verstanden und akzeptiert wird.

Mahfouz ist eine sehr sichtbare Persönlichkeit an der Spitze eines Eisbergs, der vielleicht – mit den Worten des Autors und Aktivisten Paul Hawken – »die größte Bewegung in der gesamten Gesellschaftsgeschichte« darstellt.[27] Dazu gehören die zivilgesellschaftlichen Basisbewegungen, die das Tyrannenregime in Ägypten und Tunesien, die von Kommunisten geführten Regierungen in Osteuropa und das Apartheidregime in Südafrika zu Fall brachten. Zu dieser Bewegung zählt auch eine neue Generation von Unternehmern, die »hybride« Unternehmen gründen, die auf eine »Triple Bottom Line« ausgerichtet sind, also Wirtschaftlichkeit mit einer sozialen Mission und Umweltzielen verbinden.

Diese neue globale Bewegung hat keinen Namen, keinen Anführer, keine Ideologie, kein einzelnes Programm, kein einzelnes Zentrum. Vielmehr teilen Menschen ein neues inneres Feld, ein im Entstehen begriffenes Feld der Verbundenheit und des Bewusstseins, ein kollektives Interesse am Wohl aller, einschließlich dem Wohl unseres Planeten.

Absencing: Abwesendwerden

Presencing geschieht nicht, solange wir auf Autopilot geschaltet haben. Wenn wir mit einem Augenblick des Zusammenbruchs konfrontiert sind, können wir uns auch dafür entscheiden, auf gewohnte Muster der Vergangenheit zurückzugreifen, anstatt uns in die Zukunft hineinziehen zu lassen. Das tat Mubarak am 10. Februar 2011, als er sich anfangs weigerte, zurückzutreten. Das Gleiche galt für Erich Honecker und das DDR-Politbüro, als sie versuchten, an ihrem bröckelnden System festzuhalten. Die Wall-Street-Banken taten es am Rande des Zusammenbruchs, als sie trotzdem nicht der Versuchung widerstehen konnten, ihre Macht durch einen, wie IWF-Chef Simon Johnson es formulierte, »stillen Coup« weiter auszudehnen.[28] Die katholische Kirche tut es, wenn sie trotz herzzerreißender Fälle von Kindesmissbrauch an ihren alten institutionellen Gewohnheiten festhält. Aber es sind nicht nur »die Anderen«. Wir alle tun es, wenn wir uns weigern, das loszulassen, was in der Vergangenheit funktioniert hat, aber inzwischen nicht mehr gültig ist.

Immer, wenn wir auf den inneren Raum der Leere reagieren, indem wir das Alte runterladen, anstatt uns in das Neue hineinzulehnen, brechen wir zu einer gemeinsam inszenierten Reise sozialer Pathologie auf, die in etwa folgendermaßen aussieht: Runterladen, Verleugnung, Abstumpfung, Abwesendwerden, Täuschung, Zerstörung und (letztendlich) Selbstzerstörung.

Wie in der Einleitung in Abbildung 5 beschrieben, handelt es sich beim Absencing-Prozess um eine Umkehrung des Presencing-Prozesses. Statt der Öffnung des Denkens, Fühlens und Wollens hält der Absencing-Zyklus eisern an der Vergangenheit fest. Er wagt es nicht, sich in das Unbekannte, in die entstehende Zukunft zu lehnen. Die

Folge ist, dass wir durch den Raum des Absencing in eine Bahn geworfen werden, die durch Verleugnung (nicht sehen, was geschieht), Entfühlen (mangelnde Empathie mit anderen), Abwesendwerden (Verlust der Verbindung zum eigenen höheren Selbst), Täuschung (Orientierung an Illusionen) und Destruktivität (Selbstzerstörung und Zerstörung anderer) gekennzeichnet ist.

Ein Beispiel für das Absencing ist, was Hitler und die Nationalsozialisten Zentraleuropa und der übrigen Welt angetan haben. Wenn man sich anschaut, was wir heute kollektiv unserem Planeten antun, entdeckt man dasselbe grundsätzliche Muster.

Von daher bedeutet in den Raum des Absencing geworfen zu werden, dass man feststeckt in den Tyranneien von:

1) *einer* Wahrheit (Ideologie)
2) *einem* »Wir« gegen »die anderen« (starrer Kollektivismus)
3) *einem* Willen (Fanatismus)

Die dreifache Tyrannei von »eine Wahrheit, ein Wir, ein Wille« lässt sich auch als Fundamentalismus bezeichnen. Es ist die Struktur, gegen die sich die Menschen im Zweiten Weltkrieg erhoben haben. Ob wir über den Kampf für Entkolonialisierung und Unabhängigkeit auf der Südhalbkugel, über die Kämpfe gegen das Apartheidsystem in Südafrika oder den Kampf gegen Tyrannenherrschaften in Osteuropa, Lateinamerika und Nordafrika reden – der tiefere Kampf an all diesen Orten war immer derselbe: Menschen erheben sich und kämpfen gegen dieselbe Tyrannei, die sich aus dem Fundamentalismus einer einzigen Wahrheit (einem blockierten Denken), einem einzigen Wir (einem blockierten Fühlen) und einem einzigen Willen (einem blockierten Wollen) ergibt. Diese starre Weltsicht hat zu sozialen Strukturen geführt, die durch drei Hauptmerkmale charakterisiert sind:

1) einseitige, lineare Kommunikation
2) geringe, auf Ausschluss basierende Transparenz
3) die Absicht, dem Wohl einiger weniger zu nützen

Die Alternative ist nicht gut definiert, aber lässt sich wie folgt beschreiben:

1) vielseitige, zyklische Kommunikation
2) hohe, auf Einbeziehung basierende Transparenz
3) die Absicht, dem Wohl aller zu dienen

Wie man das zweite Modell erreicht, ist ein zentrales Thema dieses Buches. Und auffällig ist heute, dass die meisten Menschen wahrscheinlich das erste Modell ablehnen würden, das lediglich eine weitverbreitete strukturelle und kulturelle Gewalt reproduziert.[29]

Der Kampf gegen den hier beschriebenen Fundamentalismus lässt sich nicht gewinnen, indem wir Al Quaida schlagen. Es ist ein Kampf um die Zukunft unseres Planeten. Er lässt sich nicht gewinnen, indem man Bomben auf andere Menschen wirft. *Das primäre Schlachtfeld dieses Jahrhunderts liegt in uns selbst.* Es ist ein Kampf zwischen Selbst und Selbst – zwischen unserem bestehenden, gewohnheitsmäßigen Selbst und unserem entstehenden Zukunfts-Selbst, auf kollektiver wie auf individueller Ebene. Es ist ein Kampf zwischen Absencing und Presencing, der alle Bereiche und Systeme unserer heutigen Gesellschaft umfasst.

Momente des Abgleitens und der Achtsamkeit

Was entscheidet darüber, ob wir als Individuen, Teams, Institutionen und Systeme aus einem Zustand des Absencing oder des Presencing heraus handeln? Was ist der Hebel, der uns ermöglicht, von dem einen in den anderen Zustand zu wechseln? Was können wir tun, um uns vom Abgleiten zur Achtsamkeit zu bewegen?

Hier ein Beispiel: Am 26. April 1986 ereignete sich ein Unfall in Block 4 des Atomkraftwerks von Tschernobyl in der Ukraine. Als das Worst-Case-Szenario sich entfaltete, wurden die Bewohner des Nachbarortes Pripyat nicht gewarnt. Die Bürger der Region, Russen und Europäer, wurden einer Wolke radioaktiver Strahlung ausgesetzt, die zunächst nördlich nach Skandinavien zog und dann fast ganz Europa und seine 500 Millionen Bewohner bedeckte.

Die Bürger Europas erhielten keinerlei Warnung vor der potenziellen Bedrohung, aber sogar die sowjetischen Spitzenpolitiker im Kreml tappten im Dunkeln. Michail Gorbatschow, damals Generalsekretär der Kommunistischen Partei, berichtet: »Gegen fünf Uhr morgens erhielt ich einen Anruf. Man teilte mir mit, dass es einen

Unfall im Atomkraftwerk von Tschernobyl gegeben habe. Der erste Bericht sprach von ›Unfall‹ und ›Feuer‹. Laut dieses Berichtes war alles, einschließlich des Reaktors, sicher [...] Zuerst sagte man mir, es habe keine Explosion gegeben. Die Folgen dieser Informationen waren besonders dramatisch [...] Was war geschehen? Eine Kernexplosion, eine Wolke, ernsthafte Kontamination? Wer uns warnte, waren die Schweden!«[30]

Gorbatschow erhielt die Information, dass der Unfall keinerlei Bedrohung für die Umwelt darstelle und unter Kontrolle sei. Seinen Angaben zufolge teilte ihm in den ersten Tagen niemand mit, dass es im Reaktorkern zu mehreren Explosionen gekommen war und dass das zwölftausend Tonnen schwere Dach des Reaktors in die Luft geflogen war, was eine hoch radioaktive Wolke freigesetzt hatte. Eine erhöhte Radioaktivität löste später automatischen Alarm im über 1000 Kilometer entfernten schwedischen Atomkraftwerk Forsmark aus. Die schwedische Regierung warnte ihre Bevölkerung vor radioaktivem Staub.

Obwohl von dem Werk in Tschernobyl weiter unkontrolliert radioaktive Strahlung ausging, begann die Evakuierung der Menschen, die in der Nähe des Atomkraftwerks lebten, erst mehr als 24 Stunden nach dem Unfall. Erst nachdem Gorbatschow eine Kommission von Atomexperten einberufen und ihnen unbeschränkten Zugang zu Ressourcen, Personal und Technik gewährt hatte, setzte eine umfassende Krisenreaktion ein.

Trotz der Krisenreaktion liefen gleichzeitig viele der alten Downloading-Muster weiter – mit katastrophalen Folgen. Die Atomexperten trafen sich in einem Hotel in der Nähe des beschädigten Reaktors in einer Stadt, die vollständig evakuiert worden war, und setzten sich damit einer hohen Strahlungsbelastung aus, was zumindest einigen der Experten bewusst gewesen sein muss. In Kiew, der Hauptstadt der Ukraine, weniger als 100 Kilometer entfernt vom Katastrophengebiet, wurden sogar die traditionellen Feierlichkeiten zum 1. Mai abgehalten, an denen hohe lokale Funktionäre teilnahmen.

In einem späteren Interview dachte Gorbatschow über die Reaktion der Atomexperten nach: »Das waren herausragende Männer, Spezialisten. Ich konnte nicht glauben, dass sie etwas so Unverantwortliches, Selbstmörderisches tun würden. Die Experten haben die Situation unterschätzt. Die alten Kriterien waren nicht mehr anwendbar. Es hatte vorher schon Atomunfälle gegeben [...] aber nie einen

Unfall dieses Ausmaßes. Sie dachten sogar, dass die Anlage – bis Mai oder Juni – wieder in Betrieb gehen würde.«[31]

Als das volle Ausmaß der nuklearen Katastrophe schließlich klar war, mobilisierte die Sowjetunion 500 000 Menschen zur Verhinderung einer noch größeren Katastrophe. Die Dekontaminierungs- und Aufräumarbeiten laufen bis heute und umfassen 5 bis 7 Prozent der jährlichen Regierungsausgaben in der Ukraine (Zahlen von 2003–2005).[32]

Ein weiteres Beispiel dafür, wie man durch das Runterladen alter Verhaltensmuster auf eine Herausforderung reagiert, lieferte der französische Minister für öffentliche Gesundheit und soziale Sicherheit, Pierre Pellerin, der behauptete, dass die Wolke nuklearen Fallouts, die ganz Nord-, Zentral- und Westeuropa erreicht hatte, die Grenzen Frankreichs nie überschritten hätte. (Frankreich bezieht immer noch über 75 Prozent seiner Elektrizität aus Atomenergie, der höchste Prozentsatz in der Welt).

Die Katastrophe von Tschernobyl ist ein drastisches Beispiel dafür, wie das Runterladen alter Verhaltensmuster in einem Kontext, zu dem sie nicht mehr passen, zu Mustern der Verleugnung, Informationsverzerrung, Täuschung, Zerstörung und Selbstzerstörung führt. Doch das ist noch nicht das Ende der Geschichte. Gorbatschow erkannte, dass Europa zu einer unbewohnbaren Wüste hätte werden können, wenn die Kernschmelze das Grundwasser unter dem Reaktor erreicht hätte. »Tschernobyl«, sagt er, »hat uns das wahre Wesen der Atomenergie in der Hand des Menschen gezeigt. Wir haben berechnet, dass unsere stärksten Raketen, die SS-18-Missiles, über die Zerstörungskraft von 100 Tschernobyls verfügten [...] Und davon hatten wir 2700 Stück, die für die Amerikaner bestimmt waren. Man stelle sich diese Zerstörung vor [...] Tschernobyl hat jeden, ob Amerikaner oder Russen, von der Größe des nuklearen Vulkans, auf dem unsere Länder sitzen, überzeugt. Nicht nur unsere beiden Länder, sondern die gesamte Welt!«[33] Eineinhalb Jahre nach Tschernobyl zog Gorbatschow alle nuklearen Sprengköpfe der Sowjetunion, die eine Reichweite von 500 bis 5000 Kilometern hatten, aus dem Verkehr.

Angesichts der katastrophalen Ereignisse von Tschernobyl gelang es Gorbatschow, innerlich innezuhalten und sich für ein neues Denken zu öffnen – er ließ die alte militärische Logik der gegenseitigen zugesicherten Zerstörung los und ließ die Saat der Abrüstung keimen und wachsen. Diese Saat hat den Verlauf der Weltgeschichte letztendlich zum Besseren gewendet.[34]

Dieses Beispiel wirft eine offenkundige Frage auf, nämlich: Auf welche Weise sollte der Gang disruptiver Ereignisse, die unseren Planeten quasi in dem Moment, in dem wir darüber reden, zu erschüttern beginnen, *unser* Denken und *unser* Bewusstsein als globale Gemeinschaft beeinflussen? Was ist es, das *wir* loslassen müssen? Und welche Zukunftssaat müssen *wir* keimen und wachsen lassen?

Bruchlinien

Naturkatastrophen wie Vulkanausbrüche, Erdbeben und Tsunamis ereignen sich tendenziell an den Bruchlinien der tektonischen Platten – das heißt in Regionen, wo die tektonischen Platten sich treffen und ihre riesigen Kräfte aufeinanderstoßen. Wir können nicht genau vorhersagen, wo oder wann es zu größeren Brüchen und Eruptionen kommt. Doch das Wissen um die geografische Lage dieser Verwerfungslinien bedeutet, dass man die Zonen potenzieller Katastrophen kennt.

In dieser Hinsicht gleichen soziale und ökonomische Zusammenbrüche und Eruptionen den Naturkatastrophen. Auch sie ereignen sich häufig entlang von Bruchlinien, die das kollektive soziale Ganze unserer Gemeinschaften und Gesellschaften demarkieren. Auch hier können wir nicht genau vorhersagen, wann oder wo eine Katastrophe zum Ausbruch kommt, doch wenn man den Raum des Möglichen kennt, kann man aufmerksamer auf subtile Anzeichen achten, die größere Ereignisse wie den Fall der Berliner Mauer, den Zusammenbruch des Finanzsystems und den Sturz autoritärer Regierungen ankündigen.

Wie steht es um die Geografie der wichtigsten Bruchlinien, die den kollektiven sozioökonomischen Körper – die Summe aller menschlichen Beziehungen – heute spalten? Nach unserer Überzeugung gibt es drei Hauptbruchlinien, die drei grundsätzliche Beziehungen betreffen, die der Mensch eingeht: 1. seine Beziehung zur Natur und zur Erde, 2. seine Beziehungen zu anderen Menschen und 3. seine Beziehung zu sich selbst. Wenn diese Beziehungen zerbrechen, entstehen drei Abgründe – ein ökologischer, ein sozialer und ein geistiger oder spiritueller.

Der ökologische Abgrund

Der ökologische Abgrund entsteht aus der Bruchlinie in der Beziehung zwischen Mensch und Natur. Die Fortschritte beispielsweise bei Produktionsmethoden und -techniken, die eine größere Ressourceneffizienz erzielen, werden durch den sogenannten *Rebound-Effekt* überschattet – das heißt durch die Steigerung des Gesamt-Outputs (BIP), was zu höheren absoluten Zahlen bei der Rohstoffausbeutung führt. Wir überstrapazieren die Regenerationsfähigkeit unseres Planeten heute um 50 Prozent. Wenn die derzeitigen Trends sich fortsetzen, wird diese Überbeanspruchung bis 2050 auf das unvorstellbare Ausmaß von drei Planeten angewachsen sein.[35] Das wird natürlich nie geschehen, weil schwerwiegende ökologische Zusammenbrüche uns auf einen anderen Weg führen werden. Dennoch zeigt es, wie unverantwortlich unser derzeitiger Entwicklungsweg tatsächlich ist. Hier einige der aktuellen Symptome:

Wasser: Laut dem Umweltprogramm der United Nations (UNEP) ist die weltweite Nachfrage nach Süßwasser im 20. Jahrhundert um das Sechsfache gestiegen. Gleichzeitig ging die verfügbare Menge an Süßwasser zurück. Die Folge ist, dass Wasser in Ländern, in denen ein Drittel der Weltbevölkerung lebt, Mangelware ist. Außerdem hat etwa jeder Fünfte keinen Zugang zu sicherem Trinkwasser.[36]

Boden: Der Verlust von Mutterboden ist im Laufe eines Menschenlebens größtenteils irreversibel. Ein Zentimeter Muttererde bildet sich in einem Zeitraum von 100 bis 400 Jahren.[37] Im Verlauf der letzten vierzig Jahre hat die Bodenerosion dazu geführt, dass fast ein Drittel der landwirtschaftlich nutzbaren Fläche verloren gegangen ist.[38] Das entspricht weltweit zwei Milliarden Hektar landwirtschaftlich nutzbarer Fläche und Weidelandes – ein Gebiet, das größer ist als Mexiko und die USA zusammen.[39]

Klima: Abgesehen von einer Ausnahme waren die Jahre von 1995 bis 2006 die wärmsten seit Beginn der Wetteraufzeichnung.[40] Das Kohlendioxid in der Atmosphäre hat ein Rekordniveau erreicht. Im November 2012 gab die Weltbank einen Bericht heraus, der warnend darauf hinwies, dass die Welt in rasantem Tempo auf eine Erwärmung um vier Grad Celsius bis zum Ende des Jahrhunderts zusteuert. Die Folge wäre, dass wir im Jahr 2100 extreme Hitzewellen erleben, der Meeresspiegel wahrscheinlich um einen halben bis einen Meter (möglicherweise auch noch mehr) ansteigen würde und kleinere Inselstaaten wirtschaftlich nicht mehr überlebensfähig wären.[41]

Ökosysteme: Das Millennium Eco-System Assessment kommt zu dem Schluss, dass der Mensch im Laufe der letzten 50 Jahre die Ökosysteme schneller und weitreichender verändert hat, als in jedem vergleichbaren Zeitabschnitt der Menschheitsgeschichte, was größtenteils auf die rapide wachsende Nachfrage nach Nahrung, Trinkwasser, Holz, Fasern und Brennstoff zurückzuführen ist. Das hat zu einem substanziellen und größtenteils irreversiblen Verlust der Lebensvielfalt auf der Erde geführt.[42] Etwa 60 Prozent der Ökosysteme, die im Rahmen dieser umfassenden vierjährigen Studie untersucht wurden, waren geschädigt oder wurden auf nicht nachhaltige Weise genutzt.

Laut dem Umweltprogramm der Vereinten Nationen, das große Anstrengungen unternommen hat, um den Preis für die »Dienstleistungen«, die der Mensch von natürlichen Ökosystemen bezieht, in Zahlen auszudrücken, produziert die ökologische Infrastruktur des Planeten »Dienstleistungen« im Wert von über 70 Billionen US-Dollar pro Jahr, wenn nicht mehr. »Das Missmanagement natürlicher und auf der Natur basierender Vermögenswerte«, erklärt UNEP-Leiter Achim Steiner, »untergräbt die Entwicklung in einem Ausmaß, das die jüngste wirtschaftliche Krise in den Schatten stellt.«[43]

Der sozioökonomische Abgrund

Durch die Finanzkrise am Anfang des 21. Jahrhunderts ist das Bewusstsein für den sozioökonomischen Abgrund innerhalb der Gesellschaften gewachsen. Die Bruchlinien treten hier immer deutlicher hervor. Global betrachtet besitzen die reichsten ein Prozent der Menschen 40 Prozent des Weltvermögens, während die Hälfte der Weltbevölkerung nur ein Prozent besitzt.[44] Diese Ungleichheit ist eine von vielen, die den sich vertiefenden sozioökonomischen Abgrund deutlich machen. Auf der Einkommensseite finden sich ähnliche Zahlen: Die obersten 10 Prozent erhalten die Hälfte des weltweiten Einkommens.[45]

Obwohl man ungeheure Fortschritte bei der Bekämpfung der Armut – insbesondere in Asien – gemacht hat, hat sich der soziale

Abgrund in Wahrheit im Laufe der letzten dreißig Jahre vertieft, wie die folgenden Beobachtungen zeigen:

Hunger: Jeder achte Mensch auf der Welt geht abends hungrig ins Bett. 98 Prozent der Menschen, die Hunger leiden, leben in Entwicklungsländern.[46]

Armut: Über 2,47 Milliarden Menschen leben von weniger als 2,5 US-Dollar am Tag; 1,3 Milliarden Menschen leben in extremer Armut, was bedeutet, dass sie von weniger als 1,25 US-Dollar pro Tag leben (nach dem Dollarwert von 2008).[47] Die elementarsten Bedürfnisse dieser Menschen werden nicht erfüllt.

Ungleichheit: Neuere Forschungen verweisen auf Probleme, die mit der Einkommensungleichheit verbunden sind, wie etwa Bürgerunruhen, Immigration und Flüchtlingskrisen, Rezession und langsames wirtschaftliches Wachstum.[48] Im Jahr 2008 führte die International Labour Organization (ILO) eine weltweite Studie zur Einkommensungleichheit in mehr als siebzig Industriestaaten und Entwicklungsländern durch.[49] Zu den Hauptbefunden gehörte, dass sich in 70 Prozent der untersuchten Länder die Einkommenslücke zwischen den obersten und den untersten zehn Prozent der Bevölkerung im Laufe der letzten zwanzig Jahre vergrößert hat.[50]

Der spirituell-kulturelle Abgrund

Im Gegensatz zum ökologischen und sozialen Abgrund, der sich auf die Spaltung zwischen Selbst und Natur und zwischen Selbst und anderen bezieht, betrifft der spirituell-kulturelle Abgrund die Spaltung im Selbst. Ein Symptom dieser Spaltung ist unser Grad an Glück und Wohlbefinden und damit zusammenhängende Probleme wie Burn-out, Depression und Selbstmord. Burn-out und Depression haben im Laufe der letzten fünfzig Jahre zugenommen, sogar in Ländern, in denen der materielle Lebensstandard rasant gestiegen ist.[51]

In den letzten fünfundvierzig Jahren ist die Zahl der Selbstmorde weltweit um 60 Prozent angestiegen.[52] Selbstmord ist die zweithäufigste Todesursache (nach Unfällen) bei amerikanischen Highschool-Schülern und College-Studenten.[53] Weltweit betrachtet gehört Suizid zu den drei führenden Todesursachen in der Gruppe der 15- bis 44-Jährigen.[54] Diese schockierende Zahl ist die Spitze des Eisbergs der Gewalt des Menschen gegen sich selbst.

Bei einem Vortrag, den ich (Otto) 2011 in Wien hielt, bat ich die Zuhörer, sich ihren Sitznachbarn zuzuwenden und darüber zu reden, wo sie in ihrem Leben und ihrer Arbeit etwas sehen, das zu einem Ende kommt, und wo sie etwas wahrnehmen, das neu ist und gerade beginnt. Eine Führungskraft aus einem großen internationalen Unternehmen drückte ihre Erfahrung folgendermaßen aus: »Ich sehe einen Bruch zwischen dem, was meine Organisation mich tun lässt, wie zum Beispiel Kostensenkungs- und Downsizing-Programme, und dem, was ich *wirklich* tun möchte, um meine Arbeit und mein Leben voranzubringen.« Der Mann beschrieb seine Situation und meinte, dass seine Organisation von ihm verlange, bestimmte Dinge zu tun, auch wenn seine persönlichen Gefühle und Gedanken in die entgegengesetzte Richtung gingen. Doch weil dieses Fühlen und Denken nicht stark genug sei, um ihn von einem Kurswechsel zu überzeugen, mache er weiter.

Dieser beginnende Riss oder Spalt ist ein wichtiges Symptom unserer derzeitigen kollektiven Situation. Ist diese Führungskraft aus Wien ein Einzelfall oder steht sie für eine viel größere Gruppe? Nach unserer Erfahrung halten wir Letzteres für zutreffend. Wenn ich zum Beispiel am MIT unterrichte, ist etwa die Hälfte des Raums mit Managern aus aller Welt gefüllt, die in der Mitte ihrer Karriere stehen. Zu Beginn des Kurses bitte ich jeden Teilnehmer, zu sagen, was ihn oder sie hierher geführt hat. Die Antwort, die ich am häufigsten höre, ist folgende: »Ich bin so *unterinspiriert* durch das, was mein Unternehmen von mir fordert. Je höher ich auf der Karriereleiter des Unternehmens klettere, desto weniger inspiriert fühle ich mich. Ich bin hier, um zu lernen, wie ich mich wieder mit den Quellen meiner Energie und dem Besten, was ich zu tun vermag, verbinden kann.«

Diese Differenzen zwischen äußeren Anforderungen und inneren Bestrebungen und Bedürfnissen sind wichtig, weil sie sich, wenn sie ignoriert werden, schnell in etwas Größeres verwandeln können, einschließlich Burn-out, Depressionen oder Schlimmeres. Man denke nur an die funktionalen Eliten der sozialistischen Regimes in Osteuropa während der frühen 1980er-Jahre. Sie wussten, dass ihr System dysfunktional war. Und dennoch wagte es fast niemand, die Risse auf der Oberfläche genauer zu betrachten und deren tiefere systemische Ursachen zu erforschen. Was die Manager in Wien und am MIT beschreiben, ist ein subtiler Riss im Anfangsstadium, der, wenn man die Augen vor ihm verschließt, mit der Zeit immer größer werden wird. Er ist genauso gravierend wie die Risse in den zerbrochenen sozialistischen Regimes vor deren Zusammenbruch. Wenn Sie anfangen, auf diese ersten Risse – die Bruchlinien – zu achten, erkennen Sie allmählich, dass es Stimmen sind, die Ihnen sagen, dass *Sie Ihr Leben ändern müssen* – und ja, dass *wir alle unser* Leben ändern müssen!

Drei Abgründe

Die drei Abgründe auf der Symptomoberfläche hängen aufs Engste miteinander zusammen. So wird zum Beispiel der Sinnverlust im Leben und in der Arbeit (die innere Leere) häufig mit zusätzlichem materiellen Konsum gefüllt (Konsumdenken), was den ökologischen Abgrund durch weitere Ressourcenerschöpfung vergrößert. Damit fließen noch mehr natürliche Rohstoffe von den Entwicklungs- zu den Industrieländern, und der Abfallstrom, der in die entgegengesetzte Richtung fließt, führt zu einer Vertiefung des sozialen Abgrunds.[55] Kurz: innere Leere → Konsumdenken → ökologischer Abgrund → sozialer Abgrund.

Obwohl wir den Großteil des 20. Jahrhunderts damit verbracht haben, diese Probleme eines nach dem anderen in Angriff zu nehmen, sehen wir heute, dass die Menschen sich allmählich von dieser Vorgehensweise abwenden. Insbesondere junge Leute halten es einfach für gesunden Menschenverstand, dass diese Probleme nichts voneinander Getrenntes, sondern drei verschiedene Aspekte eines tieferen Problems sind. Und sie erkennen, dass die Inangriffnahme des grundlegenden Problems einen tief greifenden Systemwandel erfordert.

Der Prozess der Bewusstwerdung dieses notwendigen Systemwandels begann im letzten Drittel des 20. Jahrhunderts. Während der späten 1960er-, 1970er- und 1980er-Jahre entstand allmählich eine neue Art von zivilgesellschaftlichen Bewegungen. Der Protest gegen den Vietnamkrieg, die Bürgerrechtsbewegung, die Frauenbewegung, soziale Gerechtigkeit, Fair Trade, Umweltschutz, Anti-Atomkraft, Anti-Krieg, Anti-Apartheid, Anti-Autoritarismus. Auf diese Ansätze folgten jüngere Bewegungen: Klima-Aktionen, Arabischer Frühling, Occupy, Local Living Economies, Transition Towns, Gemeinwohlökonomie, Slow Food, Slow Money. All diese Bewegungen sind Vorboten und Katalysatoren einer sich erweiternden und vertiefenden weltweiten Aufmerksamkeit und Bewusstheit.

Doch das Problem bei der *ersten Welle* zivilgesellschaftlicher Bewegungen war, dass sie sich häufig auf nur eine der drei Bruchlinien konzentrierten. Umweltaktivisten ignorierten größtenteils die sozialen und bewusstseinsrelevanten Dimensionen des Wandels. Die Bewegungen für soziale Gerechtigkeit schenkten der Umwelt oder dem Bewusstsein wenig Aufmerksamkeit. Und New-Age-Bewusstseins-Bewegungen verloren sich in der persönlichen Befreiung, anstatt Aufmerksamkeit und Achtsamkeit als Tor zum sozialen Wandel zu betrachten.

Unser Kollege am MIT, Professor Phil Thompson, beschreibt ein Beispiel für diese Situation: Anfang der 1990er-Jahre war er als stellvertretender Geschäftsführer bei der Wohnungsbehörde in New York City tätig (New York City Housing Authority, NYCHA). Jahre bevor er seine Arbeit bei der NYCHA aufnahm, war die Behörde durch ein Bundesgesetz zur Luftreinhaltung (Clean Air Act) gezwungen worden, die Müllverbrennung zu stoppen und einmal wöchentlich die Müllsäcke bei öffentlich geförderten Wohnungen abzuholen. Diese Veränderung wurde von vielen Leuten in der Umweltbewegung begrüßt. Doch um die Ressourcen freizusetzen, die die NYCHA brauchte, um den Müll für mehr als 500 000 Menschen einzutüten, musste sie viele Kürzungen bei anderen Projekten vornehmen, zum Beispiel bei Jugendprogrammen, Wartungsarbeiten und anderen wichtigen Dienstleistungen. Gleichzeitig erhielt das Personal der NYCHA wenig Unterstützung von Umweltaktivisten, um die Probleme der Bewohner von Sozialwohnungen in Angriff zu nehmen, und tat daher wenig, um Recycling oder andere Umweltinitiativen zu fördern. Das ungewollte Ergebnis waren viele wütende, entrechtete Bürger und Bürgerinnen, die keine Motivation hatten, sich für Umweltziele zu engagieren.

Wir werden keine nennenswerten Fortschritte erzielen, wenn nicht *alle drei* Abgründe auf integrierte Weise angegangen werden, wie wir in der derzeit *zweiten Welle* von zivilen und sozial-unternehmerischen Initiativen in der ganzen Welt sehen. Der Aufstieg dieser Bewegung, in der Menschen spontan aus dem Bewusstsein heraus handeln, etwas zum Wohl des Ganzen beizutragen, ist eine ungeheure Quelle der Hoffnung für die Zukunft dieses Planeten.

Schlussbemerkung und praktische Übungen

In diesem Kapitel haben wir eine Landschaft von Symptomen und Krisen beschrieben. Wir glauben, dass wir in ein Zeitalter der Disruption eingetreten sind, in dem Einzelne, Institutionen und Gesellschaften vor neuen Herausforderungen stehen, die von ihnen verlangen, herkömmliche Reaktions- und Handlungsweisen loszulassen. Diese Momente der Erschütterung bieten uns auch die einmalige Chance, entstehende Zukunftsmöglichkeiten zu erspüren und in die Welt zu bringen. Wenn es uns allerdings nicht gelingt, uns auf diesen tieferen Prozess des Presencing einzulassen, bleiben wir in den Mustern der Vergangenheit gefangen, erstarrt in einer Reaktion, die uns in den Zyklus des Absencing wirft (verleugnen, entfühlen, täuschen und zerstören).

Journaling-Fragen

Nehmen Sie ein Tagebuch (oder leeres Blatt Papier) und halten Sie Ihre Antworten auf die unten aufgeführten Fragen schriftlich fest. Denken Sie nicht länger als ein oder zwei Minuten über die Antworten auf die einzelnen Fragen nach. Nummerieren Sie Ihre Antworten.

1) Wo nehmen Sie etwas in der Welt wahr, das zu Ende geht (in der Gesellschaft, in Ihrer Organisation, in sich selbst)?
2) Wo nehmen Sie eine Welt wahr, die darauf wartet, geboren zu werden (in der Gesellschaft, in Ihrer Organisation, in sich selbst)?
3) Wo haben Sie Momente des Zusammenbruchs erlebt (und was ist Ihnen bei Ihrem eigenen Prozess des Presencing oder Absencing aufgefallen)?
4) Wie zeigt sich der ökologische, sozioökonomische und spirituell-kulturelle Abgrund in Ihrer persönlichen Arbeits- und Lebenserfahrung?

Dialogkreis

Versammeln Sie einen Kreis von fünf bis sieben Personen und halten Sie ein erstes Meeting ab, um über den Kontext zu reden, den jeder Teilnehmer und jede Teilnehmerin in den Kreis einbringt. Beantworten Sie die folgenden Fragen:

1) Erzählen Sie Ihre persönliche Geschichte anhand von ein oder zwei prägenden Erfahrungen, die entscheidend dazu beigetragen haben, Sie zu dem zu machen, der Sie sind.
2) Wo nehmen Sie eine Welt wahr, die zu Ende geht/stirbt, und wo nehmen Sie eine Welt wahr, die anfängt/geboren werden will?
3) Was halten Sie für die Grundursachen und Hauptprobleme unserer derzeitigen Krise und der drei Abgründe?
4) Was wird nach Ihrer persönlichen Überzeugung in den nächsten zehn bis zwanzig Jahren passieren?
5) Was würden Sie gern sofort tun, um den Weg nach vorn zu verändern?

2 Struktur: Systemische Entkopplungen

Dieses Kapitel erforscht die erste Ebene unterhalb der Wasseroberfläche des »derzeitigen Realitätseisbergs«. Diese Ebene beschreibt die strukturellen Probleme, die uns dazu veranlassen, die Muster der Vergangenheit zu wiederholen, anstatt uns mit dem neu Entstehenden zu verbinden. Was ist der unterschwellige »blinde Fleck«, dessen genauere Beleuchtung uns helfen könnte, die verborgenen Strukturen unterhalb der Wasseroberfläche zu erkennen?

Der blinde Fleck (I)

Das derzeitige System führt zu Ergebnissen, die niemand will. Unterhalb dessen, was wir als die Landschaft sozialer Pathologien bezeichnen, liegt eine Struktur, die dafür sorgt, dass bestehende Handlungsmuster sich reproduzieren. Beispielsweise bestimmen in einer Organisation die Aufteilung und Struktur der Abteilungen über die Arbeitsteilung und die berufliche Identität der Mitarbeiter und Mitarbeiterinnen. In einer modernen Gesellschaft entwickeln Regierungs-, Wirtschafts- und Nicht-Regierungssektoren jeweils ihre eigenen Koordinations- und Selbstorganisationsmethoden. Eine Struktur ist ein Beziehungsmuster. Wenn wir verändern wollen, wie unsere Gesellschaft auf Herausforderungen reagiert, müssen wir die tieferen Strukturen, die wir kollektiv reinszenieren, erkennen.

Acht strukturelle Entkopplungen

Im Folgenden beschreiben wir acht Problembereiche oder sichtbare Problemsymptome dieser den Krisen zugrunde liegenden Struktur. In Tabelle 1 findet sich in der ersten Zeile eine allgemeine Beschreibung des Symptoms. Die zweite Zeile erklärt die strukturelle Entkopplung, die das Problem in Zeile 1 entstehen lässt; und die dritte Zeile erläutert die Grenzen, an die das Gesamtsystem stößt.

Die Wurzeln dieser strukturellen Entkopplungen lassen sich mit acht Akupunkturpunkten eines ökonomischen und sozialen Wandels vergleichen.

	Ökologisches Problem	Einkommens-problem	Finanzproblem	Technik-problem	Führungs-problem	Konsum-problem	Governance-Problem	Eigentums-problem
Oberflächen-symptom	Ökologischer Fußabdruck von 1,5 Planeten	Die obersten 1 Prozent besitzen mehr als die Summe der unteren 90 Prozent	Spekulationsblase von 1,5 Billiarden US-Dollar	Syndrom der schnellen technischen Problembehebung	Kollektives Hervorbringen von Ergebnissen, die niemand will	Burnout, Depressionen, Konsum ohne Wohlbefinden	Unfähigkeit, Herausforderungen im Rahmen des Gesamtsystems anzunehmen	Übernutzung von knappen Ressourcen; Tragedy of the Commons
Strukturelle Entkopplung	Entkopplung von unbegrenztem Wachstum und begrenzten Ressourcen	Entkopplung von Besitzenden und Besitzlosen, von Vermögen und Grundbedürfnissen	Entkopplung von Finanz- und Realökonomie	Entkopplung von technischen Lösungen und gesellschaftlichen Bedürfnissen	Entkopplung von alten Führungsinstrumenten und neuen Herausforderungen	Entkopplung von BIP und Bruttonationalglück	Entkopplung von Teilen und Ganzem	Entkopplung von derzeitigen Besitzformen und bestem gesellschaftlichen Nutzen
Systemgrenze	Grenzen des Wachstums → Kultivierung begrenzter Ressourcen	Grenzen der Ungleichheit → Realisierung von Menschenrechten	Grenzen der Spekulation → geduldiges und dienendes Kapital	Grenzen der oberflächlichen Symptomreparaturen → Fokussierung auf nachhaltige Lösungen	Grenzen der Führung → direkte, distribuierte, dialogische Selbstbestimmung	Grenzen des Konsums → Aufmerksamkeit für innere und soziale Quellen des Wohlbefindens	Grenzen des Wettbewerbs → Neuziehung der Grenze zwischen Wettbewerb und Kooperation	Grenzen privaten und staatlichen Eigentums → Eigentumsrechte für Gemeingüter

Tab. 1: Strukturelle Entkopplungen und Systemgrenzen

Wenn man diese Probleme als Gesamtheit in Angriff nimmt, bieten diese Akupunkturpunkte einen Ansatzpunkt, unsere Institutionen so weiterzuentwickeln, dass die drei oben diskutierten Abgründe überwunden werden. Werfen wir einen genaueren Blick auf die einzelnen Brennpunkte:

1) *Die ökologische Entkopplung.* Unser Ressourcenverbrauch ist 1,5-mal höher als die Regenerationsfähigkeit unseres Planeten. Ein Grund ist der Widerspruch zwischen dem Imperativ des unbegrenzten Wachstums und den nur begrenzten Rohstoffen des Planeten. Die Folge ist, dass wir – wie die Studie des Club of Rome so treffend formulierte – an die Grenzen des Wachstums stoßen. Was fehlt, ist ein intelligenterer Umgang mit den immer knapper werden Rohstoffen.
2) *Die ökonomische Entkopplung der Einkommens- und Vermögensverteilung.* Das oberste Prozent der Weltbevölkerung besitzt mehr als die unteren 90 Prozent, was zur Vermögenskonzentration in einem Teil der Gesellschaft und unerfüllten Grundbedürfnissen in einem anderen führt. Die Folge sind globale, aber auch nationale Ungleichheiten, wie unten ausführlicher dargelegt. Was nötig ist, ist eine bessere Umsetzung grundlegender Menschenrechte und Chancengleichheit.
3) *Die Entkopplung im Finanzbereich.* Devisengeschäfte im Wert von 1,5 Billiarden US-Dollar stellen den internationalen Handel im Wert von 20 Billionen US-Dollar (weniger als 1,4 Prozent aller Finanztransaktionen) weit in den Schatten.[56] Diese Bruchlinie spiegelt die Entkopplung der Finanz- von der Realwirtschaft wider. Das Ergebnis sind die negativen Folgen der Spekulationsgeschäfte auf die Gesellschaft als Ganzes.
4) *Die Entkopplung in der Technik.* Wir reagieren auf Probleme mit schnellen technischen Lösungen, die bei den Symptomen ansetzen, anstatt das Problem systemisch anzugehen. Wir stoßen an die Grenzen von symptomfokussierten Lösungen – das heißt an die Grenzen von Lösungen, die mit noch mehr technischen Geräten auf Probleme reagieren, anstatt deren Grundursachen in Angriff zu nehmen.[57]
5) *Die Entkopplung in der Führung.* Wir schaffen kollektiv Ergebnisse, die niemand will, weil die Entscheidungsträger zunehmend von den Folgen ihrer Entscheidungen getrennt sind. Auch hier

stoßen wir an eine Grenze, in diesem Fall an die Grenzen der traditionellen Top-down-Führung, die über die Mechanismen institutioneller Silos läuft.

6) *Die Entkopplung im Konsum.* Größerer materieller Konsum führt nicht zu größerer Gesundheit und Zufriedenheit in der Gesellschaft. Wir stoßen in zunehmendem Maße an eine Konsumgrenze. Es ist dringend notwendig, dass wir den ökonomischen Prozess wieder mit den tieferen Quellen des Glücks und des Wohlbefindens verbinden.
7) *Die Entkopplung von Governance.* Als globale Gemeinschaft sind wir unfähig, die drängendsten Probleme unserer Zeit in Angriff zu nehmen, weil unsere Koordinationsmechanismen von der Krise der *Commons,* d. h. der Allgemeingüter, entkoppelt sind. Märkte funktionieren gut für private Güter, aber Märkte sind nicht in der Lage, die derzeitige Krise der Gemeingüter (tragedy of the commons) zu beheben. Deshalb stoßen wir zunehmend an die Grenzen des Wettbewerbs. Wir müssen die Grenze zwischen Kooperation und Wettbewerb neu festlegen, indem wir – zum Beispiel – Bereiche der Kooperations- und Koordinationsprozesse entwickeln, die der Markttransaktion vorgeschaltet sind und Innovationen auf der Ebene des Gesamtsystems ermöglichen.
8) *Die Entkopplung von Eigentumsformen.* Wir stehen vor einer massiven Übernutzung knapper Ressourcen, was in der Entkopplung derzeitiger Besitzformen und der besten gesellschaftlichen Nutzung knapper Vermögenswerte wie unserer ökologischen Gemeingüter manifest wird. Deshalb stoßen wir zunehmend an die Grenzen traditioneller Eigentumsrechte. Das erfordert eine mögliche dritte Kategorie von Eigentumsrechten, die auf den Gemeingütern basieren, das Interesse künftiger Generationen und des Planeten besser schützen und die bestehenden Eigentumsformen ergänzen.

Über diese verschiedenen Entkopplungen hinweg werden gemeinsame Merkmale sichtbar: 1. systemische Strukturen, die darauf angelegt sind, dass *kein* Lernen stattfindet; 2. ein blinder Fleck für Externalitäten; 3. Der Geldfluss bewegt sich in die falsche Richtung; 4. Organisierte Interessengruppen manipulieren das Gesamtsystem zum Nachteil des Ganzen.

Diese Merkmale sind Symptome einer Krankheit, die den kollektiven sozialen Körper beeinträchtigt. Doch was treibt dieses Muster organisierter Verantwortungslosigkeit an? Diese Symptome werden von strukturellen Entkopplungen angetrieben, die dazu führen, dass das Gesamtsystem an mehrere reale Grenzen stößt. Jede dieser Entkopplungen bzw. Bruchlinien würde ein eigenes Buch rechtfertigen – und tatsächlich sind viele Bücher über die einzelnen Themen geschrieben worden, wie etwa *Die Grenzen des Wachstums*, das in den 1970er-Jahren eine globale Diskussion auslöste. Doch trotz seiner weitreichenden Wirkung hat das Buch andere wichtige Bereiche, wie die Finanzblasen, die eine eigene Hauptantriebsfeder des unbegrenzten Wachstumsimperativs sind, nicht behandelt.

Das vorliegende Buch möchte dazu einladen, die verschiedenen Systementkopplungen und Brüche als Elemente eines *Gesamtsystems* zu betrachten. Was sehen wir, wenn wir sie als System betrachten? Wir sehen uns selbst. Das Problem sind *wir*. Wir sind es, die so viele Rohstoffe verbrauchen, dass es die Regenerationsfähigkeit unseres Planeten übersteigt. Wir sind es, die an den ökonomischen Arrangements teilnehmen, die die Spaltungen in der Einkommensverteilung replizieren und damit auch den Konsum und die Burn-out-Blase. Und wir sind es, die größtenteils traditionelle Banken für unsere finanziellen Transaktionen nutzen, obwohl wir wissen, dass diese Banken ein großer Teil des Problems sind.

Jeder Bereich ist Teil des Systems, das seine Verbindung zum Ganzen verloren hat. Bevor wir unsere Reise in die unteren Ebenen des Eisbergs fortsetzen, wollen wir einen kurzen Blick auf drei interessante Punkte werfen, die uns etwas über den derzeitigen Zustand unserer Gesellschaft sagen.

Die ökonomische Verfassung unserer Gesellschaft

Betrachten wir zunächst die Verbindung zwischen BIP (Bruttoinlandsprodukt) und Gesundheit bzw. Wohlbefinden (well-being). Das Verhältnis von BIP und durchschnittlicher Lebenserwartung wird häufig als Maßstab für die Qualität der Gesundheit und Entwicklung in einem Land herangezogen. Bis zu einem Level von 5000 bis 8000 US-Dollar Jahreseinkommen pro Kopf besteht ein enger Zusammenhang zwischen BIP und Gesundheit (siehe Abb. 6). Dieser

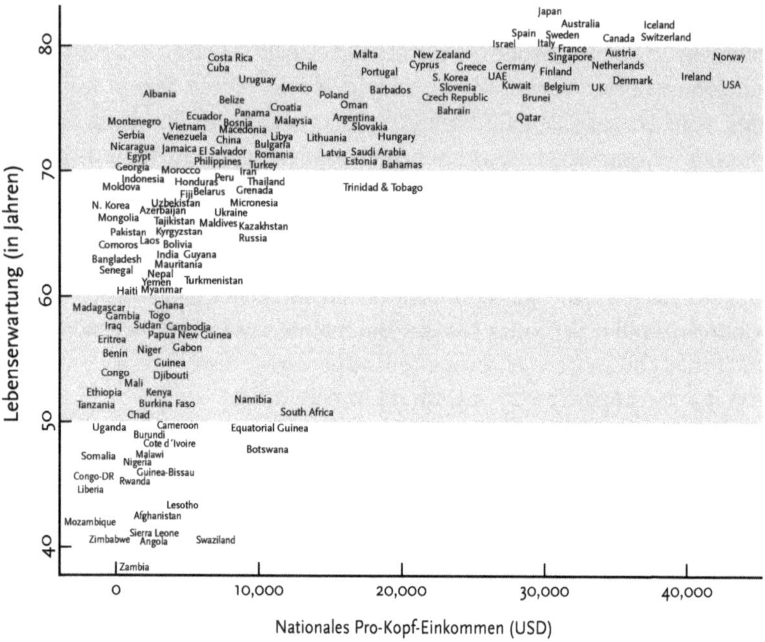

Abb. 6: Wirtschaftliches Wachstum erhöht die Lebenserwartung nur in den Anfangsstadien[59]

Zusammenhang wird signifikant geringer, wenn das BIP über dieses Level ansteigt. Mit anderen Worten, ein Anstieg des materiellen Outputs, gemessen am BIP, in Industrieländern überträgt sich *nicht* in einen besseren Gesundheitszustand oder eine höhere Lebenserwartung.

Wenn ein BIP-Anstieg in Industrieländern wenig dazu beiträgt, das Wohlbefinden der Bewohner zu steigern, wodurch wird es dann verbessert? Überraschenderweise scheint der Hebel, bei dem man ansetzen muss, um das Wohlbefinden zu erhöhen, damit zusammenzuhängen, dass man das Ausmaß einer der oben beschriebenen Problemblasen, nämlich die *Ungleichheit*, verringert.[58]

Abbildung 7 zeigt, dass Gesundheits- und soziale Probleme in Ländern mit größeren Einkommensunterschieden wie den USA verbreiteter sind. Am anderen Ende des Spektrums finden wir Länder mit weniger gesundheitlichen und sozialen Problemen wie Japan, Schweden und Norwegen. Diese Staaten haben die geringsten Einkommensunterschiede unter den Industrieländern.

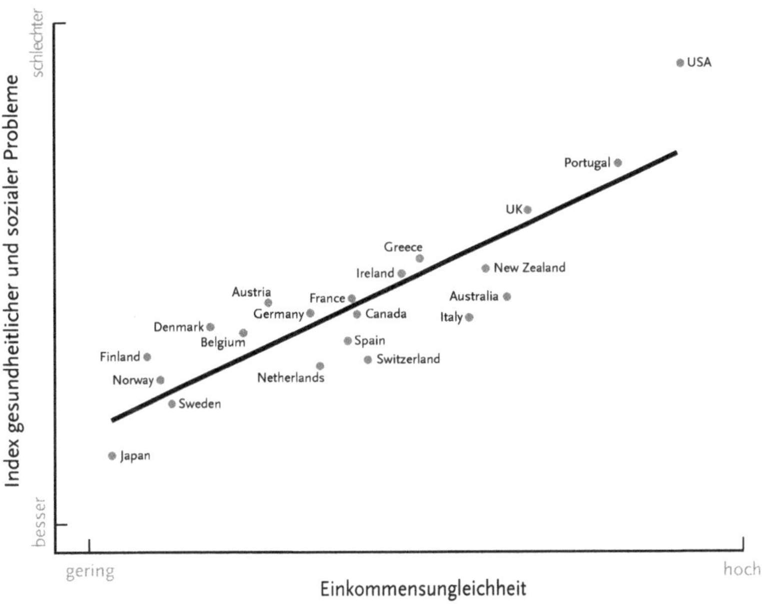

Abb. 7: Gesundheitliche und soziale Probleme stehen in engem Zusammenhang mit der Ungleichheit in wohlhabenden Staaten[60]

Diese beiden Punkte werfen die Frage auf, ob es nicht besser wäre, sich auf eine Reduzierung der Einkommens- und Ungleichheitsblase zu konzentrieren anstatt auf eine verbesserte Gesundheitsversorgung, wenn man die Gesundheit der Bürger und Bürgerinnen in Industriestaaten fördern will?

Wie Nobelpreisträger Joseph Stiglitz in *The Price of Inequality* (*Der Preis der Ungleichheit*) ausführt, belief sich nach der Finanzkrise von 2007/2008 »das Vermögen des reichsten einen Prozents der Haushalte noch immer auf das 225-fache des Vermögens des Durchschnittsamerikaners – im Jahr 1962 oder 1983 betrug das Verhältnis knapp die Hälfte«.[61] Stiglitz betont, dass Ungleichheit eine Folge politischen Versagens sei, und argumentiert, dass Ungleichheit nicht nur zu den oben beschriebenen sozialen Pathologien beiträgt, sondern auch zur wirtschaftlichen Instabilität in Form einer »Abwärtsspirale«. Die Ergebnisse sind erschreckend: Fast ein Viertel aller Kinder in den USA lebt in Armut.[62]

Der dritte Punkt verbindet diese Ausführungen mit der ökologischen Bruchlinie. Abbildung 8 zeigt die Herausforderung einer nach-

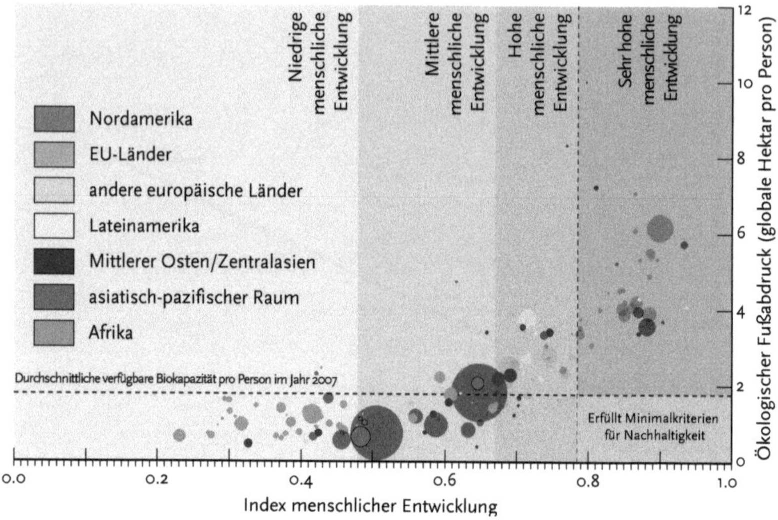

Abb. 8: Ökologischer Fußabdruck versus Index menschlicher Entwicklung, 2008[63]

haltigen Entwicklung für unsere derzeitige Ökonomie. Diese Herausforderung wird durch zwei Schwellen veranschaulicht. Die erste ist die durchschnittliche verfügbare Biokapazität pro Person. Die zweite ist die Schwelle menschlicher Entwicklung. Wie würde eine nachhaltige Entwicklung aussehen? Staaten müssten sich in dem nachhaltigen Entwicklungsquadranten in der unteren rechten Hälfte der Abbildung befinden. Der Abstand zwischen den meisten Ländern und diesem Quadranten macht deutlich, wie groß die Herausforderung ist.

Die Evolution des Kapitalismus als Evolution des Bewusstseins

Die oben beschriebenen Entkopplungen und Bruchlinien und der Fakt, wie weit die meisten Länder vom Quadranten nachhaltiger Entwicklung in Abbildung 8 entfernt sind, sind nicht die einzigen Herausforderungen, vor denen unsere Gesellschaft steht. Laut dem britischen Historiker Arnold Toynbee vollzieht sich gesellschaftlicher Fortschritt als Wechselspiel zwischen Herausforderung und Reaktion: Es kommt zu einem strukturellen Wandel, wenn die Elite einer Gesellschaft auf große soziale Herausforderungen nicht mehr kreativ reagieren kann und alte soziale Formationen deshalb durch neue ersetzt werden. Lassen Sie uns unter Anwendung von Toynbees Formel von Herausforderung und Reaktion einen kurzen Blick auf die sozioökonomische Entwicklung unserer gesellschaftlichen Strukturen werfen (siehe auch Tab. 2).[64]

Gesellschaft 1.0: Um Hierarchie herum organisieren

Denken Sie an Europa am Ende des Dreißigjährigen Krieges im Jahr 1648, an Russland nach der Oktoberrevolution von 1918, an China nach dem chinesischen Bürgerkrieg von 1949 oder an Indonesien zu der Zeit, als Sukarno der erste Präsident wurde. Vorangehende Unruhen hatten das gefühlte Bedürfnis nach Stabilität erzeugt – das heißt nach einer starken sichtbaren Hand, manchmal in Form einer eisernen Faust, die Sicherheit und die lebensnotwendige Verteilung knapper Ressourcen im Einklang mit dringend benötigten Investitionen in die öffentliche Infrastruktur bot. In dieser Hinsicht kann man den sowjetischen Sozialismus des 20. Jahrhunderts anstatt als postkapitalistisches Stadium (entsprechend der marxistischen Theorie) auch als präkapitalistisches (quasi merkantilistisches) Stadium wirtschaftlicher Entwicklung betrachten.[65] Das Hauptmerkmal dieses Stadiums gesellschaftlicher Entwicklung ist ein starker zentraler Akteur, der die Entscheidungsmacht für das Ganze in der Hand hat. Das kann ein Kaiser, ein Zar, ein Diktator oder eine Partei sein. Dafür gibt es zahlreiche Beispiele, zu denen die europäischen Monarchen des 18. Jahrhunderts ebenso gehören wie Stalin, Mao, Mubarak und Sukarno, deren Bedürfnis nach ausgedehnten demokratischen Prozessen und Diskussionen, sagen wir, begrenzt war. Als ich (Otto) kürzlich die Favelas in São Paulo besuchte, erfuhr ich von der »Pazifizierungs«-Strategie der brasilianischen Polizei, die in die Favelas vordrang und die Drogenbarone vertrieb. Die jungen Leute in den Favelas argumentierten, dass die Polizeipräsenz aus zwei Gründen gut sei. Sie reduziere den Grad der willkürlichen Gewalt und ermögliche der Gemeinschaft den Zugang zu unabdingbaren sozialen Dienstleistungen. In den Augen dieser Leute war die sogenannte Polizeistruktur 1.0 also ein Schritt in die richtige Richtung.

Die positiven Leistungen einer staatlich gelenkten Gesellschaft, die wir als Gesellschaft 1.0 bezeichnen, liegen in ihrer Stabilität.

	Primäre gesellschaftliche Herausforderung	Reaktion: Koordinationsmechanismus	Primärer Sektor/ Akteure	Primäre Machtquelle	Dominante Ideologie	Primäres Bewusstsein
Gesellschaft 1.0: vom *Staat* angetrieben; Merkantilismus, Sozialismus	Stabilität	Anweisung: Hierarchie	Staat/Regierung	Zwang (Peitsche)	Merkantilismus; Sozialismus (staatszentriertes Denken)	Traditionelles Bewusstsein
Gesellschaft 2.0: vom *freien Markt* angetrieben; Laissez-faire	Wachstum	Wettbewerbscharakter: Märkte	Kapital/Wirtschaft; Staat/Regierung	Lukrativ (Zuckerbrot)	Neoliberales und neoklassisches (marktzentriertes) Denken	Egosystem-Bewusstsein
Gesellschaft 3.0: von *Stakeholdern* angetrieben; soziale Marktwirtschaft	Negative innenpolitische Externalitäten	Verhandlungscharakter: Dialog zwischen Interessenvertretern	Zivilgesellschaft/ NGOs; Kapital/ Wirtschaft; Staat/ Regierung	Normativ (Werte)	Sozialdemokratisches oder progressives Denken	Stakeholder-Bewusstsein
Gesellschaft 4.0: vom *Ökosystem* angetrieben; generative Gemeinwirtschaft	Globale disruptive Externalitäten, Resilienz	Presencing: ABC, Awareness-based collective action (intentionales, gemeinsames Handeln)	Bereichsübergreifende Co-Kreativität: Zivilgesellschaft/ NGOs; Kapital/ Wirtschaft; Staat/ Regierung	Bewusstsein: Handeln, das aus der Wahrnehmung des entstehenden Ganzen resultiert	Ökosystem-zentriertes Denken	Ökosystem-Bewusstsein

Tab. 2: Die ökonomische Entwicklung nach dem Modell von »Herausforderung und Reaktion«

Die Zentralmacht schafft Struktur und Ordnung und beruhigt die willkürliche Gewalt, die vorher herrschte. Die Kehrseite der Gesellschaft 1.0 ist, dass es ihr an Dynamik fehlt und dass – in den meisten Fällen – persönliche Initiative und Freiheit nicht gefördert werden.

Gesellschaft 2.0: Um Wettbewerb herum organisieren

Je erfolgreicher eine Gesellschaft die Stabilitätsherausforderung meistert, desto wahrscheinlicher ist es historisch betrachtet, dass darauf ein Stadium folgt, in dem sich der Fokus von der Stabilität auf das Wachstum und auf mehr persönliche Initiative und Freiheit verschiebt. Dieser Umschwung lässt Märkte und einen dynamischen unternehmerischen Sektor entstehen, was das wirtschaftliche Wachstum ankurbelt.

Die Schwerpunktverlagerung geht mit einem ganzen Sortiment institutioneller Innovationen einher, einschließlich der Einführung von Märkten, Eigentumsrechten und einem Bankensystem, das Zugang zu Kapital gewährt. Diese Veränderungen erleichterten die beispiellose Explosion wirtschaftlichen Wachstums und die massive Industrialisierung, zu der es im Europa des 19. Jahrhunderts kam und die wir heute in China, Indien und anderen aufstrebenden Ökonomien beobachten. Der *New-York-Times*-Journalist und Bestsellerautor Thomas Friedman verbindet den Aufstieg der entstehenden Ökonomien mit dem Aufstieg einer globalen virtuellen Mittelschicht, die nicht nur die tatsächliche Mittelschicht unserer Zeit umfasst, sondern auch die globale Gemeinschaft von Web- und Handy-Usern, die physisch immer noch in Armut leben, aber mental bereits einen aufstiegsorientierten Raum mit der derzeitigen globalen Mittelschicht teilen. Wie Khalid Malik, Leiter des Human Development Report Office bei den Vereinten Nationen, sagt: »Das ist eine tektonische Verschiebung. Die industrielle Revolution war eine Story, die zehn Millionen Menschen betraf. Dies hier ist eine Story, an der mehrere Milliarden teilnehmen.«[66]

Das Bewusstsein in diesem Stadium der Entwicklung – Gesellschaft 2.0 – lässt sich als Erwachen des Egosystem-Bewusstseins beschreiben, bei dem das Eigeninteresse der wirtschaftlichen Akteure als animierende oder treibende Kraft wirkt. Die positive Seite dieser Phase sind unternehmerische Initiativen. Die negative Seite betrifft die negativen Externalitäten, wie zum Beispiel eine unbegrenzte Kommodifikation und ihre ungewollten Nebenwirkungen, einschließlich

Kinderarbeit, Menschenhandel, Umweltzerstörung und größere sozioökonomische Ungleichheit.

In diesem Stadium gibt es zwei Machtquellen, eine vom Staat ausgehende, durch Zwang wirkende Militärmacht und rechtsprechende Gewalt (Peitsche) und eine vom Markt bestimmte lukrative Macht (Zuckerbrot). Die großen positiven Errungenschaften der Laissez-faire-Marktwirtschaft und Gesellschaft sind schnelles Wachstum und ihre Dynamik; die Kehrseite ist, dass sie kein Mittel hat, um mit den negativen Externalitäten umzugehen, die sie hervorbringt. Dazu gehören schlechte Arbeitsbedingungen, Preise für landwirtschaftliche Produkte, die unter die Schwelle der Nachhaltigkeit fallen, und hoch volatile Währungskurse und Aktienmarktblasen, die kostbares Produktionskapital zerstören.[67]

Gesellschaft 3.0: Um Interessengruppen herum organisieren

Die Probleme von Gesellschaft 2.0 werden durch Arbeits- und Sozialgesetzgebung, Umweltschutz, protektionistische Maßnahmen für Landwirte sowie Notenbanken, die die nationale Währung schützen, korrigiert – all diese Maßnahmen haben dasselbe Ziel: Sie sollen die uneingeschränkten Marktmechanismen in Bereichen, wo die negativen Externalitäten störend und unakzeptabel sind, begrenzen. Die daraus resultierenden Regelungen basieren auf verhandelten Vereinbarungen zwischen organisierten Interessengruppen und dienen dazu, die bestehenden Marktmechanismen zu ergänzen.

Wenn die Gesellschaft sich weiterentwickelt, bilden sich unterschiedliche Sektoren heraus: zunächst der öffentliche oder Regierungssektor, dann der private oder unternehmerische Sektor und schließlich der zivile oder NGO-Sektor. Jeder Sektor bildet seine eigenen Institutionen aus. Jeder Sektor entwickelt außerdem seine eigenen Machtformen (Peitsche, Zuckerbrot und Normen) und spiegelt eine andere Stufe in der Evolution des menschlichen Bewusstseins – vom traditionellen (1.0) und Egosystem-Bewusstsein (2.0) bis zum erweiterten Stakeholder-Bewusstsein, das Partnerschaften mit anderen wichtigen Stakeholdern fördert (3.0) (siehe Tab. 2).

Der in vielen Staaten praktizierte Stakeholder-Kapitalismus oder Gesellschaft 3.0 geht relativ gut mit den klassischen Externalitäten um, zum Beispiel durch die Umverteilung von Vermögen, durch soziale Sicherung, Umweltschutzgesetze, Subventionen für die Landwirtschaft und Entwicklungshilfe. Dennoch gelingt es der Gesellschaft 3.0

nicht, rechtzeitig auf globale Herausforderungen wie Ölfördermaximum, Klimawandel, Rohstoffknappheit und neue demografische Entwicklungen zu reagieren. Mit der Zeit werden Reaktionsmechanismen wie zum Beispiel Subventionen für die Landwirtschaft oder Subventionen für Biobrennstoff auf Ethanolbasis zu einem Teil des Problems anstatt zu einem Teil der Lösung.[68] Gesellschaft 3.0 hat drei wesentliche Begrenzungen: Sie ist voreingenommen zugunsten spezieller Interessengruppen, sie reagiert größtenteils auf negative Externalitäten, und sie hat nur eine begrenzte Fähigkeit, positive Externalitäten hervorzubringen. Tabelle 2 fasst diese Stadien der gesellschaftlichen Evolution zusammen.

Außerdem lassen sich globale Externalitäten wie Klimawandel, Umweltzerstörung und extreme Armut durch inländische Mechanismen nicht erfolgreich in Angriff nehmen, wie sich am Zusammenbruch internationaler Klimagespräche deutlich zeigte. Da die Governance-Mechanismen einer Gesellschaft 3.0 den organisierten Interessengruppen zur Macht verhelfen, benachteiligen sie systematisch alle Gruppen, die sich aufgrund ihrer Größe (z. B. Konsumenten, Steuerzahler, Bürger) oder weil sie noch keine Stimme haben (künftige Generationen) nicht so leicht organisieren können.

Zusammenfassend: Die Probleme des 21. Jahrhunderts lassen sich nicht mit dem aus dem 20. Jahrhundert stammenden Vokabular des Wohlfahrtsstaates und dessen Problemlösungen in Angriff nehmen. Die meisten Gesellschaften stehen vor der Herausforderung, in einer Weise auf Externalitäten zu reagieren, die das individuelle und kommunale Unternehmertum, die Eigenverantwortlichkeit und eine sektorenübergreifende Kreativität fördert und nicht den Mangel daran subventioniert.

Gesellschaft 4.0: Um Gemeinwohl herum organisieren

Wenn wir uns mit der Komplexität der Herausforderungen befassen, die das 21. Jahrhundert bereithält, stehen wir vor einigen widersprüchlichen Trends: 1. eine weitere Differenzierung gesellschaftlicher Subsysteme, die ihre eigenen Formen der Selbstorganisation haben; 2. ein wirtschaftliches Subsystem, das in vielen Staaten andere Sektoren (Regierung, Zivilgesellschaft, Medien) beherrscht und stört; und 3. ein Mangel an effektiven Plattformen, die Stakeholder zusammenbringen, um Innovationen auf der Ebene des Gesamtsystems zu bewirken.

Eine der bedeutsamsten Veränderungen zu Beginn dieses Jahrhunderts war, dass Plattformen für eine *sektorenübergreifende Kooperation* geschaffen wurden, die Veränderungsmacher befähigen, zusammenzukommen, sich die Entwicklung des Gesamtsystems bewusst zu machen und zu verstehen und anschließend aus einem gemeinsamen Bewusstsein und einer gemeinsamen Wahrnehmung heraus zu handeln.

Jedes oben beschriebene Stadium zeichnet sich durch eine primäre *Herausforderung* aus. Bei Gesellschaft 1.0 geht es um die Herausforderung der Stabilität. Im nächsten Schritt heißt die Herausforderung Wachstum (2.0), gefolgt von der Herausforderung der Externalitäten (3.0). Jede Herausforderung erfordert von der Gesellschaft zu reagieren, indem sie einen neuen *Koordinationsmechanismus* schafft. Die Reaktion auf den Mangel an Stabilität bestand in der Schaffung mehrerer zentralisierter Institutionen, die um die Staatsmacht gruppiert waren. Mit der Einführung von freien Märkten wurde der Wachstumsherausforderung begegnet, und NGO-geführte Stakeholder-Verhandlungen versuchten, die negativen Externalitäten der freien Märkte in Angriff zu nehmen. Jede Phase resultierte in der Schaffung eines neuen gesellschaftlichen *Sektors*: Die Stabilitätsherausforderung schuf eine zentrale Macht oder Regierung; die Wachstumsherausforderung führte zum Aufstieg von Wirtschaftsunternehmen; und der Versuch, negative Externalitäten zu reduzieren, brachte verschiedene NGOs hervor, die Interessengruppen wie Arbeitsrechtsaktivisten, Umweltschützer und Bürgerrechtler unterstützten. Und jeder Bereich hat wiederum seine eigene *Machtquelle*: Peitsche, Zuckerbrot und Normen.

Jede Konfiguration geht außerdem mit einem bestimmten Set von Grundüberzeugungen oder Ideen einher, die wir ausführlicher in Kapitel 3 besprechen werden. Gesellschaft 1.0 basiert auf einer staatszentrierten Ideologie (staatliche Planung). Gesellschaft 2.0 artikuliert marktzentrierte Grundüberzeugungen (Marktwettbewerb). Gesellschaft 3.0 funktioniert nach kommunikations- oder diskurszentrierten Grundüberzeugungen, die typischerweise Markt und Staat verbinden (Beispiele: der Keynesianismus des 20. Jahrhunderts oder die soziale Marktwirtschaft europäischer Prägung). Die letzte Zeile in Tabelle 2 antizipiert ein im Entstehen begriffenes Stadium, das wir zunächst einmal als Gesellschaft 4.0 bezeichnen oder als co-kreative Ökosystem-Wirtschaft, die Innovationen auf der Ebene des Gesamtsystems hervorbringt. Ein genauerer Blick macht deutlich, dass die Akteure in jedem dieser Entwicklungsschritte unterschiedlich über das Gesamtsystem denken, von einem unterschiedlichen Denkmodell darüber, wie sich eine Wirtschaft am besten koordinieren lässt, her handeln und damit auch einen unterschiedlichen Bewusstseinszustand darüber haben, was ihre eigene Rolle in dem gesamtgesellschaftlichen Koordinationsprozess betrifft. Die 1.0-Wirtschaften arbeiten mit dem Primat eines traditionellen Bewusstseins: Bestehende hierarchische Denkweisen und Regeln werden befolgt. In 2.0-Wirtschaften erwacht das Egosystem-Bewusstsein, das Adam Smith treffend charakterisierte, als er schrieb: »Nicht von dem Wohlwollen des Metzgers, Brauern oder Bäckers erwarten wir unsere Mahlzeit, sondern von ihrer Bedachtnahme auf ihr eigenes Interesse. Wir wenden uns nicht an ihre Menschlichkeit, sondern an ihre Selbstliebe und reden mit ihnen nicht über unsere eigenen Notwendigkeiten, sondern über ihre Vorteile.«[69] In 3.0-Ökonomien wird dieses Eigeninteresse um die Eigeninteressen anderer Stakeholder erweitert, die sich gemeinsam organisieren, um ihre Interessen durch Gewerkschaften, Regierungsstellen, NGOs und andere Körperschaften vorzubringen.

Im entstehenden 4.0-Stadium unserer Wirtschaft erweitert sich das Eigeninteresse der Akteure zu einem gemeinsamen Bewusstsein und einer gemeinsamen Aufmerksamkeit für das Ökosystem. Ökosystem-Bewusstsein ist eine Verinnerlichung der Ansichten und Anliegen anderer Stakeholder im System. Dazu ist erforderlich, dass man die Fähigkeit entwickelt, Probleme aus der Perspektive anderer wahrzunehmen. Das führt zu Entscheidungen und Ergebnissen, die dem ganzen System nützen und nicht nur einem Teil davon.

Ein genauerer Blick auf die heutigen Ökonomien und Gesellschaften offenbart ein Erwachen des Ökosystem-Bewusstseins in zahlreichen Bereichen. So sind zum Beispiel die Bewegungen für Slow Food, bewussten Konsum, Fair Trade, LOHAS (Lifestyles of Health and Sustainability), sozial verantwortliche Investitionen und einen kooperativen Verbrauch alle darum bemüht, die Interessen von anderen in den ökonomischen Prozess mit einzubeziehen. Sie können als Vorläufer des 4.0-Zustands der Wirtschaft betrachtet werden.

Eine Landkarte, viele Wege

Der vorherige Abschnitt beschreibt die Entwicklungslandkarte. Doch die Landkarte ist nicht identisch mit dem Weg oder dem Terrain. Der Weg unterscheidet sich je nach historischem oder geografischem Kontext. Ein kurzer Ausflug durch einige der Hauptregionen unserer globalen Wirtschaft veranschaulicht verschiedene dieser Wege von 1.0 bis 4.0. Diese verschiedenen Wege beschreiben Beispiele für die Evolution der Gesellschaft von 1.0 zu ihrer derzeitigen modernen Form – einer Form, die durch *Arbeitsteilung* und die *Differenzierung* multipler Subsysteme gekennzeichnet ist.

Europa

Am Ende des verheerenden Dreißigjährigen Krieges (1618–1648) war Europa bereit, den Schritt in eine Gesellschaft 1.0 zu machen. Im Jahr 1648 umfasste das Gebiet, das heute als Deutschland bezeichnet wird, ca. 1800 Kleinstaaten. Mit der Zeit nahm die territoriale Integration zu, und die Französische Revolution beschleunigte die gesellschaftliche Erneuerung in ganz Europa rapide, was eine Gesellschaft 2.0 hervorbrachte. Mitte des 19. Jahrhunderts setzte eine Entwicklung ein, bei der negative Externalitäten wie Armut, die Ausbeutung von unterbezahlten Arbeitern und Kinderarbeit zu einer Vielzahl von gesellschaftlichen Reaktionen und schließlich zu Gesellschaft 3.0 führten. Zu den Merkmalen von Gesellschaft 3.0 gehören Sozialgesetzgebung, Umweltgesetze und Verbraucherschutzgesetze. Die Nachkriegsära des 20. Jahrhunderts war, aus europäischer Sicht, eine bedeutsame Erfolgsstory für Gesellschaft 3.0.

Doch gegen Ende des Jahrhunderts begannen einige dieser Errungenschaften allmählich zu bröckeln, als Arbeitslosigkeit, Umweltprobleme und Finanzblasen zu Problemen führten, die von den Regierungen nicht mit einer 3.0-Denkweise gelöst werden konnten, wie die Eurokrise nach 2008 deutlich macht.

Die Vereinigten Staaten

Gesellschaft 2.0 wurde mit der Amerikanischen Revolution geboren. Die staatszentrierte 1.0-Version der Gesellschaft hatte in den USA nie eine starke Basis. Aus US-amerikanischer Perspektive entsprechen 1.0-Institutionen wohl tatsächlich eher dem, was den Menschen am alten Europa missfiel – was sie dazu veranlasste, die Alte für die Neue

Welt zu verlassen. Die frühe 2.0-Gesellschaft in Amerika wurde nicht gebildet, um einen repressiven US-Staat einzuschränken, sondern war eine Reaktion auf die repressiven europäischen Kolonialstaaten. Das hat dazu geführt, dass sogar heute noch in weiten Teilen der US-Kultur ein tiefes Misstrauen gegen den Staat oder alles, das wie eine 1.0-Struktur aussieht, herrscht. Die 2.0-Version einer Marktwirtschaft hingegen hatte eine feste heimische Basis.

Das ganze 20. Jahrhundert hindurch, insbesondere während der Depression in den 30er-Jahren, begannen negative Externalitäten in Form von Massenarbeitslosigkeit und Armut die USA auf Gesellschaft 3.0 zuzubewegen. Wichtige Meilensteine auf diesem Weg waren eine Reihe von Finanzblasen, beispielsweise die Finanzblase von 1913, die zur Entstehung des Federal Reserve System beitrugen ebenso wie zur Politik des New Deal, die Präsident Franklin D. Roosevelt 1933–36 einführte (und die weiße Industriearbeiter im Norden einschloss, aber nicht die schwarzen Farmarbeiter im Süden). Es folgte eine Phase relativer wirtschaftlicher Stabilität bis 1980.

In den 1980ern begann die neoliberale Reagan-Thatcher-Revolution, und das Land bewegte sich von 3.0 zurück zu 2.5, indem das institutionelle Design zugunsten von Deregulierung, Privatisierung und Steuersenkung umgeformt wurde, insbesondere für die Reichen und die Superreichen. Die Deregulierung des Finanzsystems setzte sich unter mehreren republikanischen und demokratischen Regierungen fort. Die katastrophale Abschaffung des Glass-Steagall-Gesetzes (Trennbankenvorschrift) im Jahr 1999 geschah unter der Aufsicht der Demokraten (unter Präsident Clinton), nicht der Republikaner, und erlaubte den Banken, sich sowohl auf das Einlagen- und Kreditgeschäft als auch auf das Wertpapiergeschäft einzulassen, und schuf die Voraussetzungen für den fast vollständigen Zusammenbruch des globalen Finanzsystems weniger als zehn Jahre später.

Präsident Obamas Gesundheitsreformgesetz (der Affordable Care Act) vervollständigt die 3.0-bezogenen Innovationen, die zu Beginn des 20. Jahrhunderts ihren Anfang nahmen. Zurzeit (Anfang 2013, während wir diesen Text verfassen) ist das Land immer noch politisch gelähmt und tief gespalten zwischen 2.0-Fundamentalisten (am äußersten rechten Flügel), 3.0-Anhängern (auf der traditionellen Linken) und Menschen, die der Ansicht sind, dass weder das eine noch das andere die dringenden Probleme löst und dass wir heute etwas völlig anderes brauchen, um uns nach vorne zu bewegen.

Afrika

Nach der aktuellen Forschungslage hat die menschliche Spezies ihren Ursprung in Afrika. Unter dem Regime der europäischen Kolonialherrscher des 19. Jahrhunderts wurden das Land und die Menschen Afrikas skrupellos ausgebeutet und Millionen von Sklaven nach Nord- und Südamerika und in andere Teile der Welt verkauft. Die Einführung des modernen Staates erfolgte also mit eiserner (und bösartiger) Faust. Die Regierungen, die von den europäischen Kolonialmächten eingesetzt wurden, dienten zuallererst den Interessen eben dieser Mächte.

Die arabische Revolution von 2011 wurde in Tunesien und Ägypten entfacht und richtet sich gegen die letzten Bastionen dieser zynischen und korrupten 1.0-Regierungen, die in Nordafrika, wo die Westmächte wiederholt im Austausch gegen billiges Öl die Augen vor Bürgerrechtsverletzungen verschlossen haben, weiterhin existierten.

Das gesamte ausgehende 20. Jahrhundert hindurch förderte die Weltbank (neben anderen Organisationen) Bestrebungen zur Schaffung von institutionellen Innovationen der Ökonomie 2.0. Der sogenannte Washingtoner Konsens verlangte marktorientierte Veränderungen (Deregulierung, Privatisierung, weniger Staat und weniger staatliche Ausgaben), an denen sich die Weltbankpolitik von 1979 bis 2009 orientierte. Heute bewegen sich verschiedene Staaten in Afrika auf unterschiedlichsten Wegen von 1.0 und 2.0 zu 3.0, aber es bleiben Fragen: Wie hilft man fragilen Staaten, deren wichtigste gesellschaftliche Funktionen und Institutionen zutiefst erschüttert wurden? Wie kann ein 4.0-Ansatz, der alle Stakeholder und alle Sektoren mit einbezieht, die Resilienz und die Innovationskraft des Gesamtsystems stärken?

Japan

Als die europäischen Mächte Asien kolonialisierten, entgingen wenige Länder diesem Schicksal. Eines davon war Japan, die anderen waren Thailand und Bhutan. Nachdem Japan in den ersten Jahrhunderten nach Christus den Buddhismus, Konfuzianismus und Elemente der chinesischen Kultur importiert hatte, entwickelte es über viele Jahrhunderte hinweg seine eigene Version von Gesellschaft 1.0, insbesondere durch das Tokugawa-Shogunat. Die Zwangsöffnung Japans durch Commodore Perry im Jahr 1854, gefolgt von der Meiji-Revolution 1868 brachte eine zweite Welle fremder Kultur und Technik nach Japan, dieses Mal aus dem Westen. Das Land begann sich in Richtung Gesellschaft 2.0 und 3.0 in Bewegung zu setzen. Die Niederlage im Pazifikkrieg setzte Kernelemente von Gesellschaft 2.0 wieder in Kraft, auch wenn viele kulturelle Elemente von Gesellschaft 3.0 blieben (z. B. *keiretsus* – lockere Gruppen von miteinander verbundenen Unternehmen).

China

Mit seiner über 5000 Jahre umfassenden Geschichte ist China eine der ältesten Zivilisationen der Welt und Heimat von mehr als 1,3 Milliarden Menschen. Während eines Großteils seiner Geschichte gehörte China zu den fortschrittlichsten Gesellschaften und Ökonomien der Welt, verpasste allerdings die industrielle Revolution im 19. Jahrhundert und erlebte einen Niedergang, der durch Invasionen europäischer Kolonialmächte beschleunigt wurde. Nach dem Bürgerkrieg in der ersten Hälfte des 20. Jahrhunderts bewegte sich China unter der Führung von Mao (1949) in das Stadium 1.0 und dreißig Jahre später unter der Führung von Deng Xiaoping und seinen Nachfolgern in die Stadien 2.0 und 3.0.

In den OECD-Ländern vermischen sich die Stadien 1.0 bis 3.0 tendenziell zu einem einzigen Wirtschaftssystem (»viele Länder, ein System«). Im Gegensatz dazu gibt es in China hoch entwickelte Marktwirtschaften in einem Teil des Landes und größtenteils traditionelle staatlich gelenkte Wirtschaften in anderen Teilen, was China zu einem neuen Modelltypus macht, der sich am besten als »ein Land, viele Systeme« beschreiben lässt. Chinas Erfolgsstory der letzten dreißig Jahre hat keine Parallele in der Welt – sie gleicht weder der Industrialisierung Großbritanniens oder der Vereinigten Staaten noch der Zeit nach der Meiji-Revolution in Japan noch dem deutschen Wirtschaftswunder nach dem Zweiten Weltkrieg.

Dennoch stehen die Chinesen heute wie alle anderen vor riesigen Herausforderungen, einschließlich Umweltproblemen, wachsender Ungleichheit, wachsenden Erwartungen einer aufstrebenden Mittelschicht, langsamem Wachstum und zunehmend disruptiven und angespannten globalen Wirtschaftsbedingungen. In seinem zwölften Fünfjahresplan (2011–15) fokussiert sich China sowohl auf wirtschaftliches Wachstum als auch auf Innovationen, um Fortschritte auf seinem Weg zu einer harmonischeren Gesellschaft zu machen. Während die westlichen Medien sich auf Chinas Umweltprobleme und Bürgerrechtsverletzungen konzentrieren, hat sich die chinesische Industrie eine führende Rolle in den Haupttechnologien für erneuerbare Energien erobert. Wie würde eine chinesische Ökonomie und Gesellschaft des Stadiums 4.0 aussehen? Wie kann China eine Ökosystem-Ökonomie erproben und entwickeln, die fähig ist, im Rahmen des Gesamtsystems innovativ zu sein?

Indonesien

Indonesien mit seinen 17 000 Inseln ist der größte Archipelstaat der Welt und die Heimat von 240 Millionen Menschen; damit belegt es Platz vier der bevölkerungsreichsten Länder der Welt und Platz drei der bevölkerungsreichsten Demokratien. Es ist außerdem die Heimat der weltgrößten Moslembevölkerung. Das Land ist mit riesigen Rohstoffvorkommen gesegnet – es ist die Region mit der zweithöchsten Biodiversität der Erde. Durch seine geografische Lage zwischen China und Indien war Indonesien immer ein Knotenpunkt internationalen Handels. Zusammen mit dem Handel kamen die kulturellen Einflüsse des Hinduismus und Buddhismus (beginnend im 7. Jhdt. v. Chr.), des Islam (beginnend im 13. Jhdt.) und Europas in Form von dreieinhalb Jahrhunderten niederländischer Kolonialherrschaft (beginnend im 16. Jhdt.). Die äußerst vielfältigen Bevölkerungsgruppen Indonesiens schlossen sich trotz aller Unterschiede zusammen, um für die Unabhängigkeit von den Niederländern und Japanern zu kämpfen, was 1945–49 zu einem vereinten Land und unabhängigen Staat führte.

Während der Phase des Gründungspräsidenten Sukarno – von 1945 bis 1967 – wurde das Land von einer autoritären, zentralisierten Regierung geführt. Während der folgenden Suharto-Ära – von 1968 bis 1998 – bewegte sich das Land von einem autoritären System 1.0 zu einer Struktur 2.0, die eine autoritäre Regierung mit dem Markt und mit ausländischer Direktinvestition verknüpfte. Nach der Revolution von 1998 trat das Land in die Phase 3.0 der wirtschaftlichen Entwicklung ein, gekennzeichnet durch die erste direkte Präsidentenwahl (2004), die Dezentralisierung der Regierung (2005) und die wachsende Partizipation der Zivilgesellschaft am Multisektor-Dialog über komplexe Fragen wirtschaftlicher, politischer und sozialer Entwicklung. Indonesien ist ein Gründungsmitglied der Association of Southeast Asian Nations (ASEAN) und seit der Wirtschaftskrise von 2008 eines der am schnellsten wachsenden G20-Mitglieder.

Indien

Indiens lange Geschichte reicht bis zur Zivilisation des Industals in Südasien um 2500 bis 1900 vor Christi Geburt zurück. Unterschiedliche Königreiche und Sultanate stabilisierten das Land vom Mittelalter bis zum 18. Jahrhundert, als europäische Außenposten anfingen, ihre eigene wirtschaftliche Dominanz zu entfalten. Sie brachten Technik und Infrastruktur in das Land und gingen ein Bündnis mit der indischen Elite ein. Damit veränderte sich die indische Wirtschaft. Sie exportierte nicht länger Waren, sondern Rohstoffe. Indien wurde dann britische Kolonie von 1858 bis zum Ende des Zweiten Weltkriegs. Nach seiner Unabhängigkeit wurde Gandhis Konzept des »sarvodaya« oder der Selbstversorgung zur wichtigen Richtlinie für die Entwicklung der Ökonomie. Ziel war es, Indien in die Lage zu versetzen, die eigenen Bürger ohne ausländische Importe zu versorgen und damit unabhängig von nicht zu kontrollierenden Einflüssen aus dem Ausland zu sein. In der Folge blieb Indiens Wirtschaftssystem für externe Ökonomien oder Wirtschaftspartner verschlossen. In den späten 1980er-Jahren hatte Indien einen Anteil von lediglich 0,5 Prozent am globalen Markt. Das änderte sich nach einer Finanzkrise 1989–91. Der IWF drängte auf eine Liberalisierung von Indiens Ökonomie und öffnete die Tür für internationale Investoren. Daraufhin explodierte die indische Wirtschaft mit einer Wachstumsrate zwischen 7 und 9 Prozent. Das Ergebnis dieser Entwicklung war eine duale Wirtschaft mit einer Ökonomie 2.0, beherrscht von großen Konzernen, die die Rolle der Regierung übernahmen und in den für sie wichtigen Bereichen eine entsprechende Infrastruktur schufen. Und sie hinterließ eine Ökonomie 1.0 ohne Infrastruktur außerhalb dieser von den Unternehmen regulierten Bereiche. Da die derzeitigen Wachstumsraten allmählich sinken, werden die nächsten Schritte auf eine Auseinandersetzung mit den größeren Ökosystembedingungen ausgerichtet sein müssen. Das derzeitige Maß an Korruption und die wachsenden Spannungen im Gesamtsystem schaffen neue Herausforderungen, für die Ökonomie 1.0, 2.0 und auch 3.0 keine befriedigenden Antworten liefern können.

Brasilien

Brasilien belegt mit mehr als 200 Millionen Einwohnern Platz 5 der bevölkerungsreichsten Länder der Welt. Es verfügt über die größte Biodiversität auf der Erde. Die Wirtschaft Brasiliens ist im 21. Jahrhundert rasch gewachsen, und das Land hat konditionierte Sozialtransferprogramme (»Sozialgeld mit Gegenleistung«: CCT, Conditional Cash Transfer) eingeführt, die Millionen Menschen aus der Armut befreit haben. Nach drei Jahrhunderten portugiesischer Kolonialherrschaft erklärte Brasilien 1822 seine Unabhängigkeit, schuf 1888 die Sklaverei ab und wurde 1889 zu einer präsidialen Republik. Den Großteil des 20. Jahrhunderts bis 1985 wurde es durch autoritäre Militärregimes geprägt, die das Land durch verschiedene mehr oder weniger ausgeprägte (staatszentrierte) 1.0-Stadien wirtschaftlicher Entwicklung geführt haben. Mit Fernando Henrique Cardoso als Finanzminister (1992–94) und dann als Präsident (1994–2002) schuf das Land eine solide wirtschaftliche 2.0-Grundlage, bei der Präsident Luiz Inacio Lula da Silva erfolgreich ansetzen konnte, um die Wirtschaft zur Ebene 3.0 überzuleiten – das heißt zu einer sozialen Marktwirtschaft, die Wachstum erzeugt, indem sie Geld in die Hände der am stärksten marginalisierten Bürger legt (durch Conditional Cash Transfers). Unter Präsidentin Dilma Rousseff steht Brasilien heute vor erhöhten Erwartungen, langsamerem Wachstum und einer neuen Ansammlung von Infrastruktur-Herausforderungen, die es notwendig machen werden, dass das Land über die Methode des »mehr vom selben« hinausgeht.

Russland

1917 beendeten zwei Revolutionen die Herrschaft des russischen Zaren und markierten den Beginn des russischen Bürgerkriegs. 1921, am Ende dieses Bürgerkrieges, waren die russische Wirtschaft und die Lebensbedingungen vernichtet. 1922 gründete die kommunistische Partei Russlands die Sowjetunion und damit ein zentralisiertes Wirtschaftssystem, eine Ökonomie 1.0. Eine kollektive landwirtschaftliche Produktion und eine restriktive Produktion von Konsumwaren waren Hauptmerkmale dieser Zentralisierung. 1929 führte Stalin die sogenannten Fünfjahrespläne ein, die zum zentralen Planungsinstrument für kommunistische Staaten wurden. Die Sowjetunion weitete ihre industrielle Produktion in den Jahren vor dem Zweiten Weltkrieg rasch aus und dann erneut in den 1960er-Jahren unter Breschnew, als das Land außerdem zu einem der größten Exporteure von Erdgas und Öl in der Welt wurde. Doch die »Wirtschaftsreform« von 1965, die darauf zielte, unternehmerische Managementideen einzuführen, spiegelte die Grenze der zentralisierten Ökonomie 1.0 wider.

Der Krieg in Afghanistan, wirtschaftliche Probleme und dann die politischen Veränderungen, die zu Revolutionen in Osteuropa führten, bedeuteten das Ende der Sowjetunion. 1990 führte Michail Gorbatschow Perestroika und Glasnost ein, die den Übergang von einer zentralisierten Gesellschaft 1.0 zur Gesellschaft 2.0 markierten. Nach dem Rücktritt von Gorbatschow und unter der Anleitung von Harvard-Beratern zeigte dieser Übergang seine volle Wirkung in Form einer »Schocktherapie«.

Das Ergebnis kam einer Katastrophe gleich, die Armut stieg rasant an, und die Lebensbedingungen verschlechterten sich für den Großteil der Bevölkerung. Gleichzeitig gelang es einer kleinen Gruppe von gut vernetzten Einzelpersonen, sich in den Besitz von zuvor staatlichen Unternehmungen zu bringen und ein System mit wenig Regulierung auszunutzen. Diese negativen Externalitäten der Marktwirtschaft 2.0 gingen einher mit mehreren politischen und wirtschaftlichen Krisen, einschließlich Hyperinflation und der Finanzkrise von 1998. Ein Jahr später brachte der neue Präsident Wladimir Putin einige Elemente der zentralisierten Machtstruktur zurück, was die Dynamik von 1.0 und 2.0 besser ausbalancierte. Hohe Energiepreise haben dafür gesorgt, dass Russland seither wesentlich höhere und konstantere Wachstumsraten erlebt hat.

Die häufig harte Kritik westlicher Medien an Russland übersieht für gewöhnlich zwei Punkte. Erstens hat der Westen enorm lange gebraucht, um von 1.0 (während des Dreißigjährigen Krieges) zu 2.0 (mit der industriellen Revolution) überzugehen. Warum sollte man Russland nicht wenigstens ein paar Jahre Zeit geben, um seine Situation zu ordnen? Und zweitens sitzt Russland in einer Welt immer größerer Ressourcenknappheit auf einer wahren Goldgrube an Ressourcen. Mit der Zeit wird der Wert dieser Ressourcen steigen und Russland zu einem begehrten Partner sowohl der EU als auch der aufstrebenden ostasiatischen Wirtschaftszone machen.

Globalisierung 1.0, 2.0, 3.0 – und 4.0?

Was diese Mini-Rundreise veranschaulicht, ist, dass jedes Land und jede Weltregion ihren eigenen Entwicklungsweg einschlägt. Dennoch weisen die mannigfaltigen Wege der sozialen und ökonomischen Evolution in den verschiedenen Kulturen einige Gemeinsamkeiten auf. Wir können sie als eine Entwicklung von niedriger zu hoher Komplexität oder bezogen auf das Bewusstsein als Weg von traditionellem und Egosystem-Bewusstsein zu Ökosystem-Bewusstsein beschreiben.

Dennoch gibt es auch jüngere Beispiele für Länder, die sich zurückbewegt haben – von 3.0-Strukturen zu 2.0. Die neoliberale Thatcher-Reagan-Revolution zum Beispiel hat viele Staaten angespornt, ihre inländischen 3.0-Errungenschaften wie soziale Absicherungen zurückzuschrauben, um in dem globalen 2.0-Wettbewerb und den globalen Kapitalmärkten »wettbewerbsfähig« zu sein.

Was geschieht also? Eine Interpretation des derzeitigen Gangs der Ereignisse ist, dass die Wellen der Globalisierung auf einer internationalen Ebene dieselben Stadien replizieren, die wir zuvor in einzelnen Ländern beobachten konnten:

Ein Weg von

Globalisierung 1.0, d. h. einer Globalisierung des Staatssystems in der Form der Vereinten Nationen, gegründet 1945 nach dem Zweiten Weltkrieg zur

Globalisierung 2.0, d. h. einer Globalisierung von Märkten und Kapitalmärkten, insbesondere ab den 1980er-Jahren und nach dem Ende des Kalten Krieges nach 1989 zur

Globalisierung 3.0, d. h. einer Globalisierung der Zivilgesellschaft, insbesondere nach dem »Battle of Seattle« im Jahr 1999 – der Protestdemonstration gegen die Welthandelsorganisation – zu einer möglichen

Globalisierung 4.0, d. h. einer im Entstehen begriffenen globalen Ökonomie, die sektorübergreifender kooperiert, um die Gemeingüter und den Wohlstand aller zu kultivieren und zu entwickeln.

Schlussfolgerung und praktische Übungen

In diesem Kapitel haben wir einen Blick auf diese erste Ebene unterhalb der Wasseroberfläche geworfen, die erste Dimension unseres blinden Flecks: strukturelle Bruchlinien. Werden diese systemischen Bruchlinien nicht einzeln, sondern als Einheit angegangen, dann könnte das die nächste Welle institutioneller Erneuerung beschleunigen, so wie vor hundert Jahren die Krise der Laissez-faire-Marktwirtschaft 2.0 zum Katalysator für eine völlig neue Welle institutioneller Innovationen wurde, die wir heute mit der sozialen Marktwirtschaft 3.0 verbinden.

Journaling-Fragen

Nehmen Sie ein Tagebuch (oder ein leeres Blatt Papier) und denken Sie darüber nach, wie die systemischen Bruchlinien in Ihrem Erfahrungsumfeld sichtbar werden. Nutzen Sie die folgenden Fragen als Hilfestellung:

1) Wo kommt Ihr Essen her?
2) Welche Rolle spielt materieller Konsum in Ihrem Leben?
3) Was macht Sie glücklich?
4) Welches Verhältnis haben Sie zu Geld?
5) Angesichts der in diesem Kapitel erörterten vier Stadien ökonomischer Entwicklung – Wie sehen Sie die Vergangenheit, Gegenwart und Zukunft Ihrer eigenen Gemeinschaft und Ihres Landes?

Dialogkreis

Bilden Sie einen Kreis mit fünf bis sieben Personen und diskutieren Sie den organisationalen oder beruflichen Kontext, den jeder Teilnehmer in den Kreis einbringt. Stellen Sie die folgenden Fragen (oder Variationen davon):

1) Beschreiben Sie ein oder zwei prägende Erfahrungen, die die derzeitige Organisationskultur in Ihrer Organisation entscheidend beeinflusst haben.
2) Wo nimmt Ihre Organisation eine Welt wahr, die endet/stirbt und wo nimmt sie eine Welt wahr, die anfängt/geboren werden will?
3) Was halten Sie für die Grundursachen der Probleme, vor denen Sie bei Ihrer derzeitigen institutionellen und beruflichen Arbeit stehen?
4) Was wird Ihrer Ansicht nach in den nächsten zehn bis zwanzig Jahren in und mit Ihrer Organisation geschehen?
5) Was würden Sie gern sofort tun, um Ihre Organisation und deren Weg nach vorn zu verändern?

3 Denkmodelle: Die Matrix der ökonomischen Evolution

Viele der existierenden ökonomischen und Management-Instrumente versagen angesichts aktueller Führungsherausforderungen. In diesem Kapitel bewegen wir uns weiter am Eisberg entlang: von Symptomen (Ebene 1) und strukturellen Entkopplungen (Ebene 2) zu den darunterliegenden Denkmodellen (Ebene 3).

Der blinde Fleck (II): Bewusstsein

Um die Herausforderungen unserer Zeit zu bewältigen, müssen wir unser Denken als Einzelne und als Gesellschaft verändern: Die nötigen tief greifenden Veränderungen erfordern einen Umschwung unserer Paradigmen ökonomischen Denkens und einen Bewusstseinswandel von einem Egosystem- zu einem Ökosystem-Bewusstsein. Je tiefer wir uns in die komplexen, schwer fassbaren und disruptiven Herausforderungen des 21. Jahrhunderts hineinbewegen, desto mehr rückt diese verborgene Führungsdimension in den Mittelpunkt des Interesses. Der blinde Fleck im Wirtschafts- und Management-Toolkit des 20. Jahrhunderts lässt sich mit einem Wort zusammenfassen – *Bewusstsein*.

Die heutige Wirtschaft arbeitet als Set lokal eingebetteter und global miteinander vernetzter Ökosysteme. Das Wort *Ökologie* wurde 1866 von dem deutschen Biologen Ernst Haeckel geprägt und bezog sich auf die Erforschung eines lebenden Organismus und seiner Umgebung. Wie in der Einleitung erwähnt, geht der Begriff auf das griechische *oikos* zurück, was »das ganze Haus« oder »Lebensort« bedeutet.[70] Das Wort *System* bezieht sich auf eine Gruppe interdependenter Elemente, die ein integriertes Ganzes bilden. Von daher ist also ein *Ökosystem* ein System, dessen Elemente mit ihrer Umgebung in Wechselwirkung stehen – mit dem ökologischen, sozialen, intellektuellen und spirituellen Kontext als Einheit – dem ganzen Haus.

Die heutige reale Wirtschaft ist ein Set von höchst interdependenten Ökosystemen, aber das Bewusstsein der darin handelnden Akteure ist in ein Set von Egosystemen zersplittert. Anstatt das Ganze zu erfassen, ist die Aufmerksamkeit der Akteure im größeren System auf dessen kleinere Subteile beschränkt. Die Lücke zwischen der Wirklichkeit des Ökosystems und dem Egosystem-Bewusstsein könnte sehr wohl die wichtigste Führungsherausforderung unserer Zeit sein – in der Wirtschaft, in der Regierung und in der Zivilgesellschaft.

Führungskräfte und Veränderungsinitiatoren arbeiten überall daran, diese Kluft zu überbrücken. Wenn Abteilungen in einem Unternehmen ihre Kooperation verbessern müssen, heißt das, dass sich die Abteilungen von einer Egosystem-Aufmerksamkeit (für ihre eigenen Abteilungsbedürfnisse) zu einer erweiterten Stakeholder-Aufmerksamkeit (für ihre unternehmensweiten gemeinsamen Prozessbedürfnisse) bewegen. Wenn ein Führungsteam die wichtigsten Akteure in der Wertekette zusammenbringt, um eine institutionsübergreifende Zusammenarbeit und Erneuerung zu fördern, passiert das Gleiche: Die Egosystem-Aufmerksamkeit, die sich nur auf die eigenen Institutionen beschränkt, erweitert sich und wird zu einer Ökosystem-Aufmerksamkeit für die umfassende Gesamtunternehmung. Wenn eine NGO wie Oxfam oder der World Wildlife Fund (WWF) Kampagnen gegen Kinderarbeit oder Umweltzerstörung startet, versucht sie, die Aufmerksamkeit aller Beteiligten im System (einschließlich der Konsumenten) so zu erweitern, dass sie auch das Wohl anderer, insbesondere der am stärksten marginalisierten Gruppen, umfasst.

Diese Veränderungen sind keine esoterische oder periphere Unternehmung von Außenseitern. Es ist ein Prozess, der entscheidend für den Erfolg von zahllosen Institutionen und Unternehmungen ist und durch Führungskräfte, Veränderungsinitiatoren, Ausbilder und Berater gefördert wird. Doch trotz dieser praktischen Relevanz sind Bewusstsein und Aufmerksamkeit keine Einflussfaktoren im Mainstream-Bezugsrahmen von Wirtschaft und Management. Sie sind ein blinder Fleck. Mit Ausnahme einiger neuerer Arbeiten in der verhaltensbezogenen Wirtschaftswissenschaft hat die ökonomische Theorie Wettbewerbs- und Transaktionsmodelle entwickelt, die auf Annahmen über *bestehende Präferenzen* basieren. Die Bedingungen, die einem System ermöglichen, von einem Funktions*zustand* in einen anderen zu wechseln – zum Beispiel vom Egosystem-Bewusstsein zum Ökosystem-Bewusstsein – werden kaum erforscht oder beachtet.

Die Mainstream-Wirtschaftstheorie und die traditionellen Management-Instrumente gehen von einem zweidimensionalen »flachen« Raum für Wirtschaftsaktivitäten aus, der auf einen einzigen Zustand des operativen Bewusstseins beschränkt ist. Doch es gibt vielfältige Aufmerksamkeits- und Bewusstseinszustände, von denen aus Wirtschafts- und Führungsakteure handeln können. Wenn diese unterschiedlichen Bewusstseinszustände in die ökonomische Theorie einbezogen würden und wenn politische Entscheidungsträger deren Wirkung auf die von uns hervorgebrachten Ergebnisse berücksichtigten, würde eine ganz neue Dimension von Politik, Innovation und kollektivem Handeln entstehen.

Soziale Felder

Aus der Physik wissen wir, dass Materie sich in unterschiedlichen Zuständen unterschiedlich verhält. Wasser, H_2O, gefriert zum Beispiel bei 0 Grad Celsius. Bei höheren Temperaturen schmilzt das Eis. Bei 100 Grad Celsius fängt Wasser an zu verdampfen etc. Die H_2O-Moleküle sind in allen Zuständen die gleichen, aber sie verhalten sich unterschiedlich.

Im Fall der sozialen Felder sehen wir dasselbe Phänomen. Je nach dem Bewusstseinszustand eines sozialen Feldes oder der Aufmerksamkeitsqualität der Menschen werden in sozialen Systemen völlig unterschiedliche Strukturen und Verhaltensweisen umgesetzt. Wie Wasser in einem physikalischen System bleibt die Verfassung der Personen in einem sozialen System unter einem gegebenen Bedingungsgefüge gleich. Der Unterschied zwischen Naturgesetzen und dem sozialen Feld besteht darin, dass die Akteure in sozialen Systemen fähig sind, Veränderungen zu initiieren. Mit anderen Worten, sie sitzen im Wasser, während die Temperatur sich ändert – und sie haben die Möglichkeit, selbst Hand an den Temperaturregler zu legen. Wenn ihr Feldzustand des Bewusstseins oder des Gesprächs sich verändert, treten die Akteure untereinander auf andere Weise in Beziehung und bringen gemeinsam andere Ergebnisse hervor.

Oikos: die Ursprünge ökonomischen Denkens

Für Aristoteles war die Ökonomie ein integraler Bestandteil seiner praktischen Philosophie, zusammen mit Ethik und Politik. In seiner ursprünglichen Bedeutung bezog sich die Führung »des Hauses« auf das *ganze Haus* und war noch nicht von der *polis* – das heißt der Vereinigung und Gemeinschaft freier Bürger – getrennt. Und bis zum 17. oder 18. Jahrhundert bezog sich der Begriff *Ökonomie* auf das Management des ganzen Hauses und nicht auf Aktivitäten, die das Geldverdienen zum Ziel hatten, was als *Kommerz* bezeichnet wurde.

Die heutige Wirtschaftswissenschaft hat sich auf eine Weise entwickelt, die die Ökonomie von der *polis* trennt. Wirtschaftswissenschaft ist zu einem Sortiment von Thesen geworden, die sich ausschließlich mit dem sogenannten wirtschaftlichen Subsystem der Gesellschaft befassen. Sie setzt sich nicht mehr mit dem ganzen Haus auseinander – das heißt mit dem Einfluss des ökonomischen Subsystems auf die Gesellschaft als Ganze und seinem sozial-ökologisch-kulturellen Kontext. Diese Elemente werden von den Wirtschaftswissenschaften vielmehr als Externalitäten bezeichnet.

Angesichts dieses Hintergrunds ist es sogar noch bemerkenswerter, dass wir zu Beginn des 21. Jahrhunderts eine Rückkehr zur ursprünglichen Bedeutung von *oikos* erleben. Die sozialen und ökologischen Herausforderungen, mit denen sich Führungskräfte heute konfrontiert sehen, lenken den Kurs der Forschung in diesem Bereich allmählich wieder auf seine *oikos*-bezogenen Ursprünge zurück. Worauf sich »das ganze Haus« bezieht, hat sich verändert. Es ist nicht mehr nur unser »kleines« Einzelhaus, unsere lokale Mikro-Situation. Es umfasst auch das regionale und globale Haus, in dem wir leben, und damit die Makro- und Mundo-Bedingungen auf unserem Planeten und die Gesamtsumme unserer sozialen, ökologischen und spirituell-kulturellen Beziehungen.

Zusammenfassend lässt sich sagen, dass die Art, wie wir über die Beziehung zwischen Gesellschaft und Ökonomie denken, im Wandel begriffen ist. Während die ersten ökonomischen Konzepte die Wirtschaft als festen Bestandteil des größeren gesellschaftlichen Ganzen auffassten, betrachtet die moderne Wirtschaftswissenschaft die Ökonomie als autonomes Subsystem im größeren gesellschaftlichen Ganzen. Die Herausforderungen, vor denen wir als Gesellschaft stehen, zwingen uns, dieses mentale Modell zu überdenken und die

Wirkung unseres Handelns auf den ökologischen, sozialen und kulturellen Kontext, in dem wir agieren, zu berücksichtigen.

Der Tod des ökonomischen Monotheismus

Ein weiterer wichtiger Baustein zeitgenössischen ökonomischen Denkens betrifft die Neigung zu einem *ökonomischen Monotheismus,* der einen vorrangigen Koordinationsmechanismus über alle ökonomischen Aktivitäten stellt: die unsichtbare Hand des Marktes.[71] Dieser Mechanismus ist *allmächtig* in dem Sinne, dass er nicht durch andere Koordinationsmechanismen eingeschränkt wird, wie man an den deregulierten Finanzmärkten vor der Krise von 2008 sehen konnte. Er ist *allgegenwärtig* durch seine immer stärker werdende Durchdringung aller Sektoren und Systeme der Gesellschaft. Und er ist *allwissend* in dem Sinne, dass er vermeintlich Zugang zu allen Informationen hat.

Da ökonomische Monotheismen der Vergangenheit mit einer langen Liste von katastrophalen Fehlschlägen geendet haben – einschließlich des staatsfundamentalistischen Monotheismus, der die Sowjetunion 1991 in den Zusammenbruch führte, und des marktfundamentalistischen neoliberalen Modells, das das globale Finanzsystem 2008 an den Rand des Kollaps brachte –, haben immer mehr renommierte Ökonomen, zum Beispiel die Nobelpreisträger Joseph Stiglitz und Paul Krugman, auf verschiedene strukturelle Schwächen im (neoklassischen und neoliberalen) Denken in der Ökonomie hingewiesen. Wirtschaftliche Denksysteme sind wichtig, weil sie im Zentrum einer intellektuellen Schlacht um die künftige Richtung unserer Gesellschaft stehen. Simon Johnson, MIT-Professor und ehemaliger IWF-Chefökonom, argumentiert, dass ein Machtkampf zwischen Wall Street und Regierung den Kern unserer derzeitigen Krise bildet.[72] In einem primitiven politischen System wird die Macht laut Johnson durch Gewalt übertragen (zum Beispiel ausgeführt durch militärische Coups und Milizen; zu Zwang und Macht siehe Tab. 2 in Kapitel 2) und in einer höher entwickelten Gesellschaft durch Geld (in Form von Bestechung, Schmiergeld, Wahlkampfspenden; zur lukrativen Macht siehe Tab. 2), doch in den am weitesten entwickelten Gesellschaften wird Macht durch kulturelles Kapital wie Überzeugungssysteme übertragen (siehe Tab. 2 zur normativen Macht).

Wie Johnson ausführt: »1998 gehörte es zur Weltanschauung der Washingtoner Elite, dass das, was gut für die Wall Street war, gut für Amerika war.«[73] Dieses Überzeugungssystem hat der Wall Street de facto ein Vetorecht für die öffentliche Politik eingeräumt, über das keine andere Gruppe oder Branche verfügt. Seit den Anfängen der Finanzkrise 2008 hat sich dieser beispiellose Einfluss der Wall Street auf Washington nur noch verstärkt. Deshalb hat die Finanzkrise nicht zu einer unabhängigen Prüfung des Finanzsektors oder zu möglichen neuen Regulierungen zur Verhinderung künftiger Zusammenbrüche geführt. Vielmehr sind die sechs größten Banken der USA sogar noch größer geworden, und die Gesellschaft als Ganze ist sogar noch abhängiger von ihnen.[74]

Leider kämpft bei diesem entscheidenden Aufeinandertreffen von ökonomischen Ideen ein dogmabasiertes System gegen ein anderes: links gegen rechts; vom 20. Jahrhundert geprägtes Denken gegen vom 21. Jahrhundert geprägtes Denken; oder – in der oben eingeführten Sprache – 3.0 gegen 2.0. Wir müssen eine andere Sichtweise von ökonomischen, politischen und spirituellen Angelegenheiten entwickeln – eine Perspektive, die nicht primär links oder rechts ist, die nicht auf den Vorrang des einen oder anderen Mechanismus konzentriert ist und die nicht auf der Überzeugung gründet, dass die Lösung unserer Probleme bei einer starken Regierung, bei starken Unternehmen, beim »Big Money« oder starken Ideologien liegt.

Die Veränderungsanstrengungen von heute müssen in Kontakt mit den *entstehenden Wirklichkeiten* unseres Jahrhunderts stehen; wir müssen die Kraft des individuellen und kollektiven Unternehmertums nutzbar machen, um über Sektorgrenzen hinweg gemeinsam neue Lösungen zu gestalten. Das erfordert eine Stärkung der kollektiven Aufmerksamkeit, um die Quellen der Innovation vom Feld der möglichen Zukunft her zu erschließen.

Wir brauchen eine Kultur der Kommunikation und einen Bezugsrahmen ökonomischen Denkens, bei dem nicht einfach ein weiteres einzelnes Dogma ins Zentrum des intellektuellen Universums gestellt wird, sondern bei dem unsere gemeinsame Realität in den Mittelpunkt unserer Aufmerksamkeit gerückt wird. Was wir brauchen, ist die Fähigkeit, unsere Aufmerksamkeit in dem gleichen Tempo aufrechtzuerhalten und weiterzuentwickeln, in dem sich auch die Realität um uns herum verändert. Im Gegensatz zu herrschenden Überzeugungen auf der progressiven Linken und der neokonservativen Rechten müssen wir der Realität keine neue Ideologie oder Ansammlung von Überzeugungen überstülpen. Wir brauchen vielmehr Orte und Räume, die es erlauben, unsere Aufmerksamkeit kollektiv zu öffnen und zu erhöhen und unsere alten ökonomischen Ideen neu zu betrachten. Nur wenn wir unserer gemeinsamen ökonomischen Realität erlauben, uns selbst – und unser Denken – zu verändern, werden wir anfangen, ökonomische Vorstellungen zu entwickeln, die hilfreich, heilend und transformativ sind.

Die Matrix der ökonomischen Evolution

Unsere Ökonomien haben sich aus Herausforderungen und Reaktionen auf diese Herausforderungen entwickelt. Gesellschaften haben auf die Herausforderungen von Instabilität, Wachstum und Externalitäten reagiert, indem sie ihre ökonomische Logik aktualisiert und neue Koordinationsmechanismen erfunden haben (Hierarchie, Märkte, Netzwerke, Ökosystem-Bewusstsein). Jedes neue Stadium brachte eine evolutionäre Bewusstseinsveränderung mit sich – von traditionell über egozentrisch und stakeholderzentrisch bis hin (vielleicht) zu ökozentrisch in der entstehenden nächsten Stufe.

Die im vorangehenden Kapitel erörterten strukturellen Bruchlinien sind soziale Pathologien, die unser heutiges Leben beeinträchtigen und von darunterliegenden ökonomischen Denkmodellen bestimmt werden. Alle ökonomischen Systeme handeln von der Produktion, der Distribution und dem Konsum von Waren und Dienstleistungen. Gesellschaften in unterschiedlichen Regionen, Epochen und Kulturen haben unterschiedliche Methoden für die Koordinierung dieser Prozesse entwickelt. Im Folgenden unterscheiden wir zwischen fünf dieser verschiedenen Ansätze:

1) Um lokale Gemeinschaften herum organisieren (prämodern)
2) Um Zentralisierung herum organisieren: den Staat (ein Sektor; zentralisierter Staat)
3) Um Wettbewerb herum organisieren: Staat plus Markt (zwei Sektoren; dezentralisierte Märkte)
4) Um Interessengruppen herum organisieren: Staat plus Markt plus NGOs (drei Sektoren; im Konflikt stehende Beziehungen)
5) Um Gemeinwohl herum organisieren (drei Sektoren; co-kreative Beziehungen)

In jeder der nachfolgenden Ebenen besteht die ökonomische Logik früherer Stadien weiter – aber bestimmt durch das neue Denk- und Handlungsmodell von 2.0-, 3.0- oder 4.0-Praktiken.

In Anlehnung an die Arbeit von Thomas Kuhn über wissenschaftliche Revolutionen und Arnold Toynbees Arbeit über den Aufstieg und Niedergang von Zivilisationen lässt sich Folgendes sagen: Immer wenn ein ökonomisches Paradigma keine Antworten auf die größten Herausforderungen einer Ära liefern kann, tritt die Gesellschaft in eine Übergangsphase ein, in der sie früher oder später das bestehende Denken und Betriebssystem durch ein aktualisiertes und besseres Modell ersetzt. Was ist dann die treibende Kraft, durch die sich eine Wirtschaft oder Gesellschaft von einem Betriebssystem zu einem anderen bewegt? Unserer Ansicht nach gibt es zwei primäre Antriebskräfte: äußere Herausforderungen (den Push-Faktor) und die Bewusstseinsentwicklung (den Pull-Faktor).

Gesellschaftliche Entwicklung vollzieht sich, wenn die Push- und Pull-Kräfte aufeinandertreffen und sich verbinden: die äußere Herausforderung, die sich nicht länger ignorieren lässt, und die innere Resonanz in Form eines erwachenden Bewusstseins und Wollens. Immer wenn diese beiden Kräfte zusammengehen, erleben wir, dass Berge versetzt werden – wie 1989 beim Fall der Berliner Mauer, 1991 beim Zusammenbruch der Sowjetunion, 1994 beim Ende des Apartheidsystems in Südafrika oder 2011 beim Sturz des Mubarak-Regimes in Ägypten und des Gadafi-Regimes in Libyen.

Wir haben den Sturz von zahlreichen 1.0-Tyrannen erlebt. Und wir sind überzeugt, dass in diesem Jahrzehnt noch viele weitere Mauern fallen werden. Dennoch erinnern uns die acht strukturellen Bruchlinien daran, dass es immer Strukturen gibt, die neu durchdacht, neu erfunden und verändert werden müssen. So wie sich vor hundert Jahren die westlichen Ökonomien von 2.0 zu 3.0 bewegt haben, indem sie Mechanismen erfanden, um Externalitäten abzumildern, stehen wir vor einer neuen Problemkonfiguration: globale Externalitäten und ein Zeitalter der Disruption, das weiterhin systemische Zusammenbrüche erzeugen wird. Es geht nicht darum, dass wir auch noch eine weitere finanzielle Krise erfolgreich überstehen und dann fertig sind. Es geht darum, die systemischen Probleme an der Wurzel anzupacken.

Tabelle 3 beschreibt acht Elemente, die zusammen – als Gesamtheit – eine Wirtschaft funktionieren lassen. Die Tabelle beschreibt

Stadium	Natur	Arbeit	Kapital	Technik	Führung	Konsum	Koordination	Besitz
0.0: kommunal; *prämodernes Bewusstsein*	Mutter Natur	Eigenversorgung	Natürliches Kapital	Indigenes Wissen	Gemeinschaft	Überleben	Gemeinschaft	Kommunal
1.0: staatszentriert: Merkantilismus; Staatskapitalismus; *traditionelles Bewusstsein*	Ressourcen	Leibeigenschaft, Sklaverei	Humankapital	Werkzeuge: Landwirtschaftliche Revolution	Autorität (Peitsche)	Traditionell (bedürfnisgetrieben)	Hierarchie und Kontrolle	Staat
2.0: freier Markt: Laissez-faire; *egozentrisches Bewusstsein*	Ware (Land, Rohstoffe)	Arbeit (Ware)	Industrielles Kapital	Maschinen: erste industrielle Revolution (Kohle, Dampf, Eisenbahn)	Anreize (Zuckerbrot)	Konsumdenken: Massenkonsum	Märkte und Wettbewerb	Privat: Austausch von Privatbesitz in Märkten
3.0: soziale Marktwirtschaft: reguliert; *Stakeholder-zentrisches Bewusstsein*	Regulierte Ware	Arbeit (regulierte Ware)	Finanzkapital (blind für Externalitäten)	Systemzentrierte Automatisierung: zweite industrielle Revolution (Öl, Verbrennungsmotor, Chemikalien)	Partizipativ (Normen)	Selektiv bewusster Konsum	Netzwerke und Verhandlungen	Gemischt (öffentlich-privat)
4.0: co-kreativ: verteilt; direkt; dialogisch; *ökozentrisches Bewusstsein*	Ökosystem und Gemeingüter	Soziales und wirtschaftliches Unternehmertum	Kulturell-kreatives Kapital (externalitätenbewusst)	Menschenzentrierte Technologien: dritte industrielle Revolution (erneuerbare Energien und Informationstechniken)	Co-kreativ (kollektive Präsenz)	CCC: collaborative conscious consumption (KBK: kooperativer, bewusster Konsum)	ABC: awareness-based collective action (intentionales, gemeinsames Handeln)	Gemeinsamer Zugang zu Dienstleistungen und gemeinsamen Ressourcen

Tab. 3: Die Matrix der ökonomischen Evolution

zudem die Entwicklung dieser acht Elemente durch die Stadien unserer globalen ökonomischen Evolution hindurch.

Die Matrix lesen

Die Matrix der ökonomischen Evolution zeichnet sowohl den Weg unserer ökonomischen Entwicklung auf als auch den potenziellen Entwicklungsraum, der vor uns liegt.

Wir empfehlen, dass Sie die Matrix folgendermaßen lesen: Achten Sie auf die leicht schattierten Felder in jeder Spalte der Matrix. Diese zeigen den limitierenden Faktor der jeweiligen Entwicklungsstufe an. Im Stadium 0.0 ist »Natur« schattiert. Natur ist der limitierende Faktor für die Produktionsfunktion. Dann, in Stadium 1.0, wurde abhängige Arbeit (Leibeigentum und Sklaverei) zum entscheidenden Entwicklungsfaktor. Die Produktionsfunktion verändert sich von einem Faktor (Natur) zu zweien (Natur, Arbeit). In Stadium 2.0, als Ökonomien begannen, sich von staatszentrierten Gesellschaften zu Marktwirtschaften zu entwickeln, wird das industrielle Kapital zum entscheidenden Entwicklungsfaktor. Kapital ermöglicht den neuen Akteuren in der Marktökonomie, produktiv zu sein; die Folge ist, dass die Produktionsfunktion des Wirtschaftssystems nun drei Faktoren hat (Natur, Arbeit, Kapital).

In Stadium 3.0 wird Technik zum limitierenden Faktor und damit entstehen vier Produktionsfaktoren (Natur, Arbeit, Kapital, Technik). Und im gerade entstehenden Stadium 4.0 können sich alle Faktoren als Engpässe oder limitierende Faktoren in der Wirtschaft erweisen:

Natur – Ressourcenknappheit und Notwendigkeit der Verkleinerung unseres ökologischen Fußabdrucks
Arbeit – Freisetzung der Kraft des Unternehmertums
Kapital – Umlenkung der globalen Kapitalströme zum Wohl der Gemeingüter
Technik – Entwicklung von Kerntechnologien für die dritte industrielle Revolution
Führung – Co-kreative Entwicklung der Fähigkeit, eine entstehende Zukunft zu erspüren und in die Welt zu bringen
Konsum – Befähigung zu CCC: collaborative conscious consumption (kooperativer bewusster Verbrauch)

Koordination – Koordination durch ABC: awareness-based collective action (auf Bewusstsein gegründetes gemeinsames Handeln)
Besitz – Erneuerung durch an Gemeingütern orientierten Eigentumsrechten

Noch ein Wort zu Stadium 0.0: Die westliche Zivilisation hat die meisten dieser frühen Kulturen kolonialisiert und zerstört.[75] Eine Darstellung der Evolution von 0.0 zu 4.0 in Form eines linearen Prozesses ist in gewisser Weise irreführend. Unserer Ansicht nach sollte man die Evolution vielmehr als eher kreisförmigen Prozess betrachten, mit 0.0 an der Spitze; er bewegt sich entgegen dem Uhrzeigersinn zu 1.0 und 2.0, setzt sich zu 3.0 fort und endet schließlich bei 4.0 in der Nähe des Ausgangspunktes. Das westliche Denken neigt dazu, Geschichte als linearen Prozess aufzufassen, während die östliche Sichtweise eher zyklisch ist. Beide Meta-Auffassungen haben ihre Stärken und blinden Flecke. Wenn wir sie kombinieren, erhalten wir so etwas wie eine Spirale oder ein U. Das U ist eine Entwicklungsform, die zyklische und lineare Elemente verbindet. Eine Reise entlang des U endet jedoch an einem Ort, der sich vom Ausgangspunkt unterscheidet, weil während des Prozesses etwas Neues entsteht, das sich im Laufe der Reise entfaltet.

Einige Ökonomien wie diejenigen Europas durchlaufen diese Stadien im Laufe von mehreren Hundert Jahren. Andere Länder wie China absolvieren einen Großteil der Reise in 30 bis 60 Jahren. In beiden Fällen ist unklar, wie ein künftiges 4.0-Denken und Wirtschaftsstadium aussehen würde. Wir sehen gelegentlich Rückschritte, wie zum Beispiel in der westlichen Welt während der neoliberalen Revolution von 1980 bis 2000. Länder haben also die Option, sich zu entscheiden und sich in beide Richtungen zu bewegen.

Unserer Ansicht nach ist die wichtigste Forschungsherausforderung unserer Zeit, dass wir die *institutionellen Innovationen* erfinden und erproben, die Ökonomie 4.0 Kraft, Größe und Nachhaltigkeit verleihen. Mit anderen Worten: Wir müssen das ökonomische Betriebssystem aktualisieren und Denken und Bewusstsein vom Egosystem zum Ökosystem voranbringen.

Fragen

Während die öffentliche Diskussion im 20. Jahrhundert dazu neigte, sich auf nur *zwei* Alternativen zu fixieren – marktzentriert versus staatszentriert –, verweist die Matrix aus Tabelle 3 auf 390 623 *zusätzliche* Möglichkeiten für die Bewältigung derzeitiger Herausforderungen. Im Rest dieses Kapitels wollen wir uns darauf konzentrieren, den ökonomischen Diskurs über sein altes 2.0-gegen-3.0-Format hinaus zu erweitern.

Die Herausforderungen dieses Jahrhunderts durch die Brille des 2.0.- und 3.0-Denkens wahrzunehmen, ist so, als würde man beim Autofahren ausschließlich in den Rückspiegel sehen. Wenn man das tut, sieht man nicht, was sich direkt vor einem befindet – in diesem Fall einen heranrollenden Tsunami disruptiver Veränderungen. Im Folgenden einige Fragen, die uns dieses Kapitel hindurch anleiten werden, um die acht Akupunkturpunkte tieferen systemischen Wandels zu erforschen:

1) *Natur:* Wie können wir Ökonomie und Natur so umdenken, dass wir vom »Take, make, and throw away«-Prinzip (»Nimm, nutze, wirf weg«) zu einem integrierten geschlossenen Kreislaufdesign gelangen, bei dem wir alles, was wir der Erde entnehmen, in gleicher oder höherer Qualität an sie zurückgeben?
2) *Arbeit:* Wie können wir Arbeit (Beruf) wieder mit Leidenschaft und Sinn (Berufung, was wir lieben) verbinden?
3) *Kapital:* Wie können wir die Finanzwirtschaft und die reale Wirtschaft neu verbinden, indem wir finanzielles Kapital so recyceln, dass es der Pflege von ökologischen, sozialen und kulturellen Gemeingütern dient?
4) *Technik:* Wie können wir einen breiten Zugang zu den Kerntechnologien der dritten industriellen Revolution schaffen, sodass Informationstechnologie, erneuerbare Energien und soziale Technologien kombiniert werden, um individuelle und kollektive Kreativität freizusetzen?
5) *Führung:* Wie können wir eine kollektive Führungsfähigkeit entwickeln, um Innovationen auf der Ebene des Gesamtsystems zu generieren?
6) *Konsum:* Wie können wir das ökonomische Spielfeld so ausbalancieren, dass Konsumenten sich auf kooperativen, bewuss-

ten Konsum einlassen können und zu gleichberechtigten Partnern in einer Ökonomie werden, die Wohlbefinden für alle schafft?

7) *Koordination:* Wie können wir den Krieg der Teile gegen das Ganze beenden, indem wir den Modus des Bewusstseins vom Egosystem- zum Ökosystem-Bewusstsein verschieben?
8) *Eigentum:* Welche Innovationen bei den Eigentumsrechten würden künftigen Generationen ein Stimmrecht verleihen und den besten gesellschaftlichen Nutzen von knappen Ressourcen und Gemeingütern fördern?

Diese acht Elemente – von Natur zu Eigentum – definieren den Kern jedes ökonomischen Systems. Unsere Vorstellungen von jedem Element verändern sich auf dem Weg von 0.0 zu 4.0 auf tief greifende Weise. Diese Veränderungen und Umschwünge zu verstehen ermöglicht uns nicht nur, unsere gegenwärtige Realität zu verstehen, sondern auch das Potenzial der Zukunft zu erkennen.

Die nächsten Seiten folgen den Spuren der Veränderung jeder dieser acht Schlüsselfaktoren oder *Akupunkturpunkte* von 0.0 bis 4.0. Wer kein spezielles Interesse an allen Einzelheiten der Evolution des ökonomischen Denkens hat, kann zu der Schlussfolgerung am Ende jedes Abschnitts springen oder das restliche Kapitel überfliegen und nur die Abschnitte lesen, die ihn am meisten interessieren.

1) Natur: Die Reintegration von Ökonomie und Natur

Alle wirtschaftliche Aktivität entsteht aus der Natur – und kehrt zu ihr zurück. Im ökonomischen Denken und Handeln ist die Natur von ihrer ursprünglichen Funktion als *Mutter* (0.0) zu einer *Ressource* (1.0), zu einer *Ware* (2.0) und zu einer *regulierten Ware* (3.0) geworden. In der entstehenden nächsten Stufe ökonomischen Denkens stellen wir die Rolle von Natur vielleicht in den neuen Rahmen von *ökosystemischen Gemeingütern*, die wir gemeinsam kultivieren und für das Wohl künftiger Generationen und des Ganzen pflegen (4.0).

Der Weg von 0.0 zu 3.0

Der Übergang von 0.0 zu 1.0 war von einer Agrarrevolution gekennzeichnet. Solange der Mensch seine wirtschaftlichen Aktivitäten aufs

Jagen und Sammeln beschränkte, um sich selbst mit Nahrung und Kleidung zu versorgen, war seine Wirkung auf die Natur begrenzt. Doch als die Menschen sesshaft wurden und anfingen, das Land zu kultivieren, griffen sie allmählich tiefer in das Ökosystem ein. Sie fingen an, Werkzeuge zu benutzen, um Bäume zu fällen und das Land zu pflügen.

Über die Jahrtausende konzentrierte der Mensch seine ökonomischen Aktivitäten auf die Verbesserung der landwirtschaftlichen Produktion und entwickelte durch diese Bemühungen ein komplexes System von Saaten, Werkzeugen, Vieh und Kultivierungspraktiken. Das 18. Jahrhundert brachte die nächste tief greifende wirtschaftliche Umwälzung – die industrielle Revolution –, die zunächst in England Gestalt annahm und schließlich das gesamte ökonomische System von 1.0 zu 2.0 veränderte. Dieser Prozess setzte sich im 19. und 20. Jahrhundert fort.

Die industrielle Revolution – die Erfindungen in der Baumwollspinnerei, Dampfkraft und Roheisenerzeugung – brachte auch Innovationen in den Eigentumsstrukturen mit sich und hob die menschliche Intervention in der Natur auf eine neue Ebene. Was mit dem Sammeln von Früchten begonnen hatte, verwandelte sich in riesige Sprenglöcher im Erdreich, um Metalle und fossile Brennstoffe zu fördern und die globale Industriemaschine zu füttern. Wie der Soziologe Max Weber so treffend sagte, entstand jener mächtige »Kosmos der modernen, an die technischen und ökonomischen Voraussetzungen mechanisch-maschineller Produktion gebundenen Wirtschaftsordnung [...], der heute den Lebensstil aller Einzelnen, die in dies Triebwerk hineingeboren werden [...] mit überwältigendem Zwange bestimmt und vielleicht bestimmen wird, bis der letzte Zentner fossilen Brennstoffs verglüht ist«.[76]

Da diese Reise der Verbrennung fossiler Rohstoffe jetzt mit hohem Tempo auf ihren letzten Zentner zusteuert, stehen wir vor negativen Externalitäten, die das System veranlasst haben, sich auf die nächste Stufe der Evolution zu bewegen. Die Einführung von Standards und Regulationen hat der Industriewirtschaft das gesamte 20. Jahrhundert hindurch geholfen, sich von 2.0 zu 3.0 zu bewegen. Diese institutionellen Innovationen schützen die Erneuerung von Natur, Arbeit und Kapital und tragen auch zur Einkommensstabilisierung auf der Konsumentenseite bei, was den Massenkonsum ankurbelt, der die Industriemaschine weiter am Laufen und Wachsen hält.

Die Kehrseite dieser Geschichte materiellen Wachstums und Erfolgs ist die rasante Erschöpfung unseres gemeinsamen Ressourcenpools. Obwohl die Einführung neuer Technologien den materiellen Fußabdruck der wirtschaftlichen Wertschöpfung bis zu einem gewissen Grad verringert hat, ist die Dematerialisierung der industriellen Produktion von der Gesamtwachstumsrate der allgemeinen Wirtschaft übertroffen worden. Das Ergebnis ist, dass der Abbau von natürlichen Ressourcen auf unserer Erde bis heute weiter zunimmt. Allein im Jahr 2005 sind zum Beispiel 58 Milliarden metrische Tonnen an Material in die Wirtschaft geflossen, um unsere globale Industrieproduktion am Laufen zu halten (eine metrische Tonne entspricht 2.204,6 Pfund). Umgerechnet auf eine globale Pro-Kopf-Basis beträgt der durchschnittliche Materialverbrauch, wie Juliet Schor in ihrem Buch *Plenitude* ausführt, 8,8 metrische Tonnen oder knapp 50 Pfund pro Tag. Der US-amerikanische Verbraucher kommt dabei auf mehr als das 2,5-fache dieser Menge (23 metrische Tonnen pro Person pro Jahr oder 139 Pfund pro Person pro Tag).[77]

Auf der Suche nach 4.0

Wie können wir unsere ökonomischen Prozesse überdenken und auf eine Weise neu gestalten, sodass Wirtschaftszyklen und Natur wieder reintegriert sind?

Die Struktur des ökonomischen Denkens ist von den Ökosystem-Realitäten unseres Planeten abgekoppelt. Die 0.0-Einheit mit unserem Planeten ist verloren gegangen. Wir haben die Erde durch unser ökonomisches Denken in eine Ware verwandelt und eine Wirtschaftsmaschine erschaffen, die die Ressourcen von 1,5 Planeten verbraucht.

Wie können wir diesen Widerspruch auflösen? Hier vier Vorschläge und Prinzipien als Gesprächsanregung:

1) *Alle ökonomische Aktivität entsteht aus der Natur und kehrt zu ihr zurück.* Was als offensichtliche und natürliche Verbindung zwischen ökonomischer Aktivität und der Natur während der frühen Stadien ökonomischer Entwicklung begann, ist in späteren Stadien in den Hintergrund getreten. Dennoch hat sich die tatsächliche Rolle der Natur im ökonomischen Prozess stetig verstärkt.

   Das derzeitige globale BIP von 60 Billionen US-Dollar würde ohne Natur schlagartig auf null sinken. Unsere gesamte

Wirtschaft und Gesellschaft sind von den Ökosystem-Dienstleistungen der Natur abhängig. Laut einer UNEP-Studie von 2010 beläuft sich der Gesamtwert aller Ökosystem-Dienstleistungen (die den Beitrag der Natur nur teilweise berücksichtigen) auf mindestens 70 Billionen US-Dollar pro Jahr.[78] Mit anderen Worten, der ungeschätzte Wert, den die Natur für unseren ökonomischen Prozess und unser Wohl bereitstellt, ist höher als der Wert aller produzierten Waren und Dienstleistungen (globales BIP). Dennoch ist die Natur fast vollständig aus den Kategorien des zeitgenössischen wirtschaftlichen Denkens verschwunden und zu etwas geworden, das man nur als massiven institutionalisierten blinden Fleck bezeichnen kann.[79]

2) *Warenfiktion.* Unsere Wirtschaft hinterlässt einen ökologischen Fußabdruck von 1,5 Planeten in der ökologischen Realität eines einzigen Planeten. Warum? Aufgrund der Warenfiktion. In allen modernen Wirtschaftstheorien wird Natur als Ware betrachtet. Das ist, wie wir durch Karl Polanyis Buch *The Great Transformation* wissen, eine Fiktion. Eine Ware ist ein Produkt, das wir für den Markt herstellen, damit es konsumiert wird. Doch die Erde wird nicht von uns hervorgebracht, und ihr Zweck besteht nicht darin, von uns verbraucht zu werden. Wenn überhaupt, ist der Planet ein Geschenk, das uns überlassen wurde. Man entdeckt dieses tiefe Gefühl von Verantwortung auch heute noch bei Bauern, wenn sie über ihr Land sprechen, und auch bei Unternehmern, wenn sie über ihre Projekte reden. Keiner von ihnen betrachtet die Erde oder das Wesen des Unternehmens als Ware. Dennoch kommt dieses tiefe menschliche Wissen im modernen Wirtschaftsdenken nicht zum Ausdruck.

   Die geistige Grundursache für das Problem des 1,5 Planeten umfassenden ökologischen Fußabdrucks liegt in ökonomischen Denkrahmen, die die Natur als Ware auffassen – mit anderen Worten, in praktisch allen etablierten ökonomischen Denkrahmen unserer Zeit.[80]

3) *Biomimikry.* Wie würde die Natur die ökonomischen Prozesse gestalten, die wir kultivieren und managen? Janine Benyus, Autorin von *Biomimikry* und Mitbegründerin des globalen Netzwerks Biomimicry 3.8, stellt diese kritische Frage. Be-

trachtet man die Schlüsselprinzipien der Natur und ihrer Ökosysteme, stechen die folgenden Ideen besonders heraus:[81]

a) *Null Abfall.* Die Natur ist als Null-Abfall-System angelegt. Jeder Output wird an anderer Stelle zum Input. In der Natur gibt es keinen Müll. Im Gegensatz dazu ist die menschliche Wirtschaft voller Abfall: Abfall, der bei der Ausbeutung der Natur produziert wird. Nur winzige Bruchteile unseres Mülls werden in ein geschlossenes Kreislaufsystem der Wiederverwendung zurückgeschleust.
b) *Sonnenenergie.* Die Natur arbeitet mit 100 Prozent erneuerbarer Energie. Zellen brauchen wie die menschliche Wirtschaft eine externe Energiequelle. Doch im Gegensatz zur menschlichen Wirtschaft, die diese Quellen überwiegend in fossilen Brennstoffen findet, nutzen Zellen das Sonnenlicht als primäre Energiequelle.
c) *Diversität und Symbiose.* Alle Ökosysteme basieren auf den Prinzipien der Vielfalt und Symbiose: Verschiedene Spezies arbeiten auf symbiotische und harmonische Weise zusammen. Im Gegensatz dazu fördert die industrielle Produktion Monokulturen und die Maximierung von Einzelvariablen, was die Resilienz verringert und das System anfällig für Disruptionen macht.

4) *Gestaltung über geschlossene Kreisläufe.* Um zum Wohl aller zu wirken, ohne den Planeten zu zerstören, müssten wir die Ressourcenproduktivität um den Faktor 5 erhöhen – oder den Ressourcenverbrauch um 80 Prozent reduzieren (bei derzeitigen Konsumraten). Ernst Ulrich von Weizsäcker, Co-Autor von *Factor Five,* hält dies für durchaus möglich, wenn alle Schlüsselakteure anfangen würden, sich in diese Richtung zu bewegen.[82] Das würde bedeuten, dass man das derzeitige Industrieparadigma (»take, make, and throw away«) durch eines ersetzt, das geschlossene Material- und Energiekreisläufe nutzt. Das von William McDonough und Michael Braungart entwickelte Modell des ökonomischen Prozesses als geschlossenen Erde-zu-Erde-Kreislauf, der Wirtschaft, Ökosystemwissenschaft, Chemie, Design und Systemdenken integriert, ist ein weiteres bahnbrechendes Beispiel für diesen Denkansatz.[83]

Die praktische Herausforderung bei der Umsetzung dieser Ansätze liegt darin, Interessen und Akteure aus dem gesamten wirtschaftlichen Ökosystem zusammenzubringen, um sie gemeinsam sehen, denken, reden und arbeiten zu lassen – eine Herausforderung, auf die wir später noch genauer eingehen werden, wenn wir das Thema Führung erörtern.

Unsere Zukunft sehen: Die Kultivierung unserer Gemeingüter

Es gibt eine ganze Landschaft von Beispielen, die diese Prinzipien verkörpern: die Slow-Food-Bewegung; Community Supported Agriculture oder CSA (gemeinschaftlich getragener Ackerbau oder solidarische Landwirtschaft); regionale Lebensmittel; Local Living Economies (regionales Wirtschaften) und nachhaltige Abbaupraktiken.[84]

Biodynamische und organische Landwirtschaft gehört zu diesen Beispielen und liegt uns sehr am Herzen, weil Otto auf einem biodynamischen Bauernhof in Deutschland aufgewachsen ist.[85] Ein biodynamischer Hof basiert auf den Prinzipien von null Importen (ein geschlossener Kreislauf), null Abfall (jeder Output auf einem Sektor wird zum Input für einen anderen), Vielfalt (Fruchtwechsel und diverse Ökosysteme statt Monokultur) und einer symbiotischen Beziehung zwischen all diesen Elementen des größeren Lebenssystems (der Vorstellung, dass jeder landwirtschaftliche Betrieb eine einzigartige *lebendige Individualität* hat).

In sehr kleinem Maßstab verkörpert ein biodynamischer Hof viele dieser oben ermittelten Prinzipien. Doch wie können wir diese Praktiken in großem Maßstab auf der Ebene des gesamten Nahrungssystems und schließlich der gesamten Wirtschaft umsetzen? Diese Frage werden wir erneut aufgreifen, wenn wir später in diesem Kapitel und in Kapitel 7 über die Geschichten von BALLE (Business Alliance for Local Living Economies) und das Sustainable Food Lab berichten.

2) Arbeit: Die Reintegration von Arbeit (Beruf) und Sinn (Berufung)

Alle ökonomische Wertschöpfung beginnt mit der Anwendung von Arbeit auf die Natur. Das galt in den Zeiten der Jäger und Sammler und gilt noch heute. In beiden Fällen lässt der Mensch seine Kreativität auf die Natur wirken. Das Ergebnis dieser co-kreativen Aktivität entsteht in Form eines gewissen »Mehrwerts«. Im Fall eines Apfels zum Beispiel wissen wir, dass fast der ganze Wertzuwachs von Mutter Natur geschaffen wurde. Die Natur kümmert sich um den »Produktions«-Prozess, und wir übernehmen einfach das Ernten, Sortieren, Verpacken und Verteilen.

Ein Apple-Computer ist hingegen etwas ganz anderes. Er wird von einem globalen Netz kooperativer Wertschöpfung produziert – dazu gehören Menschen mit Design-Ideen im kalifornischen Cupertino und Zigtausend andere in der Wertschöpfungskette, die die Rohstoffe aus der ganzen Welt verarbeiten, die Kernkomponenten und Bauteile in Asien herstellen, die Komponenten in China zusammensetzen und die Produkte über Apple-Läden auf Konsumentenmärkte transportieren und verteilen. Das Verhältnis der Arbeit zur Natur ist wesentlich höher als im Fall des Apfels, den wir in unserem Garten ernten.

Was auf diesem gesamten Weg zu einer globalen Arbeitsteilung in der Übertragung verloren geht, ist Sinn. Sinn entsteht, wenn man die eigene Verbindung und den eigenen Beitrag zum Ganzen erkennt. Doch wenn ich als unterbezahlter Arbeiter in Asien ein Produkt für die globale Versorgungskette – zum Beispiel des iPad – montiere, welchen Sinn und Zweck kann ich daraus ziehen? Kaum einen. Die heutige Herausforderung im Hinblick auf eine Neubestimmung der Arbeit ist nicht nur eine Frage von Arbeitsplätzen und von Löhnen, die die Lebenskosten decken. Sie betrifft auch die Sinnfrage, das heißt die Frage, wie wir Arbeit in Gestalt von Jobs wieder mit Arbeit in Gestalt von Leidenschaft und Sinn verbinden.

Der Weg von 0.0 zu 3.0

Wie in Tabelle 3 beschrieben, hat sich die Bedeutung von Arbeit im Laufe der Geschichte tief greifend verändert. Im Stadium 0.0 war Arbeit in kommunale Praktiken zum Zweck des Überlebens eingebunden. Im Stadium 1.0 wurde der Großteil der Arbeit von Sklaven oder besitzlosen Auswanderern erledigt. Arbeit wurde zu einer Verkörperung der Abhängigkeit und ist dies vielerorts noch immer. Als Aristoteles in seiner praktischen Philosophie über *oikos* schrieb, bezog er sich auf Haushalte, die hauptsächlich durch Sklavenarbeit geführt wurden.

Dann kam die industrielle Revolution und mit ihr, was Karl Polanyi die Warenfiktion der Arbeit genannt hat (2.0) – das heißt die Vorstellung, dass Arbeit eine Ware ist.[86] In der Wirtschaftswelt von 2.0 sind die meisten Menschen keine Sklaven oder Leibeigenen mehr, aber statt ihres Körpers verkaufen sie ihre *Zeit*. Ein Arbeitgeber bezahlt sie, und das gibt ihm das Recht, seinen Arbeitnehmern zu sagen, was sie tun sollen. Verglichen mit der Welt 1.0 (Sklaverei) ist dies ein großer Fortschritt. Doch die Welt 2.0 zeichnet sich nicht durch irgendeine Form von unternehmerischer Freiheit für Mitarbeiter aus. Sie ist eher eine weiterentwickelte Form der Abhängigkeit. Der Wechsel von einem strengen 1.0-Typus der Abhängigkeit zu einer sanfteren 2.0-Variante der Abhängigkeit (Arbeit als Ware) hat das Leben der Arbeiter häufig, wenn auch nicht immer, verbessert, was der Grund dafür ist, warum es beim Wechsel von 2.0 zu 3.0 zur Entstehung von Gewerkschaften, Sozialgesetzen und anderen Arbeitsschutzmechanismen kam.

Die Entwicklung zu einer 3.0-Wirtschaft war ein weiterer großer Fortschritt. Doch dann, insbesondere gegen Ende des 20. und Anfang des 21. Jahrhunderts, fuhr man mit 3.0-Lösungen allmählich gegen die Wand, denn sie führten zu: 1. einem Wachstum ohne Arbeitsplätze, was die Massenarbeitslosigkeit in den Industrieländern erhöhte, 2. der Erkenntnis, dass ein fortgesetztes exponentielles Wachstum eher den Planeten zerstört, als das Arbeitslosenproblem löst, 3. der Einsicht, dass die 3.0-Lösung für das Problem der Arbeit zerbrechlicher war, als man dachte: Sie funktionierte nur in einigen Teilen der Welt und nur für begrenzte Zeit, wenn das Wachstum durch billige fossile Brennstoffe angetrieben wurde. Kurz gesagt: Sie funktionierte, weil wir sie mit der Zukunft unserer Kinder bezahlten.

Auf der Suche nach 4.0

Und was machen wir nun, nachdem diese Mittel verschwunden sind? Hier drei mögliche Perspektiven. Der erste Vorschlag lautet, wir sollten uns weiter »durchwurschteln« und Wirtschaft 3.0 fortsetzen. Der zweite Vorschlag beschreibt eine Rückkehr zum Stadium 2.0 (inklusive eines Abbaus von Gewerkschaften, Sozialgesetzgebung und Regelungen für den Finanzsektor und den Umweltschutz). Eine dritte, wesentlich kleinere Gruppe schlägt sogar eine Rückkehr zu einer Wirtschaft 1.0 oder 0.0 vor (möglicher-, wenn auch nicht notwendigerweise in der Form eines totalitären Faschismus).

Unserer Ansicht nach ist keine dieser Optionen heute tragfähig. Was wir brauchen, ist ein anderer Diskurs, der sich darauf konzentriert, wie wir uns *nach vorn* – anstatt zurück – bewegen können, indem wir einen Weg Richtung 4.0 gestalten. Dieser Diskurs sollte mit dem ehrlichen Eingeständnis beginnen, vor allem durch Politiker und Ökonomen, dass »mehr vom selben« das Problem der Arbeitslosigkeit nie lösen wird. Die Instrumente der Vergangenheit, die aus 1.0, 2.0 und 3.0 stammen, sind überholt und werden nicht ausreichen, um die Herausforderungen, vor denen wir heute stehen, zu bewältigen.

Vielmehr müssen wir gemeinsam die Grundursachen unserer derzeitigen prekären Situation untersuchen. Die folgenden vier Konzepte könnten Anstöße für einen solchen 4.0-Diskurs sein:

1) *Der Diskurs der Verleugnung.* Die öffentliche Debatte über Defizitreduzierung und die Verheißung, dass künftiges Wachstum die Industriejobs zurückbringen wird, die nach China und Indien verlagert wurden, basieren auf dem Argument, dass wir uns einfach in einem zyklischen Abschwung befinden und die Probleme überwinden werden, sobald die Rezession vorüber ist. Dieses Argument ignoriert demografische Trends, den ökologischen Zusammenbruch und den gegenwärtigen Grad der ökonomischen Misere. Laut der Weltbank waren 2012 »etwa 200 Millionen Menschen – davon 75 Millionen unter 25 Jahren – ohne Arbeit. Im Laufe der nächsten 15 Jahre werden zusätzlich 600 Millionen neuer Jobs gebraucht«.[87]

   Was bieten wir den 600 Millionen jungen Menschen an, die immer noch nach Arbeit suchen? Die derzeitige Debatte geht am Ausmaß dieser Herausforderung vorbei. Sie bewegt sich zwischen 2.0- und 3.0-Perspektiven hin und her, ohne innezuhalten, um die gegenwärtige Realität mit etwas Abstand und ernsthaft zu betrachten. Vor allem zwei Mythen halten uns in den alten Denkmustern gefangen: der Mythos vom Wachstum und der Mythos vom Geld.
2) *Der Mythos vom Wachstum.* Ein Argument, das die Debatte zum Stillstand gebracht hat, stützt sich auf die Annahme, dass wir unsere ökonomischen Probleme im Laufe der nächsten zwei oder drei Jahrzehnte durch ein beschleunigtes Wachstum lösen werden. *Nichts* könnte weiter von der Wahrheit entfernt sein. Diese Annahme ist aus mindestens drei Gründen ein irreführender Mythos:

a) *Ökologische Grenzen.* Wenn wir das Arbeitslosigkeitsproblem lösen, indem wir mehr von dem tun, was wir seit einem Jahrzehnt tun, werden wir in weniger als einer Generation schwere ökologische Zusammenbrüche verursachen.
b) *Soziale Grenzen.* Rechnet man zu den Arbeitslosen die »Working Poor« in den USA und die Sozialhilfeempfänger in Europa hinzu, erhält man eine korrektere Zahl der Menschen, für die das derzeitige System nicht genügend Arbeit produziert. Der Anteil dieser Personengruppe an der erwachsenen Bevölkerung beträgt wahrscheinlich 20 bis 30 Prozent. In anderen Ländern, insbesondere im globalen Süden, sind es mehr als 60 oder 70 Prozent. Was tun wir mit dieser größtenteils ausgeschlossenen Gruppe?
c) *Wachstum ohne Jobs.* Auch wenn die Wirtschaft in vielen Teilen der Welt weiter wächst, erzeugt sie nicht die Menge an Jobs, die notwendig sein wird.

Im Gegensatz zum Wachstumsmythos, der seit vierzig Jahren von der globalen Umweltbewegung scharf kritisiert wird, ist der folgende Mythos größtenteils ignoriert worden:

3) *Der Mythos Geld.* Was ist es, das Lehrer, Unternehmer, Techniker und andere dazu antreibt, ihr Bestes bei der Arbeit zu geben? Es ist die Verbindung zu ihrer inneren Quelle inspirierter kreativer Energie. Die Verbindung mit dieser Quelle ist die Antriebskraft, die bedeutsame Veränderungen und Erneuerungen bei Menschen aller Altersstufen und Kulturen auslöst. Das Problem ist, dass wir unsere Ökonomie und unser ökonomisches Denken um eine wirklich schlechte Idee zentriert haben, nämlich dass wir für Geld arbeiten sollten. Diese Vorstellung ist einer der größten Kreativitätskiller. Leider wird diese Denkweise weitervermittelt, wenn Eltern versuchen, ihre Kinder mit Belohnungen zu motivieren: »Wenn du dies oder das tust, geben wir dir das.« Das ist der erste Angriff auf die innere Kreativität des Kindes. Der zweite erfolgt in der Schule, wo ein Unterricht alten Stils dasselbe bewirkt: »Wenn du A tust, bekommst du B und damit wirst du zu C (College) zugelassen.« Der dritte Angriff erfolgt am Arbeitsplatz in Form von Managementanreizen, die Bonuszahlungen an Ziele binden, und von ähnlichen bekannten Praktiken, die in Wirtschafts-

schulen unterrichtet werden und die, wie Studien belegen, die Kreativität in Organisationen abtöten.[88]

Diese Praktiken vergiften jede echte Kreativität, weil sie das, was wir zur Bestreitung unseres Lebensunterhalts tun (unsere berufliche Arbeit), von dem trennen, was uns wirklich wichtig ist (der Arbeit oder Aufgabe aus Leidenschaft). Alle großen Erfinder, kreativen Köpfe und Unternehmer, alle großen sozialen Aktivisten verbindet dieselbe innere Reise und Quelle der Befriedigung – *dass man liebt, was man tut, und tut, was man liebt.* Das ist laut dem verstorbenen Steve Jobs, der ein gutes Beispiel für einen leidenschaftlichen Unternehmer sein dürfte, »die *einzige* Methode, um großartige Arbeit zu leisten«.[89] Es ist die Erkenntnis der Verbindung zu dieser tiefen Quelle des Wissens, die uns in Momenten, wenn alle anderen Navigationsinstrumente versagen, weiterhilft.

4) *Die Wiederverknüpfung von Arbeit und Unternehmertum.* Das Wesen von 4.0 besteht darin, einen institutionellen Kontext zu bieten, der uns ermöglicht, Arbeit (Jobs) wieder mit Arbeit (Sinn) zu verbinden. Die Entwicklung der Arbeit von 1.0 (Sklaverei) zu 4.0 (Arbeit aus Leidenschaft) ist eine Reise, die den Ort der Kontrolle allmählich von außen (Abhängigkeit) ins Innere des vernetzten Einzelnen (vernetzte Unabhängigkeit) verschoben hat. Diese Reise begann mit der allmählichen Befreiung von 0.0-Strukturen (Traditionen), 1.0-Strukturen (Leibeigenschaft/Knechtschaft), 2.0-Strukturen (Arbeitsmarktabhängigkeiten) und schließlich 3.0-Strukturen (Wohlfahrtsstaatabhängigkeiten) und hat uns an einen Punkt geführt, an dem wir die Bedingungen für das individuelle und kollektive Unternehmertum stärken können.

Um in diesen entstehenden 4.0-Raum eintreten zu können, brauchen wir Infrastrukturen, die mehr Möglichkeiten bieten und mehr Menschen dazu auffordern, den generativen Raum des gemeinsamen Erspürens und Gestaltens der Zukunft, die ihnen wichtig ist, zu nutzen. Heute versuchen nicht nur ein paar Millionen Menschen, einen solchen Raum zu betreten, sondern Abermillionen, wenn nicht Milliarden. Wir müssen das größere Bild mit neuen Augen betrachten. Keines der derzeitigen Probleme, von Armut über Arbeitslosigkeit und Umweltzerstörung bis hin zur globalen ökonomischen Krise, lässt sich einzeln lösen. Wir brauchen einen integrierten Ansatz, um sie in Angriff zu nehmen. Wir müssen neue Formen von möglichkeitsreichen Infrastrukturen schaffen, die Menschen helfen, ihre unternehmerischen Fähigkeiten gemeinsam zu erspüren, zu entwickeln und zu gestalten, indem sie den echten Bedürfnissen ihrer Gemeinschaften dienen.

Diese Infrastrukturen verbinden die folgenden Elemente und bieten Zugang zu:

1) Möglichkeitsräumen: Innovationen brauchen fördernde Umwelten
2) Schlüsselherausforderungen: Herausforderungen sind das Rohmaterial aller Lernprozesse
3) dem Erspüren von Mechanismen, die Menschen ermöglichen, sich selbst als Teil eines größeren Ganzen zu sehen
4) fähigkeitsaufbauenden Mechanismen
5) Kapital
6) Technologie
7) Gemeinschaft: ein globales Netz von Mentoren, Partnern und Unternehmern, die gemeinsam Prototypen für Gesellschaft 4.0 entwickeln

Als globale Gemeinschaft müssen wir uns selbst fragen, ob wir bereit sind zu akzeptieren, dass wir nicht voneinander getrennt, sondern ökologisch, ökonomisch, sozial und spirituell höchst interdependent und verbunden sind. Und ob wir bereit sind, uns gegenseitig zu helfen, wenn wir diese Vernetzung anerkennen.[90]

Wenn die Antwort Ja lautet, dann wäre es eine hochwirksame ökonomische Intervention, wenn wir einfach ein *ökonomisches Menschenrecht* auf ein Grundeinkommen für jeden Bewohner dieses Planeten einführen würden. Wenn dieses Grundbedürfnis mit dem freien oder kostenlosen Zugang zu Gesundheitsversorgung und Bildung verbunden wäre, hätten wir weit gerechtere und ausgewogenere Voraussetzungen und Chancen geschaffen. Es wäre eine Welt, in der jeder die faire Chance erhalten würde, seine unternehmerischen Ziele und Träume anzustreben. Mit anderen Worten, wir könnten unsere Kreativität in den Dienst der größeren Gemeinschaft stellen.

Diese Idee klingt vielleicht radikal, aber das ist sie keineswegs. Wir benennen nur, was einige Teile unserer globalen Gesellschaft bereits tun. Doch weil unser Denken immer noch in 2.0-Formen transaktionaler Strukturen feststeckt, neigen wir dazu, blind für die co-kreativen Elemente einer entstehenden Wirtschaft 4.0 zu sein, die durch die *Ökonomien des Presencing* und nicht durch die *Ökonomien transaktionaler Vorteile* wirkt.

Ein Beispiel: Otjivero-Omitara ist ein kleines Dorf in Namibia. Von Januar 2008 bis Dezember 2009 wurde dieses Dorf der erste Ort, an dem man mit Unconditional Cash Transfers (Geldtransfers ohne Gegenleistungen) experimentierte, und zwar in Form eines garantierten Grundeinkommens (BIG, Basic Income Grant). BIG beruht auf der Vorstellung, dass ein Grundeinkommen ein universelles Menschenrecht ist. Während des zweijährigen Experiments erhielt jede Person unabhängig vom Einkommen eine monatliche Geldzuwendung von 100 namibischen Dollar (13 US-Dollar). Nach nur einem Jahr war die Unterernährung der Kinder von 42 auf 10 Prozent gefallen, die Rate der Schulabbrecher war von 40 auf 0 Prozent gesunken, und die Kriminalitätsrate verringerte sich um 42 Prozent. Im selben Zeitraum stiegen unternehmerische Aktivitäten und selbstständige Tätigkeiten um 300 Prozent.[91]

Die grundlegenden Ideen beim Cash-Transfer sind einfach: Ein Grundeinkommen ist ein Menschenrecht, und wenn man es Menschen ohne Bedingungen gibt, reduziert man die staatliche Bürokratie und schafft Nachfrage auf einer lokalen Ebene, die wiederum mikrounternehmerische Chancen und neue Projekte antreibt. In diesem Fall führten die Cash-Transfers an die Armen dazu, dass die Wirtschaft auf der mikrounternehmerischen Ebene angekurbelt und verstärkt wurde. Die Kosten für die Einführung eines solchen Cash-Transfers für die gesamte Bevölkerung in Namibia lägen bei 2,2 bis 3 Prozent des BIP des Landes.[92]

Verbreitet sich dieses erstaunliche Beispiel wie ein Lauffeuer und löst andere, ähnliche Projekte auf der ganzen Welt aus? Nein, jedenfalls nicht in dem Tempo und der Größenordnung, die notwendig wären. Warum nicht? Weil es den derzeitigen Gewohnheiten des wirtschaftlichen Denkens widerspricht, die eher an eine extrinsische als an intrinsische Motivation des menschlichen Verhaltens glauben. Menschen zweifeln an den Ergebnissen des namibischen Experiments, weil sie ihren 2.0-ökonomischen Überzeugungsstrukturen widersprechen, denen zufolge das menschliche Verhalten eher von Belohnung und Strafe angetrieben wird als von Leidenschaft und

Zielstrebigkeit. Dies vorausgeschickt, hat es dennoch bedeutsame Anstrengungen in Brasilien und Lateinamerika gegeben, die Abermillionen Menschen durch das Angebot von Conditional Cash Transfers geholfen und die Armut erfolgreich bekämpft haben.

Unsere Zukunft sehen: Globale Felder sozialen Unternehmertums initiieren

Die Saat für die Zukunft ist bereits ausgebracht. Diese Zukunft zeigt sich in der ersten Welle des derzeitigen sozialen Unternehmertums, das wir an früherer Stelle besprochen haben. Und bei unserer Arbeit sehen wir auch eine zweite Welle entstehenden sozialen Unternehmertums, eine Welle, die sich aus Millionen von Einzelpersonen zusammensetzt; viele von ihnen fühlen sich in traditionellen Institutionen festgefahren und würden sich gern an dieser entstehenden globalen Bewegung beteiligen. Wie lassen sich diese beiden Wellen eines kreativen Unternehmertums und eines sozial verantwortlichen Bewusstseins zusammenführen und verbinden? Hier ein Beispiel:

Die Business Alliance for Local Living Economies (BALLE)

Michelle Long, Gründerin und Geschäftsführerin von BALLE, wuchs in einer recht traditionellen, konservativen Umgebung im Mittleren Westen der USA auf. Sie studierte Wirtschaftswissenschaften, und nach dem Examen bot man ihr eine Stelle bei einem großen Pharmaunternehmen an – damals ein begehrter Einsteigerjob für karriereorientierte Studierende wie sie. Doch sie war schon bald desillusioniert. Obwohl sie hart arbeitete, konnte sie kein höheres Ziel in ihrer Arbeit entdecken – das einzige Ziel war, mehr Geld für das Unternehmen zu verdienen. Dann wurde ihr eines Tages eine Aufgabe übertragen, die sie als unethisch empfand. Sie entschied sich dafür, die Aufgabe abzulehnen, und erkannte, dass sie nicht auf dem Weg war, auf dem sie sein wollte. Trotz der Missbilligung ihrer Familie beschloss sie, ihren Job zu kündigen und sich auf eine Reise um die Welt zu begeben, um einen besseren Weg für sich zu finden.

Im Laufe der folgenden beiden Jahre führten ihre Reisen sie an viele Orte einschließlich Indien. Dort wurde ihr bewusst, dass viele der Praktiken und Gewohnheiten, die sie für selbstverständlich gehalten hatte, in diesem neuen Kontext alles andere als selbstverständlich waren. Vieles, was ihr selbst als ganz normal erschien, war den Menschen, die sie in Indien kennenlernte, völlig fremd und umgekehrt.

Die Erkenntnis, dass es keinen einzelnen richtigen Handlungsansatz gibt, erwies sich als *Aha*-Moment für sie: Vielleicht war es möglich, einen *ganz neuen Weg* zu gehen, der weder dem indischen noch dem US-amerikanischen »business as usual« entsprach, sondern der für alle besser funktionierte.

Angespornt durch diese Erkenntnis schrieb sie sich nach ihrer Rückkehr in die Staaten an der Business School ein, wo sie mit einer damals ganz neuen Idee an einem Unternehmerwettbewerb teilnahm – die Idee betraf die Schaffung eines Onlinemarktes, der Handwerker und Landwirte in Entwicklungsländern mit Verbrauchern im Westen verbinden sollte, die Produkte kaufen wollten, die im Einklang mit ihren Wertvorstellungen in Bezug auf Umwelt und Gemeinschaft standen. Michelle gewann den Wettbewerb und verließ die Business School, um diese Idee weiterzuverfolgen, wobei sie Unterstützung von Venture Capitalists und anderen traditionellen Stakeholdern wie der Weltbank erhielt.

Das Projekt entwickelte sich erfolgreich, doch etwas störte sie. Sie erkannte, dass sie zu weit weg vom Geschehen in den Gemeinschaften war, denen sie dienen wollte, und hatte mehr und mehr das Gefühl, dass es nicht wirklich ihre Aufgabe war, Probleme in weit entfernten Ländern zu lösen, über die sie wenig wusste, wenn es so viele Probleme vor der eigenen Haustür gab. Damit kam sie zu einer wichtigen Schlussfolgerung: Sie wollte an den Orten arbeiten und etwas verändern, die ihr am Herzen lagen und denen sie sich verbunden fühlte.

Also machte sie den nächsten großen Schritt. Sie zahlte alle Fair-Trade-Zulieferer aus, gab ihre Firma auf und versorgte alle Verkäufer – die Fair-Trade-Handwerker – mit einer brandneuen Initiative durch Overstock.com, woraus später WorldStock.com wurde. Michelle folgte weiterhin ihrer Leidenschaft und schloss sich einer Initiative an, die regionale Bemühungen (»place-based«) zur Erneuerung lokaler Ökonomien miteinander vernetzte. Das Resultat ist ein nationales Netzwerk – BALLE –, das heute das am schnellsten wachsende Netzwerk von sozial verantwortlichen Unternehmen in Nordamerika ist, und Michelle ist als dessen geschäftsführende Direktorin tätig (zu weiteren Details über BALLE siehe Kapitel 7).

Die Geschichte von Michelle und BALLE ist ein gutes Beispiel für die Kraft von unternehmerischer Kreativität, die in diesem Fall zum Aufbau von Unternehmen mit einer sozialen Mission geführt hat – Hybridunternehmen, die persönliche Initiative mit einer sozialen Mission und mit Wirtschaftlichkeit verknüpfen.

3) Kapital: Die Reintegration von Finanz- und Realkapital

Kapital ist das essenzielle Konzept der Wirtschaft, wie sich schon am Begriff *Kapitalismus* zeigt. Gleichzeitig ist häufig unverstanden, was Kapital eigentlich ist. Die meisten Menschen setzen Kapital mit Geld gleich. Doch Kapital hat unterschiedliche Formen: Es kann materieller, menschlicher, industrieller, finanzieller, sozialer oder geistiger Art sein. Ein Merkmal, das all diese Kapitalformen gemeinsam haben, ist, dass wir erwarten, dass Kapital Profit erbringt. Der Begriff *Profit* stammt aus dem Lateinischen und bedeutet »Fortschritt machen«.

Kapital ist ein junges Wort, das auf das Lateinische *caput*, »Kopf«, zurückgeht. Wie in Tabelle 3 an früherer Stelle in diesem Kapitel gezeigt, hat sich das Konzept des Kapitals im Laufe der menschlichen und wirtschaftlichen Geschichte tief greifend verändert.[93]

Der Weg von 0.0 zu 3.0: Natürliches, menschliches, industrielles und finanzielles Kapital

Kapital gehörte nicht zum Wortschatz von 0.0-Gesellschaften. Aus heutiger Sicht haben 0.0-Ökonomien Kapital in Form von dinglichen Werkzeugen und indigenem Wissen genutzt, um sich auf die natürlichen Kreisläufe der Natur einzustellen. Auch während der Agrarrevolution, im Stadium 1.0, war der Begriff nicht gebräuchlich. Ausdruck des Kapitals waren vielmehr weiterentwickelte Formen dinglicher Ausrüstung, handwerklichen Könnens und das Wissen darüber, wie man Werkzeuge verwendet.

Im Mittelalter bedeutete Kapital finanzielles Vermögen, das die Menschen in Geschäfte investierten. Die begriffliche Verwendung des Wortes Kapital, die wir heute kennen, begann im britischen Kolonialreich als Kaufmannskapital und verwandelte sich später in industrielles Kapital. Ohne die Ansammlung von dinglichem, menschlichem und finanziellem Kapital wäre das Wachstumswunder der industriellen Revolution nicht möglich gewesen. Doch die Quantität und Qualität des Kapitals veränderten sich. Das dingliche Kapital nahm die Form schwerer Maschinen an. Kombiniert mit der industriellen

Organisation und der zeitgenössischen Form von Ausbildung gaben neue Produktionsformen den Anstoß zu beispiellosem Wachstum und verschoben das Gravitationszentrum von individuellen menschlichen Fertigkeiten zu industrieller Organisation und Massenproduktion.

Von daher hat die industrielle Revolution dem Begriff *Kapital* tatsächlich eine neue Bedeutung verliehen – die Bedeutung, die wir heute damit verbinden. Adam Smith war einer der Ersten, der die Profiterwartung des Kapitals betonte. Karl Marx benutzte den Begriff *Kapital*, um die zentrale Kategorie seiner Wirtschaftsanalyse zu beschreiben. Er schilderte den Weg des Kapitals vom Geld (G) zum realen Kapital und schließlich zurück zum Geld (G^{I}). Der Unterschied zwischen G und G^{I} war der Profit, der dem Fortschritt entsprach, der im Verlauf dieses Gesamtprozesses erzielt wurde. Marx hielt die inhärenten Widersprüche zwischen *Produktionskräften* (wie Fortschritte in der Produktivität) und den *Produktionsverhältnissen* (wie Besitz) für die wichtigsten Antriebskräfte gesellschaftlicher Veränderung und Transformation.

Die tatsächliche Entwicklung der Gesellschaft verlief allerdings etwas anders, als Marx' Theorie vorausgesehen hatte. Die inneren Widersprüche führten nicht zum Zusammenbruch des Kapitalismus 2.0, der sich im Gegenteil als bemerkenswert flexibel und resilient erwies und sich selbst in Form des Kapitalismus 3.0 neu erfand. Er nahm die Form einer Stakeholder-getriebenen sozialen Marktwirtschaft an, die verhieß, sich besser um die regulatorischen Rahmenbedingungen für Umwelt, Arbeit und Finanzen zu kümmern. Angefangen mit Bismarcks Sozialgesetzgebung in den 1870er-Jahren in Deutschland und weitergeführt mit dem Federal Reserve Act im Dezember 1913 und dem New Deal in den 1930er-Jahren trug eine ganze Kette von regulatorischen Innovationen an vielen Orten auf der ganzen Welt dazu bei, dass sich die Wirtschaft von 2.0 zu 3.0 bewegte. Während dieser Prozess im Westen mehr als ein halbes Jahrhundert in Anspruch nahm, brauchte China nur ein Jahrzehnt, um das (rudimentäre) soziale Sicherheitsnetz für 15 Prozent der Bevölkerung auf 95 Prozent zu erweitern (und dadurch mehr als eine Milliarde Menschen zusätzlich innerhalb einer einzigen Dekade aufzunehmen).

Die industrielle Revolution in den Ökonomien 2.0 wurde in erster Linie durch das Wachstum dinglichen und menschlichen Kapitals angetrieben. Im Gegensatz dazu ging die Entstehung der Ökonomien 3.0 mit einem beispiellosen Wachstum und Ansammeln von finanziellem Kapital einher, was eine sich stetig verstärkende Entkopplung der finanziellen von der realen Wirtschaft im Laufe des 20. Jahrhunderts bewirkt hat.[94]

Die wachsende Kluft zwischen Finanz- und Realwirtschaft

Ein Grund für die sich erweiternde Kluft zwischen realer und Finanzwirtschaft ist der Vorteil, den das finanzielle Kapital gegenüber dem nicht-finanziellen Kapital hat. Dingliches und menschliches Kapital sind auf konkrete Orte und Kontexte beschränkt, während das finanzielle Kapital um den Globus reisen kann. Wie Joseph Stiglitz in *The Price of Inequality (Der Preis der Ungleichheit)* schreibt:

> »Stellen Sie sich einen Moment lang vor, wie die Welt aussehen würde, wenn die Freizügigkeit der Arbeitnehmer gewährleistet wäre, nicht aber die Kapitalmobilität [...] Solche Bedingungen herrschten in der Anfangszeit der Vereinigten Staaten, und es entwickelte sich eine ganz andere Dynamik. Die Territorien und die neuen Staaten im Westen der Union konkurrierten mit den älteren Staaten an der Ostküste um neue Siedler. Dies führte landesweit zur Ausweitung von Stimmrechten, zum Recht, sich um ein politisches Amt zu bewerben, und zu einem öffentlichen Bildungssystem, das seinerseits zu einem drastischen Rückgang der Analphabetenquote (auch im Vergleich zu Europa) beitrug.« [95]

Heute ist das finanzielle Kapital tendenziell global, während Arbeit und dingliches Kapital tendenziell lokal sind. Das finanzielle Kapital kann Besitzer und Orte innerhalb von Sekunden wechseln. Arbeit und physisches Kapital nicht. Außerdem nimmt der Wert des dinglichen Kapitals häufig durch den Gebrauch ab, während sich der Wert des finanziellen Kapitals (außer durch Inflation) durch Gebrauch nicht abnutzt. Im Gegenteil, durch die Mechanismen von Zins und Zinseszins neigt das finanzielle Kapital dazu, im Laufe der Zeit exponentiell zu wachsen, während das dingliche Kapital dazu neigt, begrenzt und endlich zu sein.

Diese strukturellen Unterschiede übertragen sich in einen strukturellen Vorteil des finanziellen gegenüber dem physischen Kapital, der den sich vertiefenden Abgrund zwischen finanzieller und realer Wirtschaft immer tiefer werden lässt. Die Ergebnisse dieser Entkopplung zeigten sich während der Finanzkrise von 2007–2008. Ermöglicht und angetrieben durch die Deregulierung der Finanzbranche während der Reagan- und Clinton-Regierung in den 1980er- und

1990er-Jahren, vergrößerte sich der Abstand zwischen finanzieller und realer Wirtschaft dramatisch, wie die folgenden Daten exemplarisch verdeutlichen:

1) *Die Finanzblase.* 2006 berechnete das McKinsey Global Institute (MGI), dass die globalen Finanzmärkte darum kämpften, Investitionsmöglichkeiten für 167 Billionen US-Dollar in globaler »Liquidität« zu finden.[96] Diese Summe war beispiellos, sie ist fast 3,5 Mal so groß wie das damalige globale Gesamt-BIP von 52 Billionen US-Dollar. Robert Kimmit, damals stellvertretender US-Finanzminister, schätzte die Zahl auf 190 Billionen US-Dollar.[97]
2) *Die Profitblase.* Es besteht eine wachsende Kluft zwischen den Profiten des Finanzsektors und denen der übrigen Wirtschaft. Die Gewinne des Finanzsektors stiegen in der ersten Dekade dieses Jahrhunderts von etwas weniger als 16 Prozent der inländischen Unternehmensgewinne (1973–85) auf 41 Prozent.[98] Dieser Anstieg spiegelt die Vorteile wieder, die der Finanzsektor gegenüber der Realwirtschaft hat, aber ein höchst profitabler Finanzsektor in einer Realwirtschaft mit schrumpfender Gewinnbasis ist nicht nachhaltig. Die Kapitalrendite muss in der Realwirtschaft verdient werden. Wenn also der Finanzsektor so viel profitabler ist, wird dieser Profit durch eine Blase erzeugt, die irgendwann platzen wird und für die die Realwirtschaft zahlen muss.[99]
3) *Die Vergütungsblase.* »Von 1948 bis 1979«, sagen Simon Johnson und James Kwak, »war die durchschnittliche Vergütung im Banksektor im Grunde die gleiche wie im privaten Sektor [...] bis 2007 der durchschnittliche Bankangestellte doppelt so viel verdiente wie der durchschnittliche Arbeitnehmer im privaten Sektor.«[100] Doch was einen Sturm der Entrüstung in der Öffentlichkeit auslöst, sind die Bonuszahlungen an Investmentbanker. Im Jahr 2008 schüttete Wall Street 18 Milliarden US-Dollar an Boni an ihre Angestellten in New York City aus – im selben Jahr, in dem die Banken ein staatliches Rettungspaket in Höhe von 243 Milliarden US-Dollar erhalten hatten.[101]

Die Kluft zwischen einem Finanzkapital in Höhe von 190 Billionen US-Dollar, das nach höchst profitablen Investitionsmöglichkeiten sucht, und einer Realwirtschaft und einem sozialen Sektor ohne Zugang zu Finanzkapital, das für Betrieb und Wachstum erforderlich ist, bildet den Kern der weltweiten wirtschaftlichen Krise.[102] In Zusammenhang damit steht das an früherer Stelle erörterte Problem, dass Devisentransaktionen im Wert von 1,5 Billiarden US-Dollar den internationalen Handel um einen Faktor von 75 in den Schatten stellen.[103] Die Folgen dieses Problems spiegeln sich in allen Dimensionen der drei Abgründe (ökologisch, sozial, kulturell-spirituell). Außerdem kämpft die Realwirtschaft mehr und mehr darum, mit Gewinnerwartungen zu konkurrieren, die eine künstlich aufgeblasene Finanzwirtschaft allen übrigen Wirtschaftsakteuren aufzwingt. Kleine und mittelgroße Firmen ringen um den Zugang zu Krediten, obwohl sie es sind, die die meisten der heute dringend benötigten neuen Jobs schaffen.

Das Ergebnis? Diese Situation ist vergleichbar mit einem Kreislaufsystem, das das gesamte Blut in den Kopf pumpt und die anderen Organe verkümmern lässt. In diesem System steckt ein Fehler, der behoben werden muss. Geld leistet für die Wirtschaft, was das Blut für den menschlichen Körper leistet: Es hält das System in Bewegung, in Verbindung und am Leben. Wenn dieses Kreislaufsystem nicht mehr funktioniert, bedeutet das, dass die Gesundheit der gesamten Wirtschaft gefährdet ist.

Die 3.0-Reaktion auf diese Krisen besteht in einer noch stärkeren und besseren Regulierung, wozu u. a. gehört: 1. Begrenzung der Bankengröße, damit sie nicht länger in der Lage sind, ein Land zu erpressen (weil sie »zu groß sind, um zu scheitern«), 2. Regulierung der Finanzprodukte (Begrenzung von Derivaten), 3. Besteuerung spekulativer Finanztransaktionen und 4. eine Trennung des Kerngeschäfts der Banken von dem Investitionsgeschäft, sodass riskante Investitionen die Kerndienstleistungen der Banken, insbesondere Kredite an kleine und mittlere Unternehmen und Innovatoren, nicht mehr gefährden.

Doch diese Regulierungen kratzen kaum an der Oberfläche des tiefer liegenden Problems und der Mythen, die uns davon abhalten, die neue Realität von Kapital und Geld zu erkennen.

Auf der Suche nach 4.0

Wir brauchen einen ernsthaften Diskurs über die Rolle von Kapital und Geld in der Wirtschaft des 21. Jahrhunderts. Um diesen Diskurs anzustoßen, präsentieren wir im Folgenden vier Thesen. Diese vier

Thesen stellen bestimmte Elemente der herrschenden Meinung, die uns an einem alten Denkrahmen festhalten lässt, infrage.

1) *Das Finanzsystem ist zu effizient.* Das Hauptproblem unseres derzeitigen Finanzsystems ist laut Bernard Lietaer, Autor von *The Future Money*, dass es zu effizient ist.[104] Es konzentriert sich zu ausschließlich auf eine kurzfristige finanzielle Profitabilität, ohne Bewusstsein für die negativen Nebenwirkungen auf die Menschen und unseren Planeten. Das Ergebnis dieses Systems ist eine Wirtschaft, die unsere Unternehmen in Maschinen verwandelt, die dazu gemacht sind, finanzielle Gewinne und negative Externalitäten von beispielloser Größenordnung zu erzeugen, was die langfristige Gesundheit, Resilienz und Überlebensfähigkeit des Systems gefährdet. Im Gegensatz zu den Märkten in der Realwirtschaft handelt der Finanzsektor mit einem Gut, das ein legales Konstrukt ist und folglich anderen Regeln folgt als jenen, die für andere Waren und Dienstleistungen in der Wirtschaft gelten. Die Richtlinie »Was gut für den Finanzsektor ist, ist gut für das ganze Land und die ganze Wirtschaft« oder im Fall der Vereinigten Staaten »Was gut für Wall Street ist, ist gut für Amerika«, ist nicht zutreffend, wie schmerzlich durch die finanziellen Zusammenbrüche zwischen 2007 und Ende 2009 deutlich wurde, als Kapital im Wert von etwa 50 Billionen US-Dollar[105] zerstört und weltweit ca. 30 Millionen Arbeitsplätze vernichtet wurden.[106] Anstatt die Effizienz eines finanziellen Dienstleistungssektors zu verbessern, der Gewinne macht, indem er eine Blase nach der anderen erzeugt, brauchen wir einen effektiveren Finanzmarkt, der den Bedürfnissen der Realwirtschaft *dient*.
2) *Geld ist nicht dasselbe wie Kapital.* Kapital ist eine unternehmerische Fähigkeit, die die Wirtschaft erneuert und entwickelt und den transformativen Prozess der Wertschöpfung antreibt. Finanzkapital ermöglicht Unternehmern, eine Idee in die Tat umzusetzen: Es ermöglicht ihnen, Mitarbeiter einzustellen, ein Produkt herzustellen, das sie entwickelt haben, und die Infrastruktur zu erzeugen, die zur Aufrechterhaltung eines Unternehmens erforderlich ist. Wie von dem Ökonomen Joseph Schumpeter beschrieben, ist dieser Prozess eine »schöpferische Zerstörung.«[107] Was treibt ihn an? Nach Schumpeters Auf-

fassung der Unternehmer oder die Unternehmerin. Schumpeter war der Ansicht, dass der Kapitalismus sich schließlich selbst zerstören würde, weil er die unternehmerischen Köpfe aus den immer größeren und bürokratischeren Unternehmen ausgrenzt.[108] Auch wenn sein Verständnis von Unternehmern vielen aus der Seele spricht, gibt es eine noch tiefer liegende Kraft, die die unternehmerische Aktivität und Wertschöpfung auf allen Sektoren der Gesellschaft antreibt. Das ist die Kraft der *Kreativität*: individuelle und kollektive Kreativität, die unserer Ansicht nach die stärkste Quelle aller Kapital- und Wertschöpfung ist.

Die Neugestaltung einer Finanzwirtschaft nach der Blase verlangt von uns, dass wir den Geldfluss so umgestalten, dass er der Verwirklichung unserer kreativen Ressourcen in allen gesellschaftlichen Sektoren *dient*. Wir müssen unsere Geld- und Kapitalflüsse so umgestalten, dass sie nicht mehr blind für Externalitäten arbeiten, sondern sich der Externalitäten bewusst sind. Mit anderen Worten, die Wirtschaft muss sich von 3.0 zu 4.0 bewegen.

3) *Geld ist keine Ware*. Eine 2010 in Großbritannien durchgeführte Umfrage kam zu dem Ergebnis, dass 66 Prozent der befragten Personen nicht wussten, auf welche Art und in welchem Ausmaß ihr Girokonto von ihrer Bank genutzt wird.[109] Trotz der Bedeutung Londons als globalem Finanzzentrum ist die Funktionsweise des monetären Systems für die meisten Menschen eine Blackbox. Ein Großteil unseres derzeitigen Bankensystems basiert auf der Überzeugung, dass Geld eine Ware sei. Um diesen Mythos zu stürzen, wollen wir einen kurzen Ausflug in die Geschichte des Geldes machen – ein Drama in vier Akten, das den ökonomischen Paradigmen von 1.0 bis 4.0 folgt:

Prolog (0.0): dinglich. Ursprünglich hatte »Geld« unterschiedliche dingliche Formen, wie Korn, Silber, Gold oder Salz – materielle Objekte, die einen Wert an sich hatten.

1. Akt (1.0): repräsentativ. Geld bewegt sich von dem dinglichen Wert des Goldes oder Silbers zu einem repräsentativen Wert: Es steht für ein legales oder soziales Konstrukt, das auf dem Vertrauen beruht, dass die wirtschaftlichen Akteure die Repräsentation als vereinbarte Form der Bezahlung akzeptieren.

2. *Akt (2.0): Ware.* Geld wird eine Marktware. Das geschieht, wenn Privatbanken anfangen, Geld mit dem primären Zweck der Gewinnerzielung zu erzeugen. Obwohl dies zunächst mehr Geld in die Wirtschaft fließen lässt und dadurch das Wachstum und die Entwicklung antreibt, beginnen die Finanz- und die Realwirtschaft früher oder später, sich zu entkoppeln.
3. *Akt (3.0): regulierte Ware.* Als Ware verwandelt sich Geld in ein Mittel für die Erzeugung finanzieller Blasen. In dem Moment, in dem die Blase platzt, gerät die Realwirtschaft ins Straucheln, und alle bezahlen den Preis dafür. Die Antwort auf diese Krise sind Regulierungen wie der Glass-Steagall Act von 1933, der auf den Zusammenbruch des Aktienmarktes im Jahr 1929 folgte, und Basel III, was auf den Marktzusammenbruch von 2007–2008 folgte. Der Markt geht mit Geld als regulierter Ware um. Regulierungen sollen dafür sorgen, dass sich die Fehler der Vergangenheit nicht wiederholen. In dieser Hinsicht sind sie effektiv. Die Schwäche der meisten Regulierungen ist, dass der Blick nur in eine Richtung geht – in die Vergangenheit. Sie beheben das Problem der Blase von gestern, sind aber für gewöhnlich nicht in der Lage, die nächste Blase vorherzusehen.
4. *Akt (4.0): intentionales Geld für die Entfaltung der Kreativität.* Dieser Akt in der Geschichte des Geldes wird gerade noch geschrieben. Er betrifft den Gebrauch des Geldes, um *intentionale kollektive Kreativität* zu erreichen. Die Geschichte des Geldes ist eine Geschichte des Bewusstseins; das heißt, sie ist eine Geschichte wachsender Bewusstseins- und Intentionsgrade. Dingliches Geld (0.0) hat seinen eigenen intrinsischen Wert. Repräsentatives Geld (1.0) erhält seinen Wert durch ein soziales Konstrukt, auf das sich die ökonomischen Akteure geeinigt haben. Geld als Ware (2.0) wird von einigen Akteuren (den Bankern) mit größerer Intentionalität eingesetzt, aber leider nicht von anderen Teilnehmern des ökonomischen Prozesses. Regulierung (3.0) erhöht die Anzahl der Stakeholder, die den systemischen Gebrauch des Geldes auf intentionale Weise gemeinsam gestalten. Die Entstehung der Nachfrageseite oder keynesianischen Ökonomie ist ein gutes Beispiel für diese Denkschule: Man lässt die systemischen Merkmale des Geldes zum Wohl des Ganzen arbeiten. Doch viele Akteure bleiben von diesem Prozess ausge-

> schlossen. Geld 4.0, das noch nicht existiert, würde die Möglichkeiten aller ökonomischen Akteure dahin gehend maximieren, dass sie die systemische Verwendung des Geldes mit größerer Intentionalität und Kreativität gemeinsam gestalten können.

Der Hauptzweck von Geld 4.0 und Kapital 4.0 besteht darin, die *Hervorbringung des Geldes wieder mit der unternehmerischen Intention in unseren Gemeinschaften zu verbinden.* Die Aufgabe allen Geldes und aller finanziellen Mechanismen liegt darin, der Realwirtschaft zu dienen – das heißt, dem Wohl aller zu dienen, indem ein Feld individueller und kollektiver Kreativität geöffnet wird. Geld und Kapital sind Vorbedingungen in unserer Wirtschaft für die Erzeugung von Produkten und Dienstleistungen. Dennoch sind Geld und Kapital selber keine Produkte (oder Waren). Das heißt, dass wir ihre Kontrolle und Verwaltung gezielter mit den Bedürfnissen und Systemen verknüpfen müssen. Welche Arten von Geld und Finanzierung braucht die Wirtschaft und damit die Gesellschaft? Und wie können wir allen Gruppen und kreativen Menschen in der Gesellschaft Zugang zu Kapital eröffnen – insbesondere der nächsten Generation von Unternehmern?

Das Problem mit Wall Street ist nicht nur, dass eine deutlich stärkere Regulierung notwendig ist, sondern dass unsere Finanzinstitutionen in einer entstehenden 4.0-Welt mit einer 2.0-Denkweise und den dazugehörigen Instrumenten operieren. Das Hauptproblem ist nicht die Gier einiger einzelner Banker, sondern das Design des Gesamtsystems. Ein Finanzsystem für das 21. Jahrhundert muss so gestaltet sein, dass es sich an Prinzipien wie Fairness, Inklusivität, Transparenz und Effektivität für die Realwirtschaft orientiert – keines dieser Elemente gehört bislang zum Design unserer heutigen Finanzsysteme.

Ein System 4.0 zielt darauf, diese Prinzipien umzusetzen. Geld- und Kapitalströme würden von der 190-Billionen-Dollar-Blase des Profit suchenden Kapitals abgezogen und in jene Bereiche der Gesellschaft umgelenkt, die heute unterfinanziert sind – im Grunde die gesamte *regenerative* Seite der Wirtschaft: Innovation, Bildung, Gesundheit, Nachhaltigkeit und die ökologischen, sozialen und kulturellen Gemeingüter.

Geld 4.0 erfordert nicht nur Regulierung, sondern ein Bewusstsein für das entstehende Ganze eines gegebenen Wirtschaftssystems und eine Verbindung dazu. Einige erste Beispiele für diesen neuen Typ Banken sind die GLS-Bank in Bochum, die Triodos-Bank in den Niederlanden oder die BRAC-Bank in Bangladesch. Die GLS- und Triodos-Bank garantieren ihren Kunden, dass ihre Einlagen in ökologische, soziale oder kulturelle Projekte investiert werden. Dadurch, dass die Kreditnehmer veröffentlicht werden, sieht der Anleger, wohin das Geld fließt. Die BRAC-Bank, die drittgrößte Bank in Bangladesch, wurde 2001 mit dem Ziel gegründet, der »fehlenden Mitte« zu dienen – d. h. mittelgroßen Unternehmen, die dringend benötigte Jobmöglichkeiten schaffen und die die Erfolge von Mikrokrediten weiterführen können. Diese Banken entwickeln Finanzprodukte, die Herausforderungen ihrer Gesellschaften in Angriff nehmen, so z. B. Finanzwerkzeuge für erneuerbare Energien; Kredite für Unternehmer, die immer noch hauptsächlich mit Bargeld arbeiten; und Telefonbankingsysteme, die Familien in entlegenen ländlichen Gebieten ermöglichen, Cash-Transfers von Verwandten aus dem Ausland zu erhalten. All diese Innovationen sind Beispiele für einen Finanzsektor im Dienste der Realwirtschaft.

4) *Geld ist nicht gleich Geld.* Jeder Geldtransfer ist nicht nur ein technischer Vorgang, sondern kommt in der Realwirtschaft durch eine von vier Aktivitäten zum Ausdruck:[110]
   a) *Das Tätigen einer spekulativen Transaktion.* Spekulative Transaktionen halten das Geld im Finanzsektor, ohne es zurück in die Erneuerung ökologischer, sozialer oder kultureller Gemeingüter zu führen. Spekulation resultiert in der Erzeugung von Finanzblasen, die – sobald sie platzen – der Realwirtschaft schaden und nicht nützen.
   b) *Das Tätigen eines Kaufs.* Eine Ware oder Dienstleistung zu kaufen ist eine wirtschaftliche Transaktion, zeitlich und räumlich eindeutig definiert. Wenn beide Seiten einem Transfer zustimmen, ist die Transaktion abgeschlossen.
   c) *Das Vergeben eines Kredits.* Die Verwendung von Geld für eine Kreditvergabe hat eine andere Qualität als ein Kaufgeschäft. Wird der Kreditnehmer fähig sein, den Kredit zu tilgen? Was ist der Zweck des Kredits? Ist der Kreditnehmer in der Vergangenheit erfolgreich gewesen? Gibt es einen Markt und eine Nachfrage für die unternehmerische Idee? Wie lange wird es dauern? Ein Kredit (1) verlängert den Zeithorizont der Transaktion; (2) basiert auf einer Analyse des

Kreditnehmers und des Verwendungszwecks des Geldes; (3) erfordert eine Einschätzung der künftigen Fähigkeit des Kreditnehmers zur Zurückzahlung des Kredits. Das deutet auch darauf hin, dass ein reiner Konsumkredit nur begrenzt sinnvoll ist, weil er eine Vorwegnahme eines zukünftigen Konsums darstellt und die Investition keinen Profit hervorbringt.

d) *Ein Geschenk machen.* Schenkgeld wird im ökonomischen Diskurs häufig übersehen. Wir schenken unseren Kindern die Möglichkeit, heranzuwachsen, evtl. eine Ausbildung oder spenden für wohltätige Zwecke. Wir erwarten keine finanzielle Gegenleistung, sondern Ziel dieses Geschenkes ist es, den anderen zu befähigen, sein Potenzial zu entfalten. Schenkgeld spielt eine wichtige regenerative Rolle in einem ökonomischen System, die oft übersehen wird.

Aus Sicht der Empfänger erzeugen diese vier Formen von Finanztransaktionen sehr unterschiedliche Fußabdrücke in der Realwirtschaft: a) Viele der spekulativen Transaktionen schaden der Realwirtschaft auf lange Sicht, da sie Instabilität und Depressionen auslösen können; b) bei einem Kauf muss der Verkäufer genau das liefern, was der Kunde will und braucht, und damit ist diese Geldtransaktion definiert und begrenzt; c) bei einem Kredit steht es dem Kreditnehmer frei, das Geld für die Verwirklichung einer unternehmerischen Idee zu nutzen; d) ein Geschenk befähigt den Empfänger, in die Zukunft zu investieren, ohne durch kurzfristige Profitabilitätserwartungen eingeschränkt zu sein, und gewährt damit eine große Freiheit. Im Gegensatz zur herrschenden Meinung erzeugt Schenkgeld auf lange Sicht häufig die höchste Produktivität, weil es den Empfängern erlaubt, die entstehende Zukunft umfassend zu erspüren und zu realisieren, anstatt die Erwartungen von Geldgebern oder anderen Stakeholdern erfüllen zu müssen, die tendenziell von Ansichten und Kriterien der Vergangenheit angetrieben werden.

Das tiefere strukturelle Problem unserer heutigen Finanzkrise fällt in zwei Kategorien: Zum einen fokussiert sich die meiste Aktivität auf die Ebene 1 des Geldes: in der spekulativen Sphäre der *fiktiven* Wertschöpfung. Und zum zweiten gibt es zu wenig Aktivität auf Ebene 4 des Geldes: in der Geschenkökonomie, die eine neue Art von Unternehmern dazu befähigen könnte, eine Wirtschaft mit einer Intention zu regenerieren, die sich am Wohlergehen des Ganzen orientiert. Kurz: Wir müssen Geld von Ebene 1 (der Egosphäre der Spekulation) auf Ebene 4 (die Ökosphäre gesellschaftlicher Erneuerung) verschieben.

Wirtschaftstheorien heben zu Recht die Bedeutung von Investitionen und die strukturelle Bedeutung von Krediten für Innovationen und Unternehmertum hervor. Was moderne Wirtschaftstheoretiker weniger diskutieren, ist die sogar noch höhere Produktivität der Geschenkwirtschaft und der toxische Einfluss einer überdimensionierten Casinowirtschaft, die von Spekulation angetrieben wird, anstatt der Entwicklung der Realwirtschaft zu dienen. Bemerkenswerte Ausnahmen wie Amartys Sen, Joseph Stiglitz, Juliet Schor, Paul Krugman, Raghuram Rajan, Riane Eisler und Simon Johnson bestätigen diese Regel.

Das bezeichnen wir als co-kreative Ökosystem-Ökonomie; sie umfasst kontinuierliche Reinvestitionen des Geldes vom Finanzsektor in nicht-finanzielle Formen der Kapitalbildung, das heißt in natürliches, menschliches, soziales und kulturell-kreatives Kapital. Eine bessere Balance zwischen diesen Sphären der monetären Aktivität bildet den Kern des Finanzsystems 4.0.

Unsere Zukunft sehen: Kollektiv kreatives Kapital

Die hier erörterten Ideen sind keine abstrakten Ideale in einer weit entfernten Zukunft. Diese Ideen werden bereits an vielen Orten umgesetzt und experimentell erprobt. Hier einige Beispiele:

GLS-Bank und Triodos-Bank

Wie an früherer Stelle erwähnt, bieten die GLS-Bank und die Triodos-Bank Beispiele dafür, wie ein entstehendes 4.0-Modell einer Finanzinstitution aussehen könnte. Beide Banken finanzieren ausschließlich ökologische, soziale und kulturelle Unternehmungen und Projekte und ermöglichen so ihren Kunden, dass deren Geldanlagen in Veränderungsprojekte fließen, die sie für wichtig erachten. Die Transparenz dieser Arbeitsweise erlaubt eine bewusste Geldanlage, die im Einklang mit der Intention der Kunden steht. Ziel ist, dass das Geld der Realökonomie und der Gesellschaft dient.

BRAC-Bank

BRAC, die NGO, ist fast jedem Bangladeschi bekannt. Gegründet 1974 arbeitet BRAC zurzeit weltweit in zehn Staaten. In Bangladesch haben 5 Millionen Kinder an den 32 000 BRAC-Schulen einen Abschluss gemacht; das BRAC-Gesundheitsprogramm erreicht 92 Millionen Menschen, und seit 1974 hat BRAC einen Mikrofinanzsektor aufgebaut, der ganz Bangladesch ebenso wie acht anderen Ländern zugutekommt. Man hat allerdings erkannt, dass Mikrofinanzierung nicht ausreicht. Um erfolgreich arbeiten und wachsen zu können, brauchen die Unternehmer Kredite, die über die Mikrofinanzierung hinausgehen. Die Gründer der NGO beschlossen, die BRAC-Bank zu gründen, um dieses Marktsegment zu bedienen, das von konventionellen Banken vernachlässigt wird, weil diese hauptsächlich auf kosteneffiziente Großkredite konzentriert sind, die in einem standardisierten Kreditbewerbungsprozess vergeben werden können. Dazu musste die BRAC-Bank ein neues Geschäftsmodell entwickeln, das ihr ermöglicht, kleine Unternehmungen und Unternehmer zu erreichen, die noch keine Bankverbindungen haben. Diese Unternehmen sind es, die neue Jobs schaffen und damit Armut bekämpfen.[111]

Komplementärwährungen

Komplementäre Währungen sind lokale und regionale Währungen, die eine nationale (oder regionale) Währung ergänzen. Ein Beispiel ist der Chiemgauer, eine lokale Währung, die man 2003 in Süddeutschland einführte, um den lokalen Handel zu fördern. Dieses Projekt hat 2700 Teilnehmer, einschließlich 750 Unternehmen. Ein weiteres Beispiel ist das Local Exchange Trading (LET) System, das in den 1980er-Jahren in Kanada gegründet wurde. Ähnliche Systeme bestehen in über fünfzehn Ländern. In Japan beteiligen sich etwa 570 Mitglieder an einer lokalen Währung, dem sogenannten *kurin*.[112]

Der Hauptzweck all dieser Initiativen besteht darin, die lokale Wirtschaft zu stärken, indem man ein System schafft, das lokale und regionale wirtschaftliche Transaktionen unterstützt. Die Währung wird nur von lokalen Unternehmen akzeptiert, und weil die Währung außerhalb der Region nicht akzeptiert wird, besteht der Anreiz, sie schneller auszugeben als die nationale Währung. Das Ergebnis ist ein Anstieg der lokalen Transaktionen.

1932 führte das kleine österreichische Städtchen Wörgl ein bekanntes Experiment mit Komplementärwährungen durch: Konfrontiert mit Hyperinflation und hoher Arbeitslosigkeit gab der Bürgermeister der Stadt, Michael Unterguggenberger, eine lokale Währung heraus, die die Bürger nutzen konnten, um für Investitionen in die örtliche Infrastruktur zu bezahlen. Das führte dazu, dass neue Arbeitsplätze entstanden und die lokale Wirtschaft sich stabilisierte. Als das Modell allmählich von anderen Städten nachgeahmt wurde, griff die Zentralregierung ein und verbot die lokalen Währungen mit der Begründung, dass nur nationale Regierungen zur Herausgabe von Währungen berechtigt seien.

Die Experimente mit Komplementärwährungen sprechen dafür, dass sie um so besser funktionieren, je stärker sie in eine funktionierende lokale Struktur eingebettet sind und je mehr die Wirtschaft allgemein in einer Krise (wie 1932) steckt. Von daher kann man Komplementärwährungen als Investition in die Resilienz eines Systems betrachten.

Schlussfolgerung: Die Reintegration des Kapitalkreislaufs

Die wichtigste Herausforderung, vor der wir heute stehen, betrifft die große Kluft zwischen der Real- und der Finanzwirtschaft. Was diese Kluft hervorbringt, ist unter anderem unser Denkmodell, d. h., wie wir über Geld und Kapital denken. Die herkömmliche Vorstellung von Geld und Kapital ist durch vier Mythen geprägt: 1. Effiziente Finanzmärkte sind gut für die Wirtschaft; 2. Kapital ist Geld; 3. Geld ist eine Ware; 4. Geld ist gleich Geld. Oberflächlich betrachtet scheint jede These Sinn zu ergeben. Doch bei genauerer Betrachtung erweist sich jede dieser Thesen als problematisch. Was wir stattdessen brauchen, ist Folgendes:

1) Neue Instrumente, die es erlauben, die wirtschaftlichen und sozialen Veränderungen der vier Formen der Geldtransaktion (Spekulieren, Kaufen, Leihen und Schenken) darzustellen und so die Transparenz und das Bewusstsein für die Ergebnisse einer Investition zu stärken;
2) Ein Kapitalkonzept, das Kapital wieder mit seinem Ursprung verbindet: mit der kollektiven Kreativität aller Akteure in einer Wirtschaftsgemeinschaft;
3) Ein Geldkonzept, das die Warenfiktion aufhebt und die Schaffung von Geld transparent macht und in Einklang mit der unternehmerischen Intention in einer Gemeinschaft bringt;

4) Eine gesündere Balance zwischen den vier Sphären von geldbezogenen Aktivitäten, durch die Abschaffung von Ebene 1 (die Casinowirtschaft) und die Stärkung von Ebene 4 (die Geschenkwirtschaft), um mehr Menschen zu ermöglichen, ihr volles unternehmerisches Potenzial zu erschließen und zu verwirklichen.

Eine Ökonomie 4.0 würde auch die individuellen Intentionen aller Akteure mit einer gemeinsamen Intention verbinden. Einzelne Beispiele für Finanzinstitutionen, die angefangen haben, auf diese Weise zu arbeiten, gibt es bereits, aber im größeren Zusammenhang beeinflussen sie zurzeit nur einen sehr kleinen Bruchteil des insgesamt eingesetzten Kapitals. Die Global Alliance for Banking on Values, ein Netzwerk von fünfundzwanzig Banken, deren Geschäftsmodell ist, dass ihre Finanzierungen dem gemeinsam angestrebten sozialen Wandel dienen, setzt hier ein positives Beispiel.

4) Technologie: Die Reintegration von Technik und kollektiver Kreativität

Jede ökonomische Wertschöpfung umfasst die Anwendung von Wissen und Technik. Das gilt für die Landwirtschaft ebenso wie für die industrielle und postindustrielle Produktion. Obwohl technische Werkzeuge das Leben der Menschen entscheidend verbessert haben, haben technische Systeme in den letzten Jahrzehnten auch Probleme erzeugt.

Der Weg von 1.0 zu 3.0: Werkzeuge, Maschinen und Systeme

Technik entwickelt sich in Wellen (siehe Tab. 3). Die erste Welle kam in Gestalt von Werkzeugen (1.0). Der Mensch entwickelte Werkzeuge, die ihm erlaubten, seine körperlichen Fähigkeiten besser einzusetzen. Einfache Beispiele sind hier die Axt, die Schaufel, der Pflug oder das Messer.

Die zweite Technikwelle kam in Gestalt von Maschinen (2.0). Die Dampfmaschine, die Eisenbahn und Erfindungen in der Textil- und Stahlindustrie förderten eine ganze Reihe von miteinander zusammenhängenden Maschinen, die die erste industrielle Revolution anfachten und die körperliche Arbeit durch kohlebetriebene Maschinen ersetzten. Diese Maschinen machten es möglich, dass Produktivitätsraten explosionsartig in die Höhe schossen.

Die nächste Welle kam in Gestalt der zweiten industriellen Revolution (ölbasierte Energie, der Verbrennungsmotor, die petrochemische Industrie) und stellte die verarbeitende Industrie von einzelnen Maschinen auf eine systemzentrierte automatisierte Produktion um. Auch wenn einzelne Maschinen immer noch von Menschen bedient werden mussten, wurden in der 3.0-Welt viele Arbeiter durch die Automatisierung in Form eines mathematischen Algorithmus ersetzt. Die heutigen automatisierten Fertigungsstraßen in der Autoherstellung sind ein eindrucksvolles und faszinierendes Beispiel für diese 3.0-Welle fortgeschrittener Herstellungstechnik.

Die Imperative der industriellen Systemwelt fingen an, wie der deutsche Soziologe Jürgen Habermas es formulierte, »die Lebenswelt zu kolonialisieren«, das heißt die menschliche Lebens- und Arbeits*erfahrung.*[113] Der Hauptimpetus der 3.0-Technologien liegt in einer systemzentrierten Sichtweise, bei der funktionale Spezialisten die Schlüsselalgorithmen des Ganzen steuern, während sich Massen von Usern in diesen Systemen häufig ohnmächtig und unfähig fühlen, die Grundspezifikationen des Designs zu ändern. Man denke nur an die automatisierten »Kundendienst«-Systeme von Großunternehmen, die uns vier Mal dieselbe Information wiederholen lassen, bevor wir einen echten Menschen an die Strippe bekommen – *so* fühlt sich systemzentriert an. Massenproduktion und Massenkonsum durchdringen alle Bereiche der Gesellschaft.

Die vierte Welle technischer Innovationen ist schließlich im Begriff, eine weitere industrielle Revolution auszulösen, die ICT (Information Communication Technology) mit erneuerbaren Energien, dem intelligenten Netz und bewusstseinsorientierten sozialen Technologien verbindet – eine eher menschenzentrierte Wende in Produktion und Gebrauch. So wie 2.0-Maschinen die Dominanz von 1.0-Werkzeugen durch Energieantrieb veränderten und die automatisierten Systeme 3.0 die Dominanz von 2.0-Maschinen durch die Anwendung von mathematischen Algorithmen verwandelten, sehen wir jetzt, wie 4.0-Technologien allmählich die Dominanz der alten systemzentrierten Technologien verändern.

Wir bezeichnen diese beginnende vierte Welle als *menschen-* oder *lebenszentrierte* Technologie, weil sie um die Ermächtigung individueller und kollektiver menschlicher Erfahrungen angeordnet ist: das heißt um den Kernprozess der Bewusstwerdung und der Handlungen, die daraus erwachsen. Angewendet auf die Technik bedeutet dies, dass sich der Ort der technischen Erfindungen von der Optimierung abstrakter Systeme zur gemeinsamen Gestaltung eines schöpferischen menschlichen Prozesses verschiebt, der dazu führt, dass sich die Erfahrungen, die die Menschen mit dem System, miteinander und mit sich selbst machen, verändern.

Die reale disruptive Veränderung hat wenig mit Cloud Computing oder schnellerer Datenverarbeitung zu tun, sondern ist der Umschwung von der Optimierung abstrakter systemischer Funktionen oder »systemischer Imperative«, um mit Habermas zu sprechen, zur Schaffung *eines gemeinsamen Feldes menschlichen Bewusstseins,* das eine neue Art von Unternehmertum fördert, bei dem *das Handeln aus dem entstehenden Ganzen hervorgeht.*[114] Diesen transformativen Weg bezeichnen wir als U-Prozess.

Jeremy Rifkin betrachtet die Konvergenz von ICT, Biotechnik, Nanotechnik, erneuerbaren Energien und intelligentem Netz als dritte industrielle Revolution.[115] So wie frühere Technikwellen eine ökonomische Sphäre entstehen ließen, die die mechanischen (1.0), motorischen (2.0) und systemischen (3.0) Funktionen des Menschen spiegelt und verstärkt, liegt der Fokus unserer derzeitigen technischen Innovationen offenbar darauf, die kognitiven und kommunikativen Funktionen (4.0) zu duplizieren und zu erweitern. Angesichts der sich verstärkenden Verbindungen zwischen Menschen und Maschinen und zwischen Maschinen und Maschinen, stellt sich die Frage, wohin uns diese Reise führt.

Warum die Zukunft uns nicht braucht

Ein in diesem Zusammenhang diskutiertes Szenario wurde durch den Film *Matrix* populär – eine von Maschinen beherrschte Zukunft. Einige Jahre nach Erscheinen der *Matrix*-Trilogie erinnerte Bill Joy, damals Chefwissenschaftler bei Sun Microsystems, in seinem brillanten Artikel »Why the Future Doesn't Need Us« daran, dass die Maschinenherrschaft nicht nur eine Fiktion ist: »Die wirkungsvollsten Technologien des 21. Jahrhunderts könnten den Menschen zu einer bedrohten Tierart machen.« Er führt weiter aus: »Die Erfahrungen der Atomwissenschaftler zeigen deutlich, dass wir persönliche Verantwortung übernehmen müssen, dass wir vom Lauf der Dinge überrollt werden können und dass ein Prozess ein Eigenleben entwickeln kann. Wie die Atomwissenschaftler könnten wir in null Komma nichts unüberwindliche Probleme schaffen. Wir müssen im Vorfeld gründlicher nachdenken, wenn wir nicht auf die gleiche Weise von den Folgen unserer Erfindungen überrascht und geschockt werden wollen.«[116]

Auf der Suche nach 4.0

Was wäre erforderlich, damit Technik 3.0 (systemzentriert) sich zu 4.0 (menschen- und lebenszentriert) bewegt? Hier vier Thesen als Gesprächsanregungen:

1) *Wir müssen den Befreiungsmythos entlarven.* Vor nicht allzu langer Zeit wurde ernsthaft darüber diskutiert, was wir mit der ganzen freien Zeit anfangen sollen, die uns durch die neuen Kommunikations-, Produktions- und Haushaltstechniken zur Verfügung steht. Wenn wir den materiellen Konsumlevel der 1950er-Jahre aufrechterhalten hätten, hätte man nur eine Elf-Stunden-Arbeitswoche pro Person oder Arbeitnehmer gebraucht, um die gleiche Leistung zu erzeugen.[117] Doch unsere gegenwärtige Realität sieht offenkundig völlig anders aus. Unser Leben ist heute hektischer denn je. Wir arbeiten nicht nur länger, sondern es ist auch schwerer geworden, unsere Zeit zu kontrollieren. Jederzeit können wir durch mehrere Kommunikationsgeräte gestört werden. Technik, so viel ist klar, hat nicht nur etwas Befreiendes. Der folgende bedenkenswerte Satz war auf einem Poster abgedruckt, das ein Freund aus Indonesien mitbrachte: *Life was much easier when Apple and Blackberry were just fruits.*

   Stellen Sie sich unsere Aufmerksamkeit und unsere Fähigkeit, die Aufmerksamkeit auf etwas zu richten, als den wertvollen Raum vor, den wir auskosten, schützen und pflegen wollen, weil er die Quelle unserer Kraft und unseres Wohlbefindens ist. In Anbetracht der früheren Ausführungen in diesem Buch wissen wir, wie wichtig Aufmerksamkeit ist. Wie steht es also um den derzeitigen Zustand dieses wertvollen Raums? *Er wird angegriffen!*

   Multitasking ist bekanntlich ein Mythos. Wenn wir viele Aufgaben gleichzeitig erledigen, verkürzen wir lediglich die Zeit, die wir jeder Aufgabe widmen. Technik schafft keine Freiheit. Nur der Mensch. Wir müssen zunächst die Denkweise und das Bewusstsein ändern, mit denen wir die Technik zur Anwendung bringen. Wenn wir die Technik in einer Umwelt 4.0 anwenden, aber mit einer Denkart 3.0, 2.0 oder 1.0 handeln, dann erzeugen wir einfach weiterhin ein Chaos um uns herum – und in uns selbst.

Die Entwicklung und Anwendung fortgeschrittener Technologien bedeutet, dass wir auch das innere Bewusstsein, mit dem wir diese Techniken einsetzen, weiterentwickeln müssen. Wenn wir das tun, dann wird die Technik zu einer Kraft der Befreiung. Wenn nicht, schaffen wir ein Set von systemischen Imperativen und Abhängigkeiten, die ein System um uns herum erschaffen, das uns letzten Endes »nicht braucht«, wie Bill Joy so prägnant formulierte.[118] Zusammenfassend: Ob die Technik zu einer Kraft der Befreiung oder einer Kraft der Abhängigkeit wird, hängt vom inneren Ort ab (von der Qualität der Aufmerksamkeit und des Bewusstseins), von dem aus wir handeln.

2) *Wir müssen den Mythos von der »Technik als Problemlösung« entlarven.* Unabhängig von der gerade zur Debatte stehenden gesellschaftlichen Herausforderung hört man für gewöhnlich zwei Antworten oder Vorschläge für den Umgang damit. Eine Gruppe meint, dass sich das Problem lösen lässt, wenn man es mit neuen Technologien bombardiert. Das ist der Glaube an die »Technik als Problemlösung«. Die andere Gruppe meint, dass Technik vielleicht notwendig, aber nicht ausreichend ist und dass ein tieferer Wandel erforderlich ist. Diese tiefere Veränderung umfasst eine Transformation unseres Denkens und unseres Bewusstseins.

Trotz der vielen Beispiele für ein Versagen der Technik besteht die ungebrochene Überzeugung, dass sie auf magische Weise unsere globalen und lokalen Krisen rund um Wasser, Nahrung, Energie, Gesundheit und Nachhaltigkeit lösen kann. Der große Reiz der These, dass die Technik das Problem beheben wird, liegt darin, dass es so einfach klingt. Eine Reparatur oder Problemlösung erfordert nicht, dass wir tiefer liegende Probleme in Angriff nehmen oder uns auf einen grundlegenden Veränderungsprozess einlassen. Klimawandel? Kein Problem! Wir fahren einfach ein paar geotechnische Geschütze auf, zum Beispiel einen globalen Schutzschild um den Planeten, der die Sonnenstrahlen von der Erde ablenken wird.[119]

3) *Wir müssen die Investitionen in Forschung und Entwicklung wieder mit drängenden gesellschaftlichen Problemen verbinden.* Investitionen in Forschung und Entwicklung betragen heute weltweit etwa 1,2 Billionen US-Dollar. Der Indikator der Bruttoinlandsausgaben für F&E (GERD, *Gross Domestic Expenditures on R&D*) fasst die Forschungs- und Entwicklungsausgaben von Wirtschaft, Regierung, Universitäten und Non-Profit-Organisationen zusammen. Wie vielleicht zu erwarten, finden über 70 Prozent von GERD in Industrieländern statt.[120] Das hat Auswirkungen darauf, welche Technologien und Innovationen entstehen. Dringend benötigte Innovationen, die das Leben in den Entwicklungsländern verbessern könnten, werden zu wenig erforscht. Investitionen in F&E werden durch Rentabilitätserwartungen und/oder durch politische Entscheidungen (zum Beispiel militärische Forschung) angetrieben. Manche Krankheiten werden vernachlässigt und relativ wenig erforscht. Neunzig Prozent der Industrieproduktion im Gesundheitssektor konzentrieren sich auf nicht übertragbare Krankheiten, die in den wohlhabenden Industrieländern vorherrschen, anstatt auf – zum Beispiel – ansteckende Tropenkrankheiten bei sozial schwachen Populationen in den Entwicklungsländern. Diese Ungleichheit erzeugt die sogenannte 90/10-Lücke.[121] Die pharmazeutische Industrie meidet diese Krankheiten, weil die zu erwartende Rendite zu gering ist.
4) *Wir müssen die dritte industrielle Revolution anführen.* Die Technik gehört zu den machtvollsten Kräften unserer Zeit. Doch was ist der Kern von Technologie?

   Dieser Frage ging der deutsche Philosoph Martin Heidegger in seinen Arbeiten nach. Er wies darauf hin, dass die Wurzel des Wortes Technologie auf das griechische Wort *techne,* »Kunst«, zurückgeht. Kunst ist die Realisierung des schöpferischen Prozesses. Von daher führt uns die Quelle der Technologie zur Quelle der Kreativität. Aus diesem Blickwinkel können wir zwei Arten von Technik unterscheiden: Technologien, die (aus der Perspektive des Anwenders) kreativitäts*steigernd* sind, und Technologien, die kreativitäts*mindernd* sind.

   Folgt man dieser Unterscheidung, könnte das grundlegende Kriterium für die künftige öffentliche Politik und für öffentliche Investitionen in Technik folgendermaßen lauten: Verbessert oder erstickt die Anwendung einer spezifischen Technik unsere Kreativität? Verwandeln wir – zum Beispiel – die Technikanwender in passive Empfänger von Inhalten, die andere herstellen, oder ermächtigen wir die Nutzer der Technik, ihre eigenen Inhalte gemeinsam zu gestalten und miteinander zu teilen?

Spielt diese Unterscheidung eine Rolle? Denken Sie darüber nach. Sie rückt die Frage in den Mittelpunkt, ob Technik unser Reservoir an kollektiver menschlicher und Lebenskreativität wertschätzt oder abwertet – und damit letztendlich die ultimative Quelle aller Formen wirtschaftlichen Kapitals.

Unsere Zukunft sehen: Die Freisetzung verteilter gemeinsamer Intelligenz

Wo sehen wir die Saat der Zukunft? Hier einige Beispiele.

Wikipedia

Wikipedia, die jedermann auffordert, sich an der kollektiven Erstellung der Enzyklopädie zu beteiligen, ging im Januar 2001 an den Start. Während des ersten Jahres wurden 20 000 Einträge gepostet. Drei Jahre später überschritt die Zahl der Beiträge die Millionengrenze in 100 verschiedenen Sprachen. Zehn Jahre nach der Gründung stellte Wikipedia 19,7 Millionen Artikel ins Netz und belegte Platz sieben der beliebtesten Websites der Welt.[122] 2002 beschloss Wikipedia, keine kommerzielle Werbung anzunehmen; man entschied sich für eine Stiftung als Rechtsform und stützt sich auf Spenden, um den Betrieb aufrechtzuerhalten. Bei einem der ersten Spendenaufrufe im Jahr 2005 kamen 94 000 Dollar zusammen, bei der Spendensammlung von 2011 16 Millionen Dollar.

Linux

Am 25. August 1991 war Linus Torvalds in Helsinki so frustriert von den bestehenden Betriebssystemen, dass er anfing, sein eigenes zu entwickeln, und dieses System mit folgender E-Mail und Einladung ankündigte:

> Hallo an alle da draußen, die minix benutzen …
>
> Ich mache ein (freies) Betriebssystem (nur ein Hobby, wird nicht groß und professionell wie gnu) für 386 (486) AT clones. Das braut sich seit April zusammen und ist allmählich fertig. Ich freue mich über jedes Feedback zu Sachen, die den Leuten gefallen/missfallen […] Das impliziert, dass ich

> in ein paar Monaten etwas Praktisches auf die Beine stelle, und ich würde gern wissen, welche Features die meisten Leute sich wünschen. Alle Vorschläge sind willkommen, aber ich verspreche nicht, dass ich sie umsetzen werde ☺
>
> Linus (torvalds@kruuna.helsinki.fi)[123]

Zweiundzwanzig Jahre später hat sich das in dieser E-Mail angekündigte Projekt zu einem der erfolgreichsten Betriebssysteme der Welt entwickelt und eine Milliarden-Dollar-Industrie revolutioniert. Wie kam es dazu? Linus' frühe Entscheidung, den gesamten Prozess in einem Open-Source-Format zu entwickeln, ermöglichte allen Entwicklern, den Code für alle Zwecke (kommerzieller und nicht-kommerzieller Art) zu nutzen, ihn an die spezifischen Bedürfnisse der User anzupassen und ihre modifizierten Versionen mit der ganzen Community zu teilen. Dieser Ansatz ermöglichte Linus, sich von einer E-Mail im Jahr 1991 zu einer kooperativen globalen Gemeinschaft zu bewegen, der Entwickler aus fast allen Ländern und Kulturen der Welt angehören. Eine Stiftung verwaltet die Entwicklung und Pflege dieser globalen Gemeinschaft.

Was ist diesen Beispielen gemeinsam? Sie planen und liefern ihre Produkte nicht mehr getrennt vom Verbraucher. Vielmehr schaffen sie eine Plattform, auf der User und Entwickler gemeinsam den Inhalt oder die Produkte (Apps) gestalten. Die User verwandeln sich von Empfängern von Produkten und Dienstleistungen zu deren Co-Schöpfern, Co-Urhebern und auch Co-Usern.

Schlussfolgerung: Technik als Weg zur gemeinsamen menschlichen Kreativität

Im Laufe der Geschichte hat sich die Technik von einem Werkzeug zu einer Maschine und von dort zu einem automatisierten System gewandelt. Heute stehen wir kurz vor der nächsten Welle technischer Innovationen, die uns von systemzentrierten zu menschen- oder lebenszentrierten Technologien führen könnten, die wir gestalten und mit Sinn erfüllen können. Wenn wir diesen Schritt erfolgreich meistern, werden wir die Verwendung von kreativitätsaufwertenden Techniken stärken, die ein gemeinsames Hinspüren, schöpferisches Gestalten und Verwenden fördern.

Was ist dazu erforderlich? Erforderlich sind intentionale schöpferische Initiativen wie diejenige, die Torvalds mit einer einfachen

E-Mail ins Leben rief. Damit solche Initiativen häufiger entstehen und mit größerer Intentionalität und auch Inklusivität vorgehen, brauchen wir unterstützende Räume und Menschen, die sie halten. Diese kreativen Gemeinschaften könnten, wenn sie sich einmal gebildet haben, einen großen Einfluss auf die Entwicklungen dieses Jahrhunderts haben.

5) Führung: Die Reintegration von Führung und zukünftiger Möglichkeit

Wir alle wissen, wie ein Mangel an Führung aussieht: Wir schaffen kollektiv Ergebnisse, die niemand will. Wenn wir unsere Führungsfähigkeit heute nicht radikal erneuern, wird keines der anderen in diesem Buch erörterten Themen irgendeine Chance auf Umsetzung haben.

Der Weg von 1.0 zu 3.0: Peitsche, Zuckerbrot und Normen

Beim Thema Führung ging es im Wesentlichen immer um das Erspüren und die Verwirklichung der Zukunft. Es geht um das Überschreiten der Schwelle und das Eintreten in einen neuen Raum, in eine Zukunft, die anders ist als die Vergangenheit. Die indoeuropäische Wurzel des englischen Wortes *Leadership* ist *leith*, was »weitergehen«, »eine Schwelle überschreiten« oder »sterben« bedeutet.[124] Etwas loszulassen fühlt sich häufig wie sterben an. Dieser tiefe Prozess der Führung, des Loslassens des Alten und des Kommenlassens des Neuen und Unbekannten, des Sterbens und Wiedergeborenwerdens hat sich im Laufe der Menschheitsgeschichte vermutlich nicht wesentlich verändert. Goethe wusste das sehr gut, als er schrieb: »Und so lang du das nicht hast, / Dieses: Stirb und werde! / Bist du nur ein trüber Gast / Auf der dunklen Erde.«[125]

Doch was sich verändert hat, ist die Struktur des kollektiven sozialen Körpers, in dem dieser Prozess sich vollzieht. Wie in Tabelle 3 gezeigt, hat sich dieser soziale Körper von der Struktur einer Einzelpyramide, bei der Führung zentralisiert und hierarchisch ist (1.0), zu einer eher dezentralen, multipyramidenförmigen Struktur entwickelt, bei der Führung durch Delegierung und Wettbewerb (2.0) erfolgt, und sich von dort zu einer eher partizipatorischen, relationalen Netzwerkstruktur gewandelt, bei der viele verschiedene Stakeholder und Interessengruppen verhandeln und sich auf einen Dialog miteinander einlassen (3.0). Das sind die drei Hauptvokabularien der heutigen Führung und Organisation: Dezentralisierung und Wettbewerb; und partizipatorisch-relationale Formen vernetzter Stakeholder-Dialoge.

Das Problem ist, dass keiner dieser Mechanismen adäquat für die Lösung der heutigen Probleme ist. Die Hilflosigkeit, die viele Menschen empfinden, ist ein Symptom für dieses tiefer liegende Problem: Die Sprache unseres Führungsvermächtnisses ist nicht mehr geeignet, um die Herausforderungen unserer Zeit zu bewältigen. Klimakatastrophe, Nahrungsknappheit, finanzielle Oligarchien, Armut – wie reagieren wir auf derartige Probleme mit dem alten organisationalen Wortschatz?

Die harte Antwort lautet: *Wir können es nicht.* Wir brauchen ein neues Vokabular, um mit dem Chaos, in dem wir heute stecken, umzugehen, und einen neuen Führungsprozess, der unterschiedlichsten Gruppen von Akteuren ermöglicht, sich zu verbinden und gemeinsam zu spüren und zu gestalten.

Auf der Suche nach 4.0

Was wäre erforderlich, damit sich ein 4.0-Führungsmechanismus entwickelt, der den wichtigsten Herausforderungen unserer Zeit angemessen wäre und auf der »Quell«-Ebene ansetzt?

Es gibt nur ein einziges wirkliches Führungsproblem auf der Welt

Die primäre Führungsherausforderung unserer Zeit ist die Tatsache, dass unsere ökonomische Realität durch global interdependente Ökosysteme geprägt wird, während die institutionelle Führung im Großen und Ganzen mit einem organisationalen Egosystem-Bewusstsein operiert. Die meisten Führungsfragen laufen auf diesen einen primären Widerspruch hinaus: Wir haben eine objektive ökonomische Realität, die als globales Ökosystem wirkt, und wir haben Einzelpersonen und institutionelle Führungskräfte, die entsprechend ihres institutionellen Egosystem-Bewusstseins ausgerichtet sind. Folglich betrachten sie die Interessen anderer als Externalitäten. Dasselbe Problem wiederholt sich innerhalb von Institutionen: Einzelne Führungskräfte konzentrieren sich auf ihre (normalerweise an Boni gebundenen) individuellen Ziele und ignorieren das Wohl des Ganzen.

Doch was geschieht, wenn die globale Ökosystem-Realität auf eine Führung stößt, die mit Egosystem-Bewusstsein handelt? Drängende Probleme im Hinblick auf die Gemeingüter werden nicht in Angriff genommen. Die Ergebnisse haben wir bei der Erörterung der drei Abgründe im vorangehenden Kapitel aufgezeigt.

Wie können wir eine Realität, die bereits in einer 4.0-Welt läuft (Öko), mit einem Führungsbewusstsein versöhnen, das größtenteils in einer 2.0-Denkwelt (Ego) feststeckt? Diese Versöhnung ist die Essenz der neuen Führungsarbeit, die darin besteht, unseren Organisationen und Stakeholdern dabei zu helfen, sich von Ego- zu Ökosystem-Bewusstsein zu entwickeln, damit sie die Realität unserer global vernetzten Welt einholen.

Bei Unternehmen sind es häufig die NGOs, die den Prozess der Bewusstseinserweiterung von den Grenzen der Organisation hin zum Wohl von Zulieferern, Partnern, Kunden und Gemeinschaften fördern. Man denke nur an den Fall von Nike. Als NGOs in den 1990er-Jahren eine öffentliche Kampagne gegen Kinderarbeit in Asien initiierten und dabei insbesondere Nike aufs Korn nahmen, reagierte das Unternehmen zunächst, indem es der Öffentlichkeit mitteilte, dass man sich nichts vorzuwerfen habe; das Ganze sei einfach ein Problem der Zulieferer in Asien und ob diese Nikes Standards erfüllten oder nicht. Bald erkannte das Management von Nike, dass diese »Geht uns nichts an«-Haltung nicht ausreichte, um das größte Kapital des Unternehmens – den Ruf der Marke Nike – zu schützen.

Nike hatte keine Wahl und musste das Problem seiner Zulieferer so behandeln, als wäre es sein eigenes. Die Manager von Nike mussten ihre Aufmerksamkeit und ihre Führungsprozesse von den Grenzen ihrer eigenen Organisation (Egosystem) auf die erweiterte globale Unternehmung (Ökosystem) erweitern.

Drei Führungsmythen

Drei weitverbreitete Führungsmythen verstärken die Trennung von Geist und Materie, die den überall um uns herum herrschenden Status quo zementiert. Alle drei klingen wie sinnvolle Thesen, doch alle weisen in die falsche Richtung.

Mythos 1: Die Führungskraft ist der Typ an der Spitze. Die Führungsherausforderungen, vor denen Organisationen heute stehen, lassen sich mit diesem alten Verständnis von Führung nicht lösen. Um den heutigen Führungsherausforderungen erfolgreich zu begegnen, müssen viele, *viele* Menschen in der Organisation – manchmal jeder – beteiligt werden.

Mythos 2: Bei Führung geht es um Einzelne. Tatsächlich ist Führung eine verteilte oder kollektive Fähigkeit in einem System, nicht nur etwas, dass Einzelne tun. Führung betrifft die Fähigkeit des gesamten Systems, die im Entstehen begriffene Zukunft zu erspüren und in die Welt zu bringen.

Mythos 3: Bei Führung geht es darum, eine Vision zu entwickeln und zu kommunizieren. Das Problem mit diesem Mythos ist, dass er sich hauptsächlich auf die Verbreitung einer Botschaft anstatt auf etwas viel Wichtigeres bezieht: das *Zuhören.* Das Zuhören ist ein wichtiges Tor zum gemeinsamen Erspüren und schöpferischen Gestalten der entstehenden Zukunft. Die Welt ist voll von grandiosen Führungsvisionen, die wunderbar kommuniziert wurden – bevor sie zerplatzten und spektakulär scheiterten. Man denke nur an Enron, Lehman Brothers, GM, AIG, Goldman Sachs und die Bush-Cheney-Rumsfeld-Vision, die zum Irakkrieg führte. Das Problem war nicht der Mangel an Vision. Das Problem war, dass die Vision keinerlei Bezug zur Realität hatte. Das Problem war, dass niemand zuhörte.

Führung beginnt mit Zuhören. Das bedeutet, dass man mit weit geöffnetem Denken, Fühlen und Willen zuhört. Es bedeutet, dass man auf das achtet, was gesagt wird, ebenso wie auf das, was nicht gesagt wird. Es bedeutet, auf die latenten Bedürfnisse und Sehnsüchte aller Menschen zu hören.

Der fehlende Mechanismus: Gemeinsames Hinspüren und Erproben

Um zu lernen, gemeinsam zuzuhören, brauchen wir Mechanismen des gemeinsamen Erspürens, die Führungskräften und Akteuren in einem System dabei helfen, über institutionelle Grenzen hinweg gemeinsam zuzuhören, hinzuschauen und die gegenwärtige Situation zu deuten. Eine Methode, um sich auf das gemeinsame Erspüren einzulassen, besteht darin, sich gemeinsam auf einen Weg des Lernens oder Hinspürens zu begeben. Ein weiterer Ansatz zum gemeinsamen Erspüren ist, eine Gruppe von Stakeholdern, die das größere System (»der erweiterten Unternehmung«) repräsentieren, dazu einzuladen, an einem gemeinsamen Prozess des Austauschs und des Dialogs teilzunehmen.

Das Problem ist nicht, dass Menschen nicht über das größere Ökosystem oder die erweiterte Unternehmung nachdenken, sondern dass wir in voneinander getrennten, institutionalisierten Silos darüber nachdenken. Die meisten von uns haben keinen Ort, der es uns ermöglicht, die Evolution des größeren Ökosystems gemeinsam zu erspüren und darüber zu reflektieren. Diese Aktivitäten des gemeinsamen Hinspürens aktivieren die Wahrnehmung des kollektiven Systems. Ohne diese kollektive Aktivierung durch ein Hinspüren geschieht es nur sehr selten, dass ein System von den tiefer liegenden Ebenen des U aus – ohne äußeren Schock – handelt.

Was ebenfalls fehlt, ist ein Ort, an dem man Prototypen entwickeln und sich auf praktische Experimente für die Erforschung der Zukunft einlassen kann. Beim Prototyping wird eine Idee durch praktisches Handeln erforscht und weiterentwickelt. Das wichtigste Mantra des Prototyping findet sich in den Worten von Dave Kelly, dem Mitbegründer der Design-Firma IDEO: »Scheitere früh, um schnell zu lernen.« Man erstellt einen Prototyp, bevor man die Idee voll ausgearbeitet hat. Das Prototyping ist eine experimentelle Methode, bei der man eine Idee durch konkretes Tun erkundet und ein Feedback von den Stakeholdern erhält, das man für sofortige Anpassungen und für das Vorankommen nutzen kann.

Das Feedback setzt den Prozess des gemeinsamen Hinspürens und gemeinsamen schöpferischen Gestaltens fort. Eine 4.0-Qualität von Führung erfordert ein neues Set von Infrastrukturen, die ein Ökosystem dabei unterstützen können, sich in den Prozess des gemeinsamen Erspürens (Sinngebung), des gemeinsamen Inspirierens (Verbinden mit der Quelle) und des gemeinsamen schöpferischen Gestaltens (Prototyping) neuer Möglichkeiten einzulassen.

Die Essenz der Führung ist das Presencing

Bei Führung geht es im Wesentlichen darum, sich mit dem Feld der Zukunft, das entstehen möchte, zu verbinden, in dieses Feld einzutreten und von ihm aus zu handeln. Die Frage ist, wie man das anstellt. Wo finden wir Inspirationen, wenn wir einen Schritt nach vorn tun müssen? Steve Jobs erklärte 2005 vor einem Abschlusskurs der Stanford University, wie er mit dieser Frage umgegangen ist: »Ihr könnt die Punkte nur rückblickend verbinden. Nicht, indem ihr nach vorn schaut.« Okay, man kann die Punkte nicht verbinden, wenn man nach vorn schaut. Doch wo findet man dann Anleitung? Jobs fuhr fort: »Ihr müsst finden, was ihr liebt [...] eure Arbeit wird einen großen Teil eures Lebens ausmachen, und die einzige Methode, wirklich zufrieden zu sein, besteht darin, das zu tun, was man für großartige Arbeit hält. *Und großartige Arbeit leistet man nur, wenn man liebt, was man tut.* Wenn ihr das noch nicht gefunden habt, sucht weiter. Gebt euch nicht mit weniger zufrieden.«[126]

Großartige Arbeit kann man nur leisten, wenn man liebt, was man tut, und wenn man tut, was man liebt. Zahllose andere Unternehmer und Neugestalter haben diese tiefe Wahrheit durch ihre eigene Lebensgeschichte bestätigt. Doch wie können wir eine institutionelle Infrastruktur erschaffen, die uns ermöglicht, von derselben tiefen Quelle auf einer kollektiven Systemebene aus zu handeln?

Wir haben die Erfahrung gemacht, dass das *innere* Prinzip des »Tu, was du liebst, und liebe, was du tust« von einem *äußeren* Prinzip des tiefen Eintauchens in die Welt ergänzt werden muss, insbesondere von einem tiefen Eintauchen in die marginalisierten Ränder unserer Welt – wir brauchen die Praxis des »ständigen Dialogs mit dem Universum«, wie Alan Webber, der Gründer der Zeitschrift *Fast Company,* es ausdrückt. »Das Universum«, so Webber, »ist tatsächlich ein hilfreicher Ort. Das heißt: Egal, was für eine Antwort du erhältst, du gehst von der Annahme aus, dass das Universum dir in irgendeiner Form zu helfen versucht.« Zur Erläuterung dieses wichtigen Prinzips allen sozialen unternehmerischen Tuns erklärt Webber weiter: »Wenn du im Bezug auf deine Idee offen bist, wird das Universum dir helfen. Es will dir Möglichkeiten vorschlagen, wie du deine Idee verbessern kannst.«[127]

Diesen tiefen unternehmerischen Kernprozess, von dem Jobs und Webber reden, müssen wir heute auf die Ebene des gemeinsamen Unternehmertums heben, wo sich derselbe Prozess in der Größenordnung des Gesamtsystems oder Ökosystems vollziehen kann. Jobs zum Beispiel war ein Genie, was das Erfinden von Produkten und Dienstleistungen anging, die im Einklang mit den Zielen und dem Lifestyle unserer Generation standen. Doch er war nicht besonders empathisch oder innovativ bei der Verbesserung des Lebensstils oder der Bezahlung der Arbeiter in China, die das iPad und iPhone unter harten Bedingungen und gegen minimale Bezahlung herstellen. Echte 4.0- oder Ökosystem-Führung bezieht sich auf das Wohl aller

Beteiligten in einem Ökosystem, nicht nur auf das Wohl einiger weniger.

Unsere Zukunft sehen

Eine Sache, die wir im Lauf der letzten achtzehn Jahre durch unsere Arbeit gelernt haben, ist Folgende: Dieser Prozess, durch den man diversen Stakeholder-Gruppen in Ökosystemen dabei hilft, künftige Möglichkeiten zu erspüren und zu verwirklichen, erfordert neue Infrastrukturen oder Orte des Haltens für fünf entscheidende Prozessschritte: 1. *Gemeinsames Initiieren*, d. h., dass man Akteuren in zersplitterten Systemen hilft, sich zu verbinden und Gemeinsamkeiten zu entdecken; 2. *gemeinsames Wahrnehmen*, d. h., dass man Menschen hilft, sich in die Situation des anderen zu versetzen, das System von den Rändern her zu betrachten und Fähigkeiten zum gemeinsamen Hinspüren zu entwickeln; 3. *gemeinsames Inspirieren* durch Praktiken tiefer Reflexion und intentionale Augenblicke der Stille, die uns helfen, uns mit unseren tieferen Erkenntnisquellen zu verbinden; 4. *gemeinsames schöpferisches Gestalten* oder Erforschen der Zukunft durch praktisches Erproben (Prototyping); und 5. *gemeinsames Entwickeln* oder Skalieren des Neuen. Es gibt viele verschiedene Methoden und Werkzeuge, um diese unterschiedlichen Orte des Haltens bereitzustellen – doch ohne diese befähigenden Bedingungen geschehen meistens nur sehr wenige nützliche Dinge auf der Ebene der zersplitterten größeren Systeme.

6) Konsum: Die Reintegration von Ökonomie und Wohlbefinden (Well-being)

Jede Ökonomie hat zwei Hauptquellen der Wertschöpfung: die Produktions- und die Verbrauchsseite. Jede wirtschaftliche Wertschöpfung hat ihren *Ursprung* in der Erfahrungsqualität, die wir als Benutzer, Konsumenten und Bürger haben. So wie man mit Fug und Recht sagen kann, dass es ohne Natur keine Wirtschaft gäbe, kann man auch sagen, dass ohne Verbrauch jede ökonomische Wertschöpfung wertlos wäre. Der ultimative Sinn einer Wirtschaft liegt darin, die Bedürfnisse ihrer Mitglieder zu erfüllen.

Dieser Vorrang der Benutzer/Konsumenten-Erfahrung bei allen Fragen wirtschaftlicher Wertschöpfung steht im scharfen Gegensatz zu dem tatsächlichen *Machtungleichgewicht*, das die Voraussetzungen auf dem ökonomischen Spielfeld stark zum Nachteil der User, Verbraucher und Bürger beeinflusst.

Der Weg von 0.0 zu 3.0: Vom Konsumdenken zum bewussten Verbrauch

Wie sieht die Entwicklung der Ökonomie aus dieser Perspektive aus? Im Stadium 0.0 waren ökonomische Aktivitäten subsistenzgetrieben – das heißt angetrieben von den unmittelbaren Überlebensbedürfnissen einer lokalen Gemeinschaft. Im Stadium 1.0 differenzierte sich die Produktionsfunktion durch die Agrarrevolution allmählich aus, und die Produktion wurde methodischer und intentionaler.

In der Ökonomie 2.0 setzte sich die Differenzierung der Produktionsfunktion fort, was die erste industrielle Revolution zur Folge hatte. Massenproduktion führte zu Massenkonsum. Professionelle Werbung, Verkaufsstrategien und Produktdesign wurden allmählich zu einem Teil des industriellen Managementprozesses. In der Ökonomie 3.0 vollzog sich die zweite industrielle Revolution ebenso wie der Einzug von Marketing und Markennamen ins Mainstream-Management, was eine globale Konsumkultur hervorgebracht hat, in der sich der materielle Konsum in einer bislang unbekannten Größenordnung entwickelt hat. Gleichzeitig wuchsen Verbraucherrechtsbewegungen und resultierten in verschiedenen Regulierungen, die Verbraucher und ihre Interessen schützen sollen.

Der Weg von 1.0 zu 3.0 hat ein zivilisatorisches Modell des Massenkonsums geschaffen, das zurzeit 50 Prozent mehr Ressourcen pro Jahr verbraucht, als der Planet regenerieren kann. Die Inangriffnahme dieses Problems erfordert, dass wir die Ursachen des Konsumdenkens neu überdenken. Mit den Worten des uruguayischen Autors Jorge Majfud: »Der Versuch, die Umweltverschmutzung zu reduzieren, ohne den Konsum zu reduzieren, ist so, als würde man den Drogenhandel bekämpfen, ohne etwas gegen die Drogensucht zu tun.«[128] Was natürlich eine präzise Beschreibung des US-amerikanischen »War on drugs« ist.

Auf der Suche nach 4.0

Wie würde eine Postkonsum-Ökonomie 4.0, die unsere globalen Herausforderungen auf ihrer Quellebene in Angriff nimmt, aussehen? Und wie könnten wir von hier nach dort, von 3.0 zu 4.0 gelangen?

Der erste Schritt besteht darin, drei weitere Mythen zu durchschauen:

Mythos 1: Produktion und Konsum sind getrennte Dinge. Bei diesem Denken wird die Ökonomie als *Wertschöpfungskette* aufgefasst, die mit dem Produktdesign und den Rohstoffen beginnt und beim Konsumenten endet. Dazwischen wird in einer Abfolge von Prozessen Arbeit, Maschinenkraft und Organisation auf die Rohstoffe angewendet und ein erstaunliches Sortiment an Produkten zusammengestellt, die verpackt und dann an Verteiler und Kunden transportiert werden. Was ist an diesem Bild falsch?

Nichts, außer dass der Kunde am Ende des Prozesses steht und Bedürfnisse nicht den Anfang der Produktionssequenz markieren. Der Unterschied zwischen Verbraucherbedürfnissen, die an der Quelle oder am Ende dieser ganzen Sequenz stehen, ist der Unterschied zwischen 4.0 und 3.0. Solange der Kunde am Ende des Prozesses steht, dominiert das alte industrielle Managementdenken, bei dem Kapitalinvestitionen wie Maschinen in Betrieb gehalten werden müssen, um Gewinne zu machen. Folglich wird durch Milliarden-Dollar-Marketing-Budgets, die die Kundenaufmerksamkeit mit immer größerer Kraft manipulieren (3.0), ein steter Strom von Produkten in den Markt und den Schlund des Kunden gedrückt. Der Verbraucher wird zum *Ziel* ökonomischer Aktivität, anstatt ein *Partner* zu sein, dessen entstehende Bedürfnisse erkannt und bedient werden.

Wenn der Kunde am Ende der Pipeline steht und wenn die Werbung und das Marketing, mit denen er bombardiert wird, nur darauf ausgerichtet sind, Wünsche hervorzurufen, anstatt Bedürfnisse zu erfüllen, dann ist die Werbung Teil eines materialistischen Sturmangriffs, der lediglich den ökologischen Fußabdruck der Produktion vergrößert, ohne echten Wert für die Verbraucherbasis zu schaffen. Stünden die Kunden hingegen am Ausgangspunkt der Pipeline, wäre der Anfang des Wertschöpfungsprozesses durch eine gemeinsame Bewertung ihrer wahren Bedürfnisse, einschließlich der Bedürfnisse von denen, die in der Gesellschaft marginalisiert sind, gekennzeichnet. Das Ergebnis wäre eine größere Chancengleichheit zwischen Produzenten und Konsumenten/Verbrauchern, womit auch für beide Gruppen die Chance auf einen offenen, transparenten und inklusiven Dialog verbunden wäre – ein gemeinsamer Ausgangspunkt für Innovation und Unternehmensentwicklung.

Mythos 2: Konsumenten sind voneinander getrennt. Konsumenten, so der Mythos, entscheiden ausgehend von einem rationalen Denkmodell, das auf persönliche Gewinnmaximierung ausgerichtet ist und keinerlei Rücksicht auf die Interessen des Ganzen nimmt. Bis zu einem gewissen Grad beschreibt dieser Mythos die gesellschaftliche Realität. Die Ideologie des Konsumdenkens, dem jeder durch die Werbung ausgesetzt ist, ist nicht ohne Wirkung geblieben und spiegelt bestehende Kommunikationsmuster wider. Das Konsumdenken ist zu einem Bestandteil einer globalen materialistischen Mainstream-Kultur geworden. Doch es gibt einen anderen entstehenden Erzählstrang, der sehr bemerkenswert ist und nicht von der Marketingindustrie geschrieben wurde.

Diese andere Geschichte handelt von Verbrauchern, die anfangen, die Wirtschaft gemeinsam auf bewusstere, kollektivere und intentionalere Weise zu gestalten. Diese Bewegung hat tiefe Wurzeln, die auf den »Taxation without representation«-Boykott britischer Handelswaren 1769 in Philadelphia zurückgehen, der zur amerikanischen Revolution führte. Zu den Wurzeln gehört auch Gandhis Boykott britischer Waren und sein Eintreten für schlichte Kleidung ebenso wie der in den 1970er-Jahren beginnende Boykott von Konzernen, die Geschäfte mit dem Apartheidsystem in Südafrika unterhielten – ein Boykott, der de facto zur Geburtsstunde für die Bewegung sozial verantwortungsbewusster Investitionen wurde. Und dazu gehört auch die Fair-Trade-Bewegung, die in den frühen 1980ern von Verbrauchern auf der ganzen Welt initiiert wurde, die sich Sorgen um das Wohl der Menschen und des Planeten machten. Diese Bewegung hat die Geschäftspraktiken in vielen Branchen verändert und setzt sich heute in verschiedenen Formen bewussten, kooperativen Verbrauchs fort, die wir weiter unten noch ausführlicher erörtern werden.

Bei all diesen Beispielen geht es um das gleiche Thema: Verbraucher haben begonnen, ihre Aufmerksamkeit für das Egosystem (das eigene Wohl) auf das Ökosystem (das Wohl aller) auszuweiten. Einzelpersonen sind sich der Wirkung ihrer Kaufentscheidungen auf die Produzenten, die Tausende von Kilometern entfernt sein können, bewusst. Durch die Ausschaltung der

Vermittler zwischen den Kaffeeproduzenten in Südamerika und den Kaffeeverbrauchern in Europa begannen die Fair-Trade-Aktivisten, bewusst ein ökonomisches System zu gestalten, das auf den Grundsätzen von Transparenz, Inklusivität und Fairness beruht.

Heute entstehen überall Beispiele für 4.0-Verbraucherbewegungen: Bauernmärkte, Slow Food oder regionale Biolebensmittel, Community Supported Agriculture oder CSA (gemeinschaftlich getragener Ackerbau oder solidarische Landwirtschaft), Biokleidung, Ökotourismus, urbane Landwirtschaft, Fahrgemeinschaften, Null-Emissions-Autos und erneuerbare Energien. Anstatt ein Produkt einfach nur zu boykottieren, trifft der 4.0-Verbraucher fundierte und intentionale Entscheidungen, um ökonomische Prozesse zu unterstützen und gemeinsam zu gestalten, die inklusiver, nachhaltiger, transparenter und kooperativer sind.

Mythos 3: Materieller Konsum erzeugt Wohlbefinden. Diese Behauptung klingt logisch, ist aber, wie in Kapitel 2 erörtert, empirisch fragwürdig. Ein Anstieg des materiellen Konsums in den Industrieländern überträgt sich nicht in größere Zufriedenheit. Das subjektive Wohlbefinden entsteht aus unseren Erfahrungen als Konsumenten und Bürger. Diese Erfahrungen werden durch äußere Faktoren (z. B. die Produkte) und innere Faktoren (den Prozess der Bewusstwerdung) geprägt. Der innere Prozess der Bewusstwerdung ist der Forschungsschwerpunkt des Kognitionswissenschaftlers Francisco Varela, der die Prozesse des *Innehaltens, Umwendens* und *Loslassens* beschrieb. Im Kontext der Theorie U und des Presencing bezeichnen wir diese innere Erfahrung als den U-Prozess, in dem es um die Öffnung von Denken, Fühlen und Wollen geht.

Die Strategie zur Förderung unseres Wohlbefindens, ohne den Planeten zu zerstören, baut also darauf auf, dass wir die Flut von nutzlosen Produkten und geistlosen Werbungen eindämmen, dass wir die Fähigkeit des Systems, die Ressourcen wieder zu den realen Bedürfnissen der Verbraucher umzulenken, erweitern und dass wir dabei gleichzeitig die menschliche Fähigkeit zur Erschließung der inneren Quellen des Wohlbefindens und des Glücks verstärken.

Die Feedbackschleife durch ökonomische Dialoge schließen

Eine Ökonomie, die nicht mehr auf einer Entkopplung von 1. Verbrauch und Produktion, 2. Verbraucher und Verbraucher (Egosystem-Bewusstsein) und 3. Verbrauchern von sich selbst (ihren Quellen des Glücks) ausgerichtet ist, schließt die Feedbackschleife zwischen Verbrauchern und Herstellern (Auflösung von Mythos 1), zwischen Verbrauchern und Gemeinschaften (Auflösung Mythos 2) und zwischen Verbrauchern und sich selbst (Auflösung Mythos 3). Auf dieser Grundlage entsteht eine Ökonomie, die transparenter ist (indem sie Zugang zu Informationen gewährt), inklusiver ist (indem sie alle Schlüsselakteure mit einbezieht) und reflexiver ist (weil das System sich selbst sehen kann).

Damit dieser Wandel sich vollziehen kann, braucht die Ökonomie andere Muster der Kommunikation, insbesondere zwischen Konsumenten und Produzenten. Das gegenwärtige Kommunikationsmodell ist einseitig, undurchsichtig und linear. Es ist einseitig, weil die Informationen nur in eine Richtung fließen, wie im Fall von Werbung. Es ist nicht transparent, weil der Zugang zu Informationen beschränkt ist. Es ist linear, weil keine Feedbackschleife in das System eingebaut ist: Das System kann sich selbst nicht sehen.

Was wir brauchen, ist ein Kommunikationsmodell, das fehlende Verbindungen zwischen den verschiedenen Akteuren in einer Ökonomie schafft. Dieses Modell wäre vielseitig, was bedeutet, dass viele Parteien am Gespräch teilnehmen könnten. Es wäre außerdem transparent, weil es offenen Zugang zu Informationen gewähren würde, und es wäre zyklisch, weil es der Gruppe oder dem System Reflexion und Selbsterkenntnis ermöglichen würde.

Unsere Zukunft sehen: Die Kraft des kooperativen Konsums

Wie erkennen wir die im Entstehen begriffene 4.0-Zukunft bewusster und kooperativer Verbraucher? Es gibt vier Antriebskräfte.

Die erste ist die *Technik*. Das World Wide Web revolutioniert weiterhin die Ökonomie, indem es leichten Zugang zu Informationen und damit zu mehr Chancengleichheit gewährt. Eine Kombination aus Lebensdaueranalysen und digitalisierten Informationen wird es bald ermöglichen, dass unsere Handys den ökologischen Fußabdruck der Produkte in den Supermarktregalen anzeigen. Diese Entwicklung wird den Megatrend zu Transparenz fortsetzen und könnte leicht anwendbare Metriken schaffen, die es dem Verbraucher erleichtern, fundierte und nachhaltige Entscheidungen zu treffen und Zusammenhänge zu erkennen. So verbinden etwa die Websites www.renttherunway.com und www.couchsurfing.org ungenutzte Ressourcen in einer Gemeinschaft (jeweils Kleidung und Unterkünfte) mit unerfüllten Bedürfnissen anderer Verbraucher; sie bieten Orte für einen Austausch unter Gleichgestellten.

Eine zweite treibende Kraft ist das *Bewusstsein*. Mehr und mehr Menschen haben den Wunsch, sich an Formen einer gesunden, achtsamen und nachhaltigen Lebensführung zu beteiligen. In den USA wird diese Bewegung als LOHAS bezeichnet (Lifestyles of Health and Sustainability) und umfasst 19 % der Amerikaner – etwa 41 Millionen Menschen. Das steht für eine 29-Milliarden-Dollar-Marktchance für Waren und Dienstleistungen, die auf Gesundheit, die Umwelt, soziale Gerechtigkeit, persönliche Entfaltung und nachhaltige Lebensweise ausgerichtet sind.[129]

Eine dritte treibende Kraft ist die *Zunahme der disruptiven Krisen und Zusammenbrüche*. Je mehr das alte formale System erschüttert wird und sich einem Zusammenbruch nähert, desto häufiger werden sich neue Verbindungsmuster und neue Formen selbst organisierter Kooperation ergeben. Nach der Finanzkrise von 1997 sind zum Beispiel in Indonesien zahlreiche lokale Wirtschaftsnetzwerke entstanden.

Eine vierte treibende Kraft hat mit ökonomischen *Menschenrechten* zu tun. Immer mehr Menschen auf der ganzen Welt finden es inakzeptabel, dass eine 60-Billionen-US-Dollar-Wirtschaft unfähig ist, die Anzahl der Menschen, die in Armut leben, zu verringern. Der Einsatz von Conditional Cash Transfers in Südamerika ist ein Schritt auf einem langen Weg zu ökonomischen Menschenrechten als Grundlage einer künftigen globalen Innenpolitik oder *Weltinnenpolitik*.[130]

7) Koordination: Die Reintegration von Teil und Ganzem

Moderne Ökonomien beruhen auf einer lokalen, regionalen und globalen Arbeitsteilung. Im Laufe der letzten hundert Jahre hat die Arbeitsteilung weltweit zu einer erstaunlichen Produktivität geführt. Doch wie koordinieren und verbinden wir all diese Einzelaktivitäten im Kontext eines sich stetig verändernden Ganzen?

Wie in Tabelle 3 angezeigt, haben Gesellschaften die gesamte Wirtschaftsgeschichte hindurch ihre ökonomischen Aktivitäten unterschiedlich koordiniert: 1. durch zentralisierte Planung, 2. durch Märkte und 3. durch Verhandlung/Dialog. Diese Mechanismen haben zu drei Stadien ökonomischer Entwicklung geführt:

1.0: Hierarchie und Planung → Entstehung zentralisierter Ökonomien (ein gesellschaftlicher Sektor)
2.0: Markt und Wettbewerb → Entstehung liberaler Marktökonomien (zwei gesellschaftliche Sektoren)
3.0: Verhandlung und Dialog → Entstehung sozialer Marktwirtschaften (drei widersprüchliche gesellschaftliche Sektoren)

Heute sind wir möglicherweise im Begriff, eine vierte Antwort auf das Koordinationsproblem zu finden, nämlich 4.0: ABC – awareness-based collective action (auf Bewusstsein gegründetes gemeinsames Handeln), das zur Entstehung einer intentionalen Marktwirtschaft führt.

Der Weg von 0.0 zu 3.0: Entkopplungsgrade

Diese vier Koordinationsmechanismen unterscheiden sich in der Art, wie sie sich mit den wirtschaftlichen Akteuren verbinden, die durch sie koordiniert werden. Die Struktur dieser Beziehung hat sich im Großen und Ganzen von außen nach innen und von unbewusst zu bewusst entwickelt. Und zwar folgendermaßen:

1) In einer zentral gesteuerten Wirtschaft wird das ökonomische Verhalten durch äußere Mechanismen wie zum Beispiel Pläne und Sanktionen gelenkt (Peitsche).
2) In einer Marktwirtschaft wird das wirtschaftliche Verhalten durch die größtenteils äußeren Mechanismen von Preis und Wettbewerb gelenkt (Zuckerbrot).
3) In einer sozialen Marktwirtschaft ist der Markt eingebettet in Verhandlungen, Netzwerke und Dialogprozesse (die auf Normen fundieren), an denen sich sein Verhalten orientiert – d. h., er wird durch Mechanismen gelenkt, die zum Teil außerhalb und zum Teil innerhalb der wirtschaftlichen Akteure und ihres Bewusstseins liegen.
4) In einer co-kreativen Ökosystem-Wirtschaft ist der Markt in die größtenteils inneren Mechanismen eines gemeinsamen

> Bewusstseins eingebettet, durch die er mitgelenkt wird (ABC: awareness-based collective action; Handeln, das aus der gemeinsamen Wahrnehmung des Ganzen erwächst).

Von daher ist der Weg von Stadium 1 (zentrale Planung) zu Stadium 4 (ABC) ein Weg der wachsenden Bewusstseinsgrade und der Verinnerlichung des Ganzen. In den Stadien 1 und 2 liegt das Wohl des Ganzen hauptsächlich außerhalb des Bewusstseins der einzelnen Akteure, während in Stadium 4 das Wohl des Ganzen fast ausschließlich im Bewusstsein der einzelnen Akteure verinnerlicht ist. Bezug nehmend auf unsere früheren Ausführungen könnte man auch sagen: Der Weg von Stadium 1 zu 4 ist ein Weg der wachsenden Verinnerlichung im Bewusstsein der wirtschaftlichen Entscheidungsträger.

Tabelle 4 beschreibt zwei Möglichkeiten dafür, wie eine Gesellschaft sich selbst koordiniert: entweder entsprechend dem Vorrang des Ganzen vor den Teilen oder entsprechend dem Vorrang der Teile vor dem Ganzen. Die Entwicklung ökonomischer Koordinationsmechanismen begann mit 1.0, zentraler Planung (im unteren linken Quadranten). Von dort bewegte sie sich zu 2.0, Märkten und Wettbewerb (in der unteren rechten Hälfte). Die *sichtbare Hand* der zentralen Planung und die *unsichtbare Hand* der dezentralisierten Märkte haben eines gemeinsam: Sie erfordern vom einzelnen Entscheidungsträger nicht, das Wohl des Ganzen zu berücksichtigen. Wenn der Einzelne oder die Organisation die Ziele (der zentralen Planung) erfüllt oder dem Eigeninteresse folgt (im Markt), dann kümmert sich die sichtbare oder die unsichtbare Hand auf magische Weise um das Ganze.

Systemintegration/Grad der Verinnerlichung des Ganzen	**Vorrang des Ganzen**	**Vorrang der Teile**
Hoch	4.0: ABC*: *Kopf, Herz und Hand (intentional)*	3.0: Verhandlung und Dialog: *Kopf, Herz und Hand (ad hoc)*
Niedrig	1.0: zentrale Planung: *sichtbare Hand*	2.0: Märkte und Wettbewerb: *unsichtbare Hand*

Tab. 4: Vier ökonomische Koordinationsmechanismen: ein Weg zur Verinnerlichung des Ganzen

* Awareness-based collective action (intentionales, gemeinsames Handeln)

So jedenfalls die Theorie! In Wahrheit hat sich die Geschichte irgendwie anders entfaltet – nämlich mit überwältigenden Externalitätsproblemen. Diese Umstände haben dazu geführt, dass sich ökonomische Systeme in die oberen zwei Quadranten entwickelt haben, um von allen dreien oder vieren aus arbeiten zu können. Ausgelöst durch die weltweite Entstehung des NGO-Sektors haben sich die meisten Ökonomien dahin gehend bewegt, dass sie Verhandlung und Dialog zwischen Stakeholdern als Teil ihrer heutigen De-facto-Koordinationsmechanismen mit einbeziehen.

Die Verschiebung zum oberen Quadranten spiegelt einen wesentlich höheren Grad an Bewusstsein für Externalitäten aufseiten der Entscheidungsträger wider. Sie bedeutet, dass man Koordinations- und Wahrnehmungsräume schafft, in denen Akteure und Entscheidungsträger die Wirkung, die ihre Entscheidungen auf andere haben, und den Zustand des Ganzen (Externalitäten) *verinnerlichen* können. Im Fall von Verhandlung und Dialog ist die Verinnerlichung von Externalitäten für gewöhnlich auf eine Untergruppe des Systems beschränkt, wie das eigene Netzwerk oder die eigene Interessengruppe. Koordination via ABC verinnerlicht die Externalitäten des gesamten Ökosystems. Damit ABC funktioniert, müssen die Gruppen sich öffnen und ihre gemeinsamen Interessen (Kopf), ihr kollektives Handeln (Hand) und ihre gemeinsame Solidarität und Empathie (Herz) verbinden. Verhandlung und Dialog erfordern im Grunde denselben Prozess, sind aber tendenziell auf Teile des Systems begrenzt.

Das Ringen der Nordeuropäer (insbesondere der Deutschen) um eine Verinnerlichung der Externalitäten ihrer südeuropäischen Nachbarn in der Eurokrise und umgekehrt sowie das Ringen der weißen amerikanischen Mittelschicht um eine Erweiterung des sozialen Sicherheitsnetzes auf farbige und arbeitslose Mitbürger (von denen beim New Deal der 1930er viele ausgelassen wurden) zu Beginn des 20. Jahrhunderts bieten anschauliche Beispiele dafür. Dreh- und Angelpunkt dieser Kämpfe ist die Notwendigkeit, unsere Definition von »Wir« und »die Anderen« zu überdenken.

Welcher dieser Mechanismen steht nun also für gute Governance? Keiner für sich allein. Gute Governance wäre die Fähigkeit, alle vier Mechanismen je nach Bedarf zu aktivieren und anzuwenden.

Pässe spielen wie Messi

Nehmen wir ein scheinbar simples Beispiel – eine Fußballmannschaft. Wie bringt man elf Jungs oder Mädels dazu, als Team zusammenzuspielen?

Der 1.0-Ansatz besteht darin, sich strikt an den Plan zu halten, den der Trainer vor dem Spiel aufstellt. Doch ein derart unflexibles Team würde wahrscheinlich bei einem starken Gegner eine traurige Figur abgeben. Der Wechsel zur 2.0-Lösung würde den einzelnen Spielern mehr Freiheit zum eigenständigen Handeln lassen.

Treiben wir das Beispiel auf die Spitze: Angenommen, Sie stellen elf der besten Spieler der Welt zusammen und hoffen, dass sich die Brillanz der einzelnen Spieler irgendwie summiert und ein fabelhaftes Team ergibt. Wir alle kennen viele Fälle, in denen das nicht geschehen ist – zu den Beispielen gehören das Scheitern der Miami Heat 2011 im Finale gegen Dallas (für die Basketballfans unter uns) oder (keine Kränkung beabsichtigt) die Niederlagen der französischen und der englischen Mannschaft bei den Weltmeisterschaften 2010 und 2014 (für die Fußballfans unter uns). Alle drei Mannschaften hatten absolut brillante einzelne Spieler. Aber als Team waren sie nicht erfolgreich.

Wenn man erkennt, dass brillante Einzelpersonen nicht notwendigerweise ein brillantes Ganzes ergeben, besteht der nächste Schritt darin, sich einem anderen Koordinationsmechanismus zuzuwenden, den wir als 3.0 bezeichnen. Hier lässt man mehr Kreativität zu; man lässt Teile des Teams Untergruppen bilden, die den Ball schneller und besser weitergeben. Aber man behält auch die Standardpositionen und Rollen bei: Verteidigung, Mittelfeld, Stürmer.

Um 4.0 geschehen zu lassen, muss man diese traditionellen Rollen und Denkweisen »sprengen«. Die 4.0-Philosophie geht auf das Konzept des »totalen Fußballs« zurück, das Rinus Michels Anfang der 1970er-Jahre als Trainer von Ajax Amsterdam und der niederländischen Nationalmannschaft entwickelte. Der Motor beider Mannschaften bestand aus derselben Kerngruppe an Spielern. Der beste und berühmteste Spieler in dieser Gruppe, Johan Cruyff, wechselte 1973 zum FC Barcelona. Cruyff brachte die Philosophie des totalen Fußballs von Holland nach Spanien, von Ajax zum FC Barcelona. Später, als er Manager vom FC Barcelona wurde (1988–96), entwickelte er die Philosophie des totalen Fußballs zu dem, was man als Tiki-taka-Fußball bezeichnet und was die Philosophie der beiden bis

2014 besten Fußballmannschaften der Welt ist – des FC Barcelona (der vierzehn Titel mit seinem Trainer »Pep« Guardiola in vier Jahren, 2008–12, gewann) und der spanischen Nationalmannschaft, die 2012 Europameister und 2010 Weltmeister wurde. Wieder sind beide Teams um dieselbe Kerngruppe an Spielern organisiert und um dieselbe Kernphilosophie.

Was macht den FC Barcelona und die spanische Nationalmannschaft zu etwas Besonderem? Eine Fußballphilosophie, die 1.) ein sehr methodisches System nutzt, das sich auf die Kontrolle des Balls durch viele kurze Pässe mit ein oder zwei Ballberührungen auszeichnet; 2.) von den Spielern verlangt, dass sie im Sinne des Ganzen, nicht der Teile denken (während sie sich auf die *ununterbrochene Bewegung* des Balls als zentrale Aufmerksamkeitskoordinate konzentrieren); 3.) den Pass mit einer Ballberührung durch plötzliche Kreativitätsausbrüche akzentuiert, die tiefe Räume auf der anderen Seite eröffnen; und 4.) als ein Team funktioniert, in dem alle Spieler alle Rollen und Positionen spielen (Verteidigung, Mittelfeld und Angriff), während der Ball ununterbrochen rollt und die Koordinaten eines lebendigen Feldes ständig rekonfiguriert.

Das ist der führende Ansatz beim Fußball, den alle Zweitplatzierten und nächstbesten Teams (wie etwa Bayern München) nachzuahmen versuchen. Er verkörpert eine Reihe von interessanten 4.0-Merkmalen, einschließlich des gemeinsamen Bewusstseins für ein sich immer weiter entwickelndes Feld entstehender Möglichkeiten.

Die besten Fußballmannschaften der Welt sind also auf dem Weg zu einer Spielweise, die von einer 4.0-Art eines gemeinsamen Bewusstseins für das entstehende Ganze ausgeht – und wohin steuert unsere Weltwirtschaft? Leider steckt sie in früheren Stadien fest. Die gegenwärtige ökonomische Situation spiegelt ein System wider, das auf 4.0-Herausforderungen mit 2.0- oder 3.0-Reaktionen antwortet.

Auf der Suche nach 4.0

Was wäre nötig, damit wir das Betriebssystem unserer Ökonomie in Richtung 4.0 aktualisieren? Im Folgenden vier Thesen, um diesen Diskurs anzuregen:

1) *Der Antagonismus von Märkten versus Hierarchien ist ein Mythos.* Ein Großteil des 20. Jahrhunderts wurde für einen falschen

Diskurs verschwendet: Märkte versus Regierung, Kapitalismus versus Sozialismus. Die Komplexität des ökonomischen Spielfeldes und seine Entwicklungsmöglichkeiten wurden auf einen Diskurs über »mehr Markt« versus »mehr Staat« reduziert. Die Matrix der ökonomischen Evolution zeigt eine Spielplatte ökonomischer Entwicklung und bietet 390 625 Möglichkeiten, aber wir reduzieren die intellektuelle Diskussion auf lediglich zwei dieser Optionen.

2) *Die Antwort auf »entweder/oder« ist »sowohl als auch«.* Zu den Denkweisen, die die Finanzkrise von 2007–2008 auslösten, gehörte die fatale »Entweder-oder-Logik« im ökonomischen Denken, die in den 1990er- und 2000er-Jahren zu der achtlosen Deregulierung des Finanzsektors führte. Wenn wir einen genaueren Blick auf derzeitige Ökonomien werfen, sehen wir, dass wir beides brauchen – Markt und Staat.

   Ökonomien, die auf einer »Sowohl als auch«-Philosophie basieren, sind stärker denn je. Zu den Beispielen gehören China, Singapur, Südkorea, Brasilien, Indonesien sowie Deutschland und andere Länder in Nordeuropa. Alle diese Länder haben die Krise von 2008 besser und schneller überstanden als viele andere. Ihre Ökonomien kooperieren strategisch über die Grenzen von Staat, Wirtschaft und, in einigen Fällen, von Zivilgesellschaft hinweg. Sie haben multiple Gesprächsforen geschaffen, auf denen die strategische Richtung des gesamten Landes oder der gesamten Gemeinschaft diskutiert und strategisiert wird. Wenn disruptive Veränderungen auftreten, rücken sie tendenziell zusammen und kooperieren enger, anstatt sich auseinanderzubewegen und politische Gräben zu vertiefen.

3) *Eine Ökonomie ist kein Wirtschaftsunternehmen.* Es gibt mindestens zwei wichtige Unterschiede zwischen einer Ökonomie und einem Unternehmen: 1. Eine Ökonomie ist mit ihren Bürgern fest verbunden und kann nicht einfach von ihnen weglaufen;[131] und 2. sie muss ihre Externalitäten absorbieren.

   Die traditionelle Marktidee argumentiert, dass das Ziel des Unternehmens sein sollte, das, was finanziell unterm Strich herauskommt, zu maximieren und alle negativen Externalitäten auf andere abzuwälzen. Beispiele sind die Hedgefonds der Wall Street und die meisten Finanzdienstleister. Unternehmen kaufen andere Firmen, um Gewinne zu maximieren und z. B. dann Gewinnmargen zu erhöhen, indem Personal abgebaut wird oder Sozialversicherungskosten auf den Staat und damit auf die Gesellschaft abgewälzt werden. Eine Ökonomie braucht eine andere Führung als ein Unternehmen, eine Führung, die negative gesamtgesellschaftliche Externalitäten reduziert und positive Externalitäten vergrößert.

4) *ABC schließt die Feedbackschleife zwischen den Teilen und dem Ganzen.* Die evolutionäre Schwelle, vor der wir mit dem heutigen Kapitalismus stehen, betrifft die Geburt/Entstehung eines neuen Koordinationsmechanismus, der die bestehenden drei Mechanismen ergänzt (Hierarchie, Märkte und Verhandlung) und die Fähigkeit des Gesamtsystems zum Sehen, Hinspüren und zur Selbsterneuerung fördert. Wir nennen diese neue Fähigkeit ABC – auf Bewusstsein gegründetes gemeinsames Handeln –, weil es von Orten ausgeht, die die Fähigkeit des Systems, sich selbst zu sehen, zu erspüren, was entstehen will, und die Zukunft durch konkretes Handeln zu erforschen (Prototyping), fördern.

   Wo bestehen in unseren Gesellschaften heute Orte, an denen die Schlüsselakteure in unseren ökonomischen Ökosystemen zusammenkommen können, um zu sehen, zu spüren und sich selbst zu regenerieren? Solche Orte fehlen uns. Das ist ein gravierender blinder Fleck von Institutionen. Wir schaffen diesen Raum nicht einmal dort, wo wir als Gesamtgesellschaft die gegenwärtige Realität gemeinsam deuten. Wir haben jede Menge Räume für die individuelle Sinngebung und Strategieentwicklung. Alle organisierten Interessengruppen entwickeln ihre eigene Sinngebung innerhalb ihrer institutionellen Silos. Aber wir haben keine Orte für das gemeinsame Erspüren, für die Aufdeckung von gemeinsamem Sinn und gemeinsamem Willen.

Unsere Zukunft sehen: ABC

Die ökonomische Revolution 4.0 vollzieht sich überall um uns herum. Sie ist die Richtung, in die wir streben, und sie lässt sich heutzutage an vielen lebendigen Beispielen beobachten, nicht nur auf dem Fußballplatz.

Doch 1. sind viele dieser ersten Beispiele eher spontan als intentional und 2. operieren diese Beispiele tendenziell eher auf einer

Mikro- oder Meso- als auf einer Makro- und Mundoebene, wie wir ausführlicher im Schlussteil dieses Buches erörtern werden.

Ein Beispiel für eine ABC-Koordination in Aktion stammt aus Ohio. Die Einführung von Checklisten ist eine innovative Methode, um Irrtümer und Kunstfehler in Krankenhäusern zu vermeiden. So wie Piloten vor dem Start nutzen auch Chirurgen und ihre OP-Teams Checklisten, bevor sie eine Behandlung beim Patienten vornehmen. Studien zeigen, dass die Einführung von Checklisten in Krankenhäusern das Risiko von Fehlern zwar zunächst verringert, dass dann jedoch die Fehlerrate allmählich wieder auf ihren früheren Stand zurückkehrt. Dr. Marc Parnes, ein Chirurg für Gynäkologie und Geburtshilfe aus Ohio, dem dieses Muster auffiel, entwickelte eine andere Methode. Anstatt eine Checkliste zu nutzen, spricht er direkt mit der Patientin, wenn sie in den OP-Raum gerollt wird. Sie führen ein schnelles, persönliches Check-in-Gespräch, das die Patientin und das gesamte Operationsteam mit einschließt. Überraschenderweise reduziert diese Check-in-Praxis die Fehlerrate auf nachhaltigere Weise als die simple Checklistenmethode.[132]

Wir finden dieses Beispiel höchst interessant, weil es tatsächlich *den Schleier wegzieht*, der das *System* daran hindert, *sich selbst zu sehen*. Das System in diesen Fall ist jede Person im OP, einschließlich der Patientin. Wenn das System sich selbst sieht, fördert es ein Gespräch, durch das jedes Gruppenmitglied die Situation durch die Augen der anderen, einschließlich der Patienten, sieht. Die Schaffung dieses Bewusstseins und die Betrachtung des Systems aus der Perspektive anderer Stakeholder sind wichtige Hebelpunkte bei allen tief greifenden Systemveränderungen.

8) Besitz: Die Reintegration von Eigentum und gesellschaftlichem Nutzen

Im Zuge der Entwicklung von Ökonomien verändert sich auch die Struktur von Eigentumsrechten. Das wurde besonders bei der Entwicklung des Internets sichtbar. Open Source Wikipedia oder die Creative Commons mit ihrem neuen Copyright-Modell[133] kollidieren mit Gesetzgebungen wie SOPA (Stop Online Piracy Act) und PIPA (Protect IP Act). Eigentum ist ein Bündel von Rechten und Pflichten. Wie bei allen Rechtsfragen gilt auch für Besitzrechte, dass ihre

Entstehung, Entwicklung und Veränderung von ihrer *Legitimität* im sozialen Kontext abhängt. Die Legitimität erwächst daraus, dass Menschen einer Gemeinschaft das Gefühl haben, dass ein faires Gleichgewicht zwischen Rechten und Pflichten besteht.

Der Weg von 0.0 zu 3.0: Offener Zugang, staatlich, privat, kombiniert und Gemeingüter

Eigentumsrechte sind ein Bündel von Rechten und Pflichten, die gesetzlich durchsetzbar sind. Zu diesen Rechten gehören: 1. Zugang; 2. Gebrauch; 3. Management; 4. Exklusivität und 5. Besitzübertragung (das Recht zu verkaufen). Eigentumsrechte können nur eines dieser fünf Elemente oder sämtliche dieser fünf Elemente umfassen. All diese Rechte können von Einzelpersonen oder kollektiven Körperschaften gehalten werden. Tabelle 5 fasst zusammen, wie Besitzformen sich vom offenen Zugang zu staatlichen, privaten, kombinierten und gemeinsamen Besitzstrukturen gewandelt haben.

In 0.0-Ökonomien wurden die meisten Vermögenswerte von der ganzen Gemeinschaft geteilt, doch einige wenige galten auch als Privateigentum. Beispiele für geteilte Vermögenswerte sind *gemeinsame Ressourcen* wie Fischgründe und die *Allmende*, ein Begriff für lokale Flächen, die von den Dorfbewohnern gemeinsam landwirtschaftlich genutzt wurden. Regionale Formen kollektiv genutzter Flächen wie die *Allmende* existieren auch heute noch in vielen ländlichen Gegenden auf der ganzen Welt, einschließlich Europa.[134]

In 1.0-Ökonomien entwickelten sich formellere Eigentumsrechte – zum Beispiel dem Staat oder privaten Körperschaften zugeteilte Rechte. Beispiele für Staatseigentum sind etwa die Nationalparks in den USA. Der Staat wird jetzt wichtiger ökonomischer Akteur, insbesondere im Hinblick auf die Produktion von *öffentlichen Gütern*. Beispiele für öffentliche Güter sind die nationale Verteidigung und IT-Infrastrukturen wie das World Wide Web. Das Hauptmerkmal öffentlicher Güter ist, dass sie für alle zugänglich sind (nicht-exklusiv) und dass ihr Verbrauch durch eine Person ihren Nutzen für eine andere Person nicht verringert.

In 2.0-Ökonomien verschob sich der Schwerpunkt zum Primat des Privateigentums. Privatbesitz existiert in allen Stadien ökonomischer und sozialer Entwicklung. Doch war er nie das primäre Eigentumskonzept, das die Auffassung von öffentlicher Politik und wirtschaftlicher Entwicklung entscheidend prägte. Die Erfolgsgeschichte

Ökonomie	Eigentumsrechte	Warenarten	Bündel von Rechten und Pflichten	Institutionalisierung
0.0	Offener Zugang	Gemeinsamer Ressourcenpool: Meeresfischerei, Atmosphäre (nicht ausschließbar, rivalisierend)	Keine Eigentumsrechte	Gemeinsamer Besitz
1.0	Staatliche Besitzrechte	Öffentliche Güter: nationale Verteidigung (nicht ausschließbar, nicht rivalisierend)	Eigentumsrechte vom Staat verliehen	Staatlicher Besitz: vierjährige Wahlzyklen
2.0	Private Eigentumsrechte	Private Waren: Nahrung, Kleidung, Wohnung (ausschließbar, rivalisierend)	Private Eigentumsrechte können durch Markt ausgetauscht werden (Zugang, Gebrauch, Management, Ausschluss und Recht, zu verkaufen)	Privatbesitz: vierteljährliche Ergebnisse
3.0	Kombinierte (öffentliche und private) Eigentumsrechte	Kombinierte Produkte (öffentlich-privat): Ökosystem-Dienstleistungen (ausschließbar, nicht ausschließbar, rivalisierend)	Kombinierte Eigentumsrechte, die durch Märkte gemanagt und zum Teil ausgetauscht werden können (Zugang, Gebrauch, Management, Ausschluss und Recht, zu verkaufen)	Besitz von unterschiedlichen Stakeholdern (organisierte Interessengruppen)
4.0	Auf Gemeingütern basierende Eigentumsrechte	Gemeinsame Güter: Fischereigründe, Ökosystem-Dienstleistungen (nicht ausschließbar und rivalisierend)	Eigentumsrechte werden gemeinsam von treuhandbasierten Co-Besitzern, Stakeholdern und Treuhändern kontrolliert (Zugang, Gebrauch, Management, Ausschluss und gemeinsame Pflege)	Gemeinsamer Ökosystembesitz (Treuhänder, die das Gesamtsystem repräsentieren, einschließlich künftiger Generationen)

Tab. 5: Entwicklung von Eigentumsrechten in den ökonomischen Stadien

des Privateigentums vollzog sich in zwei Wellen. Die erste Welle basierte auf der *Okkupationstheorie* des Eigentums und wurde ursprünglich von Cicero zur Zeit des römischen Weltreichs formuliert. Diese Theorie hat das Verständnis und die Debatte über den Privatbesitz in Europa fast bis zur industriellen Revolution beherrscht. Hier die Eckpfeiler dieses Eigentumsverständnisses: Die Welt wurde ursprünglich allen Menschen gegeben, und wer immer als Erster Anspruch auf Besitz erhebt, hat das legale Recht (prima occupation) und genießt damit den Schutz des Staates. Zu den Hauptprinzipien dieser Sichtweise gehören: 1. ein Anfangspunkt, an dem alle Menschen das gemeinsame Eigentum an allen Gütern besitzen 2. erste Besitzergreifung, die das Recht am privaten Eigentum begründet; 3. Privateigentum, das eine soziale Verantwortung umfasst, für jene zu sorgen, die später kommen und weniger haben; und 4. der Staat darf in das Eigentum an privatem Besitz nur eingreifen, wenn das Wohl der Gesellschaft gefährdet ist.[135]

Das Paradigma der Okkupationstheorie wurde 1689 von John Locke mit der Veröffentlichung seines Werks »Second Treatise of Government« infrage gestellt. Locke führte ein, was später als *Arbeitstheorie* des Eigentums bezeichnet wurde. Lockes Hauptargument ist, dass der Mensch seinen eigenen Körper und folglich die Früchte seiner Arbeit besitzt. Diese Idee transformierte mehrere kulturelle Annahmen. Während die Anhäufung von Vermögen vorher als Gier kritisiert worden war, galt Vermögen nach der Arbeitstheorie als die Belohnung Gottes für die Arbeit und den Fleiß der Menschen. Die Arbeitstheorie des Eigentums schuf auch die Grundlagen für das Argument, dass Armut eine Folge der Faulheit sei. Von daher schwächte diese Auffassung die Fähigkeit des Staates, zum Wohl der Gesamtgesellschaft in private Eigentumsrechte einzugreifen.

In der gesamten Ära der ersten und der zweiten industriellen Revolution wurden private Eigentumsrechte zum Teil der Erfolgsgeschichte. Doch wie an früherer Stelle erörtert, gingen erfolgreiches Wachstum und die Anhäufung materiellen Reichtums zulasten negativer Externalitäten in Form von überschießender Armut und Umweltzerstörung. Die gesellschaftliche Reaktion auf diese negativen Externalitäten resultierte in einem Set von institutionellen Innovationen, die die Interessen von anderen Stakeholdern widerspiegelten (zu den Beispielen gehören Sozialversicherung, öffentliche Bildung, Umweltgesetze, Baugesetze und öffentlich-private Partnerschaften).

Dennoch konnte keine der Innovationen der Ökonomie 3.0 die Probleme verhindern, vor denen wir heute stehen: die ökologischen, sozialen und spirituell-kulturellen Abgründe, die sich direkt aus der »*tragedy of the commons*« ergeben und die man auch als Tragödie der gemeinsamen Pool-Ressourcen bezeichnen könnte.[136] Diese gemeinsamen Pool-Ressourcen umfassen ökologische Gemeingüter wie Wasser, Boden, saubere Luft, Energie und Saaten; soziale Gemeingüter wie Vertrauen, Software und soziale Netzwerke und kulturelle Gemeingüter wie Wissen, Weisheit und lernende Infrastrukturen.

Die Krise unserer Zeit ist eine Krise der Gemeingüter. Die drei Abgründe spiegeln einen massiven Angriff auf unsere Gemeingüter durch eine Fülle von ungewollten negativen Externalitäten wider, die durch die gegenwärtige Form von Eigentumsrechten gefördert werden. Die Schaffung einer Ökonomie 4.0 verlangt, Eigentumsrechte zu überdenken und zu aktualisieren.

In der vernetzten Gesellschaft des 21. Jahrhunderts, in der Wert aus verteilten zwischenmenschlichen Beziehungen erwächst, scheint es wenig sinnvoll, Eigentumsrechte auf eine höchst individualistische Theorie zu gründen, die eher die britische Gesellschaft des 17. Jahrhunderts widerspiegelt als die globale Welt des 20. Jahrhunderts. Um die Erfolgsgeschichte privater Eigentumsrechte fortzusetzen, bedarf es einer Weiterentwicklung: eine neue Art von auf Gemeingütern gründenden Eigentumsrechten, die Treuhändern und verschiedensten Akteuren die Aufgabe übertragen, das Wohl des Ökosystems und künftiger Generationen verantwortungsbewusst zu verwalten.[137]

Auf der Suche nach 4.0

Lassen Sie uns den Diskurs über 4.0-Eigentumsrechte mit den folgenden Thesen beginnen:

Alle Besitzformen sind soziale Konstrukte

Alle Besitzformen sind soziale Konstrukte und damit abhängig von einer gefühlten Legitimität. In der Welt von John Locke, die durch kleine Bevölkerungen, individuelle Produktion in kleinem Maßstab und scheinbar unbegrenzte Ressourcen gekennzeichnet war, war es absolut plausibel, in Begriffen individueller privater Eigentumsrechte zu denken. In der Welt des 21. Jahrhunderts mit sieben Milliarden Menschen, stark verteilten Netzwerken co-kreativer Produktion und kooperativen Verbrauchs ebenso wie wachsender Ressourcenknappheit und zunehmend erschöpfter Gemeingüter sind wir in eine Ära eingetreten, in der das Beharren auf dem Primat individueller Eigentumsrechte überholt ist und im Widerspruch zu den echten Bedürfnissen unserer Zeit steht.

Wie in wachsendem Maße anerkannt wird, sollte jede Form von privaten Besitzrechten auch Pflichten gegenüber anderen Akteuren umfassen, die von den negativen Externalitäten der betreffenden Waren oder Dienstleistungen beeinträchtigt werden könnten. Eines der Gründungsprinzipien des deutschen Grundgesetzes besagt: »Eigentum verpflichtet. Sein Gebrauch soll zugleich dem Wohle der Allgemeinheit dienen.«[138] Das ist ein Beispiel für einen konstitutionellen Versuch, private Eigentumsrechte mit dem Wohl der Gesamtgesellschaft in Einklang zu bringen. Doch was bislang noch aussteht, ist eine echte Stärkung der gemeingüterbasierten Eigentumsrechte, die eine dritte industrielle Revolution anstoßen könnten, gekennzeichnet durch eine co-kreative Produktion und einen kooperativen Verbrauch, so wie die individuellen Eigentumsrechte die erste und zweite industrielle Revolution auslösten.

Zwei Hauptmythen haben dazu geführt, dass das Verständnis von Eigentumsrechten durch mittlerweile überholte Denkmuster geprägt ist:

Mythos 1: Nur private Eigentumsrechte sind effizient; andere Formen nicht. Ja, es stimmt, dass private Eigentumsrechte eine ungeheuere Erfolgsgeschichte vorweisen können und ein integraler Bestandteil in der Entstehung des modernen Kapitalismus 2.0 und 3.0 waren. Doch es ist nicht zutreffend, dass alle anderen Formen von Eigentumsrechten ineffizient sind. Drei Beispiele sprechen für eine Neubewertung des Vorrangs individueller privater Eigentumsrechte: 1. der wirtschaftliche Erfolg Chinas, wo der überwiegende Teil des BIP durch staatseigene Unternehmen produziert wird;[139] 2. Deutschland, das sich von der Krise 2008 schneller erholt hat als andere Länder, weil Unternehmen, Regierung und Gewerkschaften eng und kooperativ zusammengearbeitet haben; und 3. der allgemeine Niedergang unserer globalen Gemeingüter, der zeigt, dass wir Eigentumsrechte brauchen, die Transparenz und Verantwortlichkeit für die Übernutzung knapper Ressourcen schaffen.

Mythos 2: Es gibt keine dritte Form von Eigentum. Ein zweiter Mythos besagt, dass öffentliches und privates Eigentum die einzigen existierenden Eigentumsformen sind und dass es keine dritte Form gibt. Tatsächlich ist ein Großteil des Diskurses der letzten Jahrzehnte davon geprägt gewesen, dass eine unheilige Allianz von Interessengruppen das Zusammenspiel von staatlichen und privaten Eigentumsrechten genutzt hat, um lokalen Gemeinschaften ihre gemeingüterbezogenen De-facto-Besitzrechte abzuerkennen. So sind etwa Landwirte in Entwicklungsländern von genetisch erzeugten Hybridsaaten abhängig geworden, die sich nicht mehr vermehren. Was ein Gemeingut im Besitz der Gemeinschaft war – Saatgut –, wurde zu einem öffentlichen Gut erklärt (im Besitz des Staates) und dann in ein privates Gut verwandelt (das multinationalen Unternehmen wie Monsanto gehört). Und im Handumdrehen konnten Millionen von Bauern in Indien und andernorts ihre traditionellen Praktiken des Teilens und Vermehrens von Saaten nicht mehr anwenden, weil Monsanto sich die Patente für Kopien von lokalen Saatgütern gesichert hatte. Was eine kulturelle und ökonomische Praxis gewesen war (das Aufteilen des Saatguts unter den Bauern), war jetzt ungesetzlich und konnte strafrechtlich verfolgt werden; damit standen die Bauern vor der wenig attraktiven Wahl, sich entweder wirtschaftlich von Monsantos genetisch verändertem Saatgut abhängig zu machen oder das Gesetz zu brechen; diese verzweifelte Situation gilt als Hauptauslöser für ein Geschehen, das als größte Welle dokumentierter Selbstmorde in der Menschheitsgeschichte bezeichnet wurde – 250 000 indische Bauern haben sich im Laufe der letzten 15 Jahre das Leben genommen. In der indischen Presse war in diesem Zusammenhang die Rede von einem »genetisch veränderten Genozid«, aber die westlichen Medien, insbesondere in den USA, sind weiterhin blind dafür.[140]

Wir brauchen Eigentumsrechte, die an den Gemeingütern orientiert sind

Peter Barnes macht in seinem Buch *Kapitalismus 3.0* den Vorschlag, eine dritte Gruppe von am Allgemeinwohl ausgerichteten Eigentumsrechten zu schaffen, die die bestehenden staatlichen und privaten Eigentumsrechte verbessern würden. An den Gemeingütern orientierte Eigentumsrechte sollten durch Treuhandgesellschaften und

Treuhänder institutionalisiert werden, die gegenüber allen Interessengruppen im Ökosystem, einschließlich künftiger Generationen, verantwortlich wären und als Verwalter des Ganzen fungieren sollten. Finanzielle Gewinne würden im Fall des staatlichen Eigentums an die Regierung und im Fall des Privateigentums an die Aktionäre gehen, aber im Fall der Gemeingüter würde der Gewinn an alle Bürger in den betroffenen Gemeinschaften fließen, was in einer »Bürgerdividende« resultieren würde.

Ein Merkmal von treuhandbasierten Eigentumsrechten der Gemeinschaft ist, dass sie nicht wie ein Unternehmen funktionieren, das tendenziell durch kurzfristige Gewinnerwartungen angetrieben wird, oder wie eine Regierung, die tendenziell durch spezielle kurz- oder mittelfristige Interessen angetrieben wird (wie den Anlauf auf die nächste Wahl). Ein Treuhandfonds und seine unabhängigen Treuhänder sind verantwortlich für die langfristige Nachhaltigkeit des spezifischen Gemeinguts, das sie für die nächste Generation verwalten.[141]

Gemeinsames Eigentum ist im Kommen

Es gibt zahlreiche Beispiele für Treuhandfonds und andere Formen geteilter Eigentumsrechte. Der Internetzugang und -gebrauch ist ein Beispiel, das zu einem wesentlichen Bestandteil unseres Alltagslebens geworden ist. Entstehende Formen von Eigentumsrechten setzen sich zu einer facettenreichen globalen Bewegung zusammen, die sich ihrer selbst noch gar nicht voll bewusst ist. Diese neue Art von 4.0-Gemeinschaftsbesitz stellt existierende Besitzformen infrage. Wie Mark Levine in der *New York Times* schreibt: »Das Teilen ist für das Eigentum, was der iPod für das Achtspurband und was der Sonnenkollektor für die Kohlengrube ist. Teilen ist sauber, frisch, urban, postmodern; Besitzen ist langweilig, egoistisch, ängstlich, rückständig.«[142]

In die gleiche Richtung geht eine Aussage der Autorin Rachel Botsman: »Ich will keine ›Sachen‹, ich will die Bedürfnisse oder Erfahrungen, die hinter den ›Sachen‹ stehen! Das ist eine massive Veränderung – der Gebrauch sticht das Besitzen aus. Ich glaube, man wird es quasi als Revolution bezeichnen, wenn sich die Gesellschaft angesichts großer Herausforderungen in einer seismischen Verschiebung vom individuellen Bekommen und Ausgeben hin zur Wiederentdeckung des Gemeinguts bewegt.«[143]

Christian Felber fasst diese Entwicklungen in seinem ausgezeichneten Buch *Gemeinwohlökonomie* zusammen, in dem er die Rolle des

Gemeinwohls für ein Neudenken ökonomischer Steuerungsprozesse ausarbeitet.[144]

Im Folgenden einige Beispiele für die frühen Stadien dieser seismischen Verschiebung. Zipcar, ein Fahrgemeinschafts-Service, der im Jahr 2000 in Cambridge, Massachusetts, gegründet wurde, hatte im Jahr 2012 670 000 Mitglieder. Netflix, gegründet 1997, ermöglicht seinen 23 Millionen Mitgliedern, sich den Zugang zu DVDs zu teilen. Zimride ist ein soziales Netzwerk für Fahrgemeinschaften am MIT, das Studierenden, Angestellten und Professoren ermöglicht, gemeinsame Autofahrten zu koordinieren. Bei »Powership Parties« in Deutschland tauschen Frauen auf Partys mit über 800 Personen Kleider, die sie nicht mehr tragen. Mehr und mehr Verbraucher gehen vom Kaufen zum »Gebrauchen« über: Botsman nennt dieses Phänomen »kooperativen Konsum«.[145]

Robert Henrich, CEO von Daimlers Car2go, das Kunden anbietet, Autos zu teilen, und das Niederlassungen in Vancouver (British Columbia), Austin (Texas), Washington DC, San Diego, Amsterdam, Wien, Lyon, Hamburg, Düsseldorf und Ulm hat, sagt in diesem Zusammenhang: »Anfangs waren es vor allem junge Leute, die das ausprobieren wollten. Inzwischen sind alle Bevölkerungsgruppen vertreten: Studierende, Angestellte, Selbstständige, Kleinunternehmer Senioren.«[146] Bei all diesen Beispielen teilen sich die Verbraucher/Benutzer die Ressource, ob Auto, DVD oder Werkzeuge, anstatt sie zu besitzen.

Urbane Landwirtschaft unter gemeinschaftlichem Besitz ist ebenfalls im Aufstieg begriffen. Das Landshare-Projekt in Großbritannien verbindet Menschen, die einen Garten, aber kein Interesse oder keine Zeit haben, um ihn zu nutzen, mit Menschen, die Gemüse anbauen möchten. Landshare, das 2009 an den Start ging, hatte drei Jahre später 71 000 Mitglieder und kombiniert lokale Nahrungsmittelproduktion mit der Schaffung eines sozialen Netzwerks. Eine interaktive Landkarte und Website koordiniert ein Netzwerk von lokalen Anbauern. Zu den Mitgliedern zählen Einzelpersonen und Familien ebenso wie Schulen und Altersheime.

Die Stadt Todmorden in West Yorkshire hat diese Idee weiterentwickelt und sich das Ziel gesetzt, bis 2018 zum Selbstversorger in Bezug auf Gemüse, Obstgartenfrüchte und Eier zu werden. Vor der Polizeibehörde hat man Möhren angebaut, am Treidelpfad entlang des Kanals wachsen Himbeeren, Aprikosen und Äpfel und neben der

Arztpraxis wachsen Erdbeeren. Die Bürger werden aufgefordert, zu ernten, was ihr Herz begehrt. Sie müssen nichts für die Erzeugnisse bezahlen.[147] Todmorden hat andere Städte dazu inspiriert, sich dem Incredible-Edible-Modell anzuschließen, das nicht nur kostenlose lokale Produkte erzeugt, sondern auch ein neues Gemeinschaftsgefühl innerhalb der Stadt gefördert hat. Interface, ein in Atlanta ansässiger Teppichhersteller, behält die Besitzrechte an den Teppichen, die er verkauft, und pflegt die Produkte gegen eine monatliche Gebühr im Wohnsitz oder dem Unternehmen. Dieser Service, verbunden mit einem System, bei dem Interface abgenutzte Teppiche ersetzt (und recycelt), verringert den Neukauf von Teppichen um bis zu 80 Prozent.

Die 4.0-Formen gemeinschaftlichen Besitzes beschränken sich nicht auf die Ebene von Produkten oder Ressourcen. Gemeinschaftlicher Besitz gilt auch für das, was im Kapitalismus das Kronjuwel aller Vermögenswerte zu sein scheint – industrielles Kapital.

Beispiel: Der globale Autozulieferer Bosch hat mehr als 350 Niederlassungen in mehr als 60 Ländern und weltweit über 300 000 Mitarbeiter. Das Unternehmen hatte 2011 Einnahmen von etwa 51,4 Milliarden Euro. 92 Prozent des Firmenbesitzes liegen in den Händen der Bosch-Stiftung, einer gemeinnützigen Organisation, die einen Anteil der Dividenden erhält.

Ein weiteres Modell bietet die im spanischen Baskenland ansässige Genossenschaft Mondragon. 2011 erarbeiteten 83 000 Mitarbeiter und Mitarbeiterinnen ein Firmeneinkommen von 14,7 Milliarden Euro. Die Mondragon-Genossenschaften arbeiten partizipativ und mit einem Ökosystem von 256 verschiedenen Kooperationsunternehmen. Die Genossenschaften befinden sich im Besitz ihrer Mitarbeiter-Mitglieder. Jede Person hält eine Stimme.[148]

Insgesamt sind eine Milliarde Menschen als Mitglieder/Kunden und/oder als Mitarbeiter/Teilnehmer in Genossenschaften involviert. Im Jahr 2008 erzielten die 300 größten Kooperativen Einnahmen von 1,6 Billionen US-Dollar, was mit dem BIP der neuntgrößten Ökonomie weltweit vergleichbar ist.[149]

Und – last but not least – hat das Internet mehr als 2,1 Milliarden User, fast ein Drittel der Weltbevölkerung. Das Internet folgt ohne zentralisierte Governance zwei Betriebsgrundsätzen: 1. dem Internet-Protocol-Adressraum; und 2. dem Domain-Namen-System. Die Internet Engineering Task Force (IETF), die die Hauptprotokolle (IPv4 und IPv6) standardisiert, operiert als Non-Profit-Organisation mit internationalen Teilnehmern, der jeder beitreten kann, wenn er technischen Sachverstand beisteuert.[150]

Unsere Zukunft sehen: Das Eigentum an Gemeingütern gemeinsam gestalten

Die Weiterentwicklung von Besitzformen und von an Gemeingütern orientierten Eigentumsrechten ist von zentraler Bedeutung für eine Weiterentwicklung unseres ökonomischen Systems. Auch wenn viele spontane Formen kooperativer Gemeingüter und verteilten Besitzes im Augenblick entstehen, reichen diese Experimente nicht aus, um eine Antwort auf die dringlichen ökologischen, sozialen und spirituell-kulturellen Krisen zu bieten. Diese Krisen oder Abgründe werden zu starken Erschütterungen führen, die von uns verlangen werden, die Gestaltung von Eigentumsrechen in unseren Mainstream-Institutionen und Systemen von Grund auf zu überdenken. Es wird nicht ausreichen, dass man mit neuen Formen von Eigentumsrechen an den Rändern des Systems experimentiert. Wir werden Eigentumsrechte in allen Mainstream-Systemen, die die Regenerationsfähigkeit unserer Gemeingüter betreffen, überdenken und neu gestalten müssen.

Die derzeitige Krise des Kapitalismus ist eine Krise unserer überholten ökonomischen Denkrahmen 2.0 und 3.0, die Natur, Arbeit und Kapital als Waren auffassen. Unser Glaube an diese Warenfiktion hat uns eine mühelose Anhäufung von Kapital und die Organisation industrieller Arbeit ermöglicht – wobei wir jedoch in weniger als 200 Jahren fast die gesamten fossilen Brennstoffe verbraucht haben, die unser Planet in Abermillionen Jahren angesammelt hat.

Wenn alles eine Ware ist, dann kann ich die Ware einfach nehmen, verkaufen, benutzen, wegwerfen und neu kaufen. Und das ist genau das, was geschieht. Private Eigentumsrechte sind hervorragend, wenn es um Waren und weniger verteilte Systeme geht. Aber wenn sie auf komplexe und verteilte Güter angewendet werden, bringen sie eine Menge Ballast mit sich.

Der ökologische Abgrund (Überstrapazierung), der soziale Abgrund (Ungleichheit und Armut) und der spirituell-kulturelle Abgrund (Depression) sind die Folge eines ökonomischen Denkmodells, das die Erde, den Menschen und Geld als Waren versteht. Doch die Erde ist keine Ware und das Gleiche gilt für den Menschen. Wir haben diese Erde nicht geschaffen; sie wurde uns geschenkt. Einfach

»nehmen, machen, kaufen, benutzen und wegwerfen« ist nicht genug – unsere Aufgabe besteht vielmehr darin, gute Verwalter zu sein, die das, was uns gegeben wurde, im selben oder in einem besseren Zustand an die nächste Generation weitergeben.

Wir stehen an einem historischen Wendepunkt, an dem die enormen negativen Externalitäten, die wir kollektiv hervorbringen, von den uns umgebenden ökologischen, sozialen und spirituellen Ökosystemen nicht länger aufgefangen werden können. Wir stoßen an unsere Grenzen. Das zeigt sich an der zunehmenden Zahl der disruptiven Krisen und Zusammenbrüche, vor denen wir als globale Gesellschaft stehen. Die Gegenwart ist ein entscheidender Augenblick auf unserem evolutionären Pfad: Wir können entweder aufwachen und uns selbst neu ausrichten, oder wir können ignorieren, was geschieht, und auf dem Kollisionskurs bleiben, der katastrophale Folgen für Milliarden von Menschen allein in unserer Lebenszeit haben wird.

Das steht auf dem Spiel, wenn wir die Entwicklung unserer Ökonomie und des ökonomischen Denkens betrachten.

Schlussfolgerung und praktische Übungen

In diesem Kapitel haben wir uns darauf konzentriert, den blinden Fleck zu beleuchten, der den acht in Kapitel 2 erörterten strukturellen Bruchlinien zugrunde liegt. Was bringt uns dazu, diese strukturellen Bruchlinien immer wieder zu reproduzieren? Die veralteten Muster und Paradigmen eines ökonomischen Denkens, von dem aus Entscheidungsträger immer noch handeln.

Wir haben einen genaueren Blick auf acht Schlüsselkonzepte ökonomischen Denkens geworfen, die diesen Bruchlinien zugrunde liegen: Natur, Arbeit, Kapital, Technik, Führung, Konsum, Governance und Eigentum. Was wir bei der Rekonstruktion des ökonomischen Denkens über diese Konzepte hinweg entdeckt haben, ist, dass jedes dieser Kernkonzepte eine ähnliche Entwicklung vollzogen hat (siehe Tab. 3). Dieser Weg führte durch die Paradigmen des kommunalen (0.0), des staatszentrierten (1.0), des vom freien Markt bestimmten (2.0) und des von der sozialen Marktwirtschaft (3.0) geprägten Denkens; der weitere Verlauf führt möglicherweise zu einer intentionalen Ökosystem-Ökonomie, die dem Wohl aller dient (4.0). Dieser Weg durch verschiedene ökonomische Paradigmen lässt sich auch als

Entwicklungsphasen des menschlichen Bewusstseins beschreiben, indem sich das Bewusstsein darüber, wie sich die Gesellschaft koordiniert, vom traditionellen (1.0) und Egosystem-Bewusstsein (2.0) zu Stakeholder- (3.0) und zu Ökosystem-Bewusstsein (4.0) entwickelt.

Zusammenfassend: Die Entwicklung ökonomischen Denkens und unserer Ökonomie verkörpert die Entwicklung des menschlichen Bewusstseins. Das Wesen der neuen Ökonomie besteht darin, das ökonomische Denken vom Egosystem-Bewusstsein zum Ökosystem-Bewusstsein zu verändern. In diesem Kapitel haben wir diese Transformation am Beispiel von acht Brennpunkten – oder Akupunkturpunkten – erläutert. Die Geschichte dieser Akupunkturpunkte handelt im Grunde davon, dass man über die Warenfiktion von Land, Arbeit und Kapital hinausgeht (2.0-Denken), um bessere und intelligentere Methoden für eine verantwortungsbewusste Kultivierung der Gemeingüter zu entwickeln ebenso wie für eine Rücklenkung von Teilen des finanziellen Kapitals zu den wahren Quellen individueller und gemeinsamer Kreativität.

Journaling-Fragen

Nutzen Sie Tabelle 6 als Mini-Version der Matrix der ökonomischen Evolution (Tab. 3), um Ihre Organisation entlang der folgenden fünf Schritte zu bewerten:

1) Kreuzen Sie in jeder Spalte ein Kästchen an (1.0, 2.0, 3.0 oder 4.0), das das derzeit vorherrschende Betriebsmodell in Ihrer Organisation und Ihrem Kontext am besten repräsentiert.
2) Ziehen Sie dann eine *Linie für die gegenwärtige Realität*, die alle Kästchen, die Sie angekreuzt haben, miteinander verbindet.
3) Welches Betriebsmodell wäre am besten geeignet für die Arbeit, die künftig getan werden muss, damit die Herausforderungen der nächsten ein oder zwei Jahrzehnte in Angriff genommen werden können?
4) Zeichnen Sie jetzt mit einer anderen Farbe eine *Linie für die entstehende Zukunft*, die die zweite Gruppe angekreuzter Kästchen miteinander verbindet.
5) Vergleichen Sie die beiden Linien (die Linie der gegenwärtigen Realität und die Linie der entstehenden Zukunft). Weichen Sie voneinander ab? An welchen Stellen unterscheiden sie sich? Was bedeuten die Unterschiede?

	Natur	Arbeit	Kapital	Technik	Führung	Konsum	Koordination	Eigentum
1.0	Ressourcen	Knechtschaft	Menschlich	Werkzeuge	Autoritär	Traditionell	Zentrale Planung	Staat
2.0	Ware	Ware	Industriell	Maschinen	Anreize	Konsumdenken	Märkte und Wettbewerb	Privat
3.0	Regulierte Ware	Regulierte Ware	Finanziell	Systemzentrierte Automatisierung	Partizipativ	Selektiv bewusster Konsum	Netzwerke und Verhandlungen	Kombiniert
4.0	Ökosystem, Gemeingüter	Unternehmertum	Kulturell, kreativ	Menschenzentriert	Co-kreativ	Kooperativ bewusster Konsum	Intentionales, gemeinsames Handeln: ABC (awareness-based collective action)	Gemeingüter: geteilter Zugang

Tab. 6: Organisations-Assessment

Dialogkreis

1) Lassen Sie die Teilnehmer und Teilnehmerinnen die obigen Fragen individuell beantworten, bevor Sie dann als Gruppe darüber diskutieren, was die Antworten für einen Weg nach vorn bedeuten.
2) Welche interessanten Prototypen fallen Ihnen ein, mit denen Sie sofort 4.0-Arten von Betriebsmodellen im Kontext Ihrer eigenen Arbeit und Ihres eigenen Lebens erforschen könnten?

4 Quelle: Gegenwärtigung der höchsten zukünftigen Möglichkeit

Dieses Kapitel erforscht die unterste Schicht des »Eisbergs der gegenwärtigen Realität«, die wir als Quellebene oder Ebene der Intention und des Bewusstseins bezeichnen. Der sichtbare Teil eines Eisbergs ist der Bereich über der Wasseroberfläche, der die »Oberflächensymptome« einer Gesellschaft (vgl. Kapitel 1) beschreibt. Unterhalb dieser sichtbaren Symptome liegen strukturelle Bruchlinien, die systemische Grenzen auslösen, auf die wir weltweit als Zivilisation heute stoßen (vgl. Kapitel 2). In Kapitel 3 haben wir uns mit den Paradigmen des ökonomischen Denkens befasst, die zu den strukturellen Problemen führen und die wir in der »Matrix der ökonomischen Evolution« zusammengefasst haben (vgl. Tab. 3). Dieses Kapitel untersucht die Quellebene der sozialen Wirklichkeitsentstehung, d. h., wir stellen die Frage, wie eine Verbindung zu einer im Entstehen begriffenen Zukunft hergestellt werden kann.

Der blinde Fleck (III): Quelle

Im Jahre 1996 berichtete Peter Senge, unser Freund und Kollege am MIT, von einem Gespräch mit dem chinesischen Zenmeister Huai-Chin Nan, auch Master Nan genannt, das er in Hongkong geführt hatte:

> »Aufgrund seiner Integration von Buddhismus, Taoismus und Konfuzianismus schätzt man ihn in China als einen außergewöhnlichen Gelehrten. Ich wollte von ihm seine Meinung zu der Frage wissen, ob die Industrialisierung so große Umweltprobleme hervorrufen wird, dass wir uns schließlich selbst zerstören, und ob wir einen Weg zum Verständnis dieser Probleme finden müssten, um die industriellen Einrichtungen entsprechend zu verändern. Er stimmte dem nicht vollständig zu, denn er sah die Dinge anders. Aus seiner Sicht gab es eine tiefere Ebene, und er meinte: ›*Es gibt auf der Welt nur einen wesentlichen Punkt und das ist die Wiedervereinigung von Geist und Materie.*‹ Genau das hat er zu mir gesagt: ›die Wiedervereinigung von Geist und Materie‹.«[151]

Als ich (Otto) dies hörte, hatte ich ein Gefühl, als wäre ein Schleier zerrissen, der mir den Blick auf eine tiefere Sicht der Wirklichkeit verdeckt hatte. Blitzartig sah ich vor meinem inneren Auge ein soziales Feld, das an der Oberfläche die aktuellen Symptome der gesellschaftlichen Pathologie aufwies und darunter die tieferen Quellen verbarg, in denen diese Symptome ihren Ursprung hatten.

Was wäre, wenn sämtliche Symptome auf der Oberflächenebene die Folge eines Bruchs auf einer tiefer gelegenen Ebene wären, die wir vorläufig als »die Quelle« bezeichnen wollen?

Was bedeutet die »Wiedervereinigung von Geist und Materie« im Kontext des sozialen Feldes und der verschiedenen Ebenen des kollektiven Handelns? Ist es notwendig, »Handeln« und »Bewusstsein« wieder zusammenzuführen, um auf die Schlüsselfragen unserer Zeit zu antworten? Heißt das, dass wir die Feedbackschleife von Ergebnissen, Handeln und Denken auf der Ebene der Gesamtsysteme schließen müssen?

Ein Gespräch über Materie und Geist

Drei Jahre später, im Herbst 1999, hatte ich selbst Gelegenheit, Master Nan in Hongkong zu befragen. Er sagte, dem 20. Jahrhundert fehle ein kultureller Leitgedanke, der Gesellschaft und Leben miteinander vereinigt, und er vertrat die Ansicht, dass die Welt dabei sei, immer tiefer in einen von Technologie und Geld angetriebenen Materialismus zu versinken. Aber er sah auch Anfänge einer neuen Spiritualität vor sich. Er sagte: »Es wird definitiv in diese Richtung gehen, ins Spirituelle. Doch dieser Weg wird anders sein als der spirituelle Weg früherer Zeiten, ob im Osten oder Westen. Es wird ein neuer spiritueller Weg sein. Eine Kombination von Naturwissenschaft und Philosophien.« Aber diese neue Spiritualität würde, so seine Überzeugung, immer noch eng mit den tieferen Dimensionen unserer Menschlichkeit verbunden sein: »Sie wird immer wieder zu bestimmten Fragen zurückkehren. Was ist der Sinn und Zweck des Lebens? Worin besteht der Wert des Lebens? Warum existieren wir?«

Später an diesem Tag erfuhr ich von seinen Studenten, dass Master Nan kürzlich eine Neuinterpretation von Konfuzius' Essay »Das große Lernen« veröffentlicht hatte, einem der beiden zentralen Texte des Konfuzianismus. In seinem Kommentar erklärt Master Nan, dass Führungspersönlichkeiten den Zugang zu sieben Stufen des bewussten Führens lernen müssten, um ihr Bestes geben zu können. Der Hauptabschnitt von »Das große Lernen« liest sich wie ein »U-in-Aktion«-Prozess von Makro nach Mikro und zurück:

> Die Alten, welche die klare moralische Kraft überall unter dem Himmel zum Strahlen bringen wollten – sie ordneten zunächst ihren Staat.
> Um ihren Staat ordnen zu können, schufen sie zunächst Ordnung in ihrer Familie.
> Um in ihrer Familie Ordnung schaffen zu können – dazu entwickelten sie zunächst ihre eigene moralische Qualität.
> Um ihre eigene moralische Qualität entwickeln zu können, richteten sie zunächst ihr Herz korrekt aus.
> Um ihr Herz korrekt ausrichten zu können, mussten zunächst ihre Absichten echt und aufrichtig sein.
> Um echte und aufrichtige Absichten erreichen zu können, mussten sie zunächst Einsicht gewinnen.
> Das Gewinnen von Einsicht – es besteht darin, dass man den Dingen auf den Grund geht.
> Den Dingen auf den Grund gehen – daraus folgt Einsicht.
> Ist man zu Einsicht gelangt, gewinnt man echte und aufrichtige Absichten.
> Echte und aufrichtige Absichten – sie führen zur korrekten Ausrichtung des Herzens.
> Ist das Herz korrekt ausgerichtet, dann entwickelt sich die eigene moralische Qualität.
> Ist die eigene moralische Qualität entwickelt, dann vermag Ordnung in der Familie zu sein.
> Ist Ordnung in der Familie, kann der Staat geordnet werden.
> Ist der Staat geordnet, dann kann die ganze Welt zu Ruhe und Frieden finden.[152]

Der Konfuzianismus wird häufig so aufgefasst, als lege er besonderen Wert auf gute Gefolgschaft und als dürfe man nicht gegen die Obrigkeit aufbegehren, doch Master Nan betont, dass man »Das große Lernen« nicht auf diese Weise interpretieren solle. »Das Wichtigste ist, sich selbst zu verstehen, den eigenen Öffnungsprozess zu verstehen.«

Das Tao des Führens

Später am Tage kamen wir wieder an einem großen runden Tisch zusammen, wobei uns ein Dutzend seiner Studenten Gesellschaft leistete. Es gab köstliches Essen und viele Gespräche, die Menschen redeten laut, dachten nach, lachten, rauchten, tranken und diskutierten über so unterschiedliche Themen wie Anbaumethoden, Naturwissenschaft und sogar wissenschaftliche Untersuchungen zum Gefühlsleben der Pflanzen.

Mithilfe meiner Dolmetscherin Professor Zhao wollte ich überprüfen, ob ich richtig verstanden hatte, was Master Nan am Nachmittag zu mir gesagt hatte. Ich fasste das Gesagte teils zusammen, teils erweiterte ich seine Äußerungen noch, indem ich sagte, der blinde Fleck des 20. Jahrhunderts stünde in Zusammenhang mit unserer Unfähigkeit, den Prozess des *Werdens* der gesellschaftlichen Wirklichkeit wahrzunehmen, oder, anders gesagt, mit unserer Unfähigkeit, zu verstehen, wo der Ursprung unseres Handelns liegt. Für gewöhnlich fassen wir die soziale Wirklichkeit um uns herum als dinglich auf, als etwas, das außerhalb von uns ist und unabhängig von uns existiert. Der blinde Fleck bedeutet, dass wir nicht sehen, dass *wir selbst* es sind, die die soziale Wirklichkeit hervorbringen, und so verstehen wir nicht, wie unser individuelles Bewusstsein und unsere Zielsetzung die soziale Realität um uns herum beeinflussen. Um diesen blinden Fleck zu erhellen, müssen wir die sieben Meditationszustände des Führens praktizieren, die Master Nan in seiner neuen Interpretation von »Das große Lernen« herausstellt.

Master Nan war mit meiner Interpretation einverstanden. Danach stellte ich ihm immer dieselbe Frage in immer neuen Abwandlungen – nämlich, wo dieser ständige Strom der Erschaffung sozialer Realität seinen Ursprung habe. Master Nan erwiderte, die Quelle sei »Geist und Denken«. Aber ich beharrte auf meiner Frage: »Wo haben Geist und Denken ihren Ursprung?« In seiner Antwort sprach Master Nan von verschiedenen Bewusstseinsebenen und Zuständen des Selbst. Meine abschließende Frage bezog sich auf die Quellen des Selbst: »Wo ist der Ursprung des ›Selbst‹ und des ›SELBST‹?«, wobei das großgeschriebene Selbst für höchstes Potenzial steht.

»Das kleine Selbst und das große SELBST stammen aus derselben Quelle«, erwiderte Master Nan. Dann fuhr er fort:

> »Derselbe Ursprung bei beiden. Das ganze Universum ist einfach ein einziges großes Selbst. Gläubige Menschen nennen es Gott. Philosophen bezeichnen es als die Naturkraft, das Elementare. Wissenschaftler nennen es Energie. Buddhisten sprechen von Atma. Die Chinesen sagen Tao dazu. Die Araber nennen es Allah. Also, in gewissem Sinne wissen alle Kulturen,

dass es da etwas gibt, ein ultimatives Etwas. Bei den religiösen Menschen wird es nur personalisiert. Sie machen daraus so etwas wie eine Person, einen Gott. Okay, dieser Gott ist übernatürlich, besitzt all diese übernatürlichen Kräfte usw. Das ist eben Religion. Die Philosophen bedienen sich der Logik, um es zu analysieren. Die Naturwissenschaftler wollen in allem das große Selbst entdecken oder es mithilfe physikalischer Forschungen usw. herausfinden. Wenn man die menschliche Kultur genau betrachtet, dann steht am Anfang immer die Religion. Als Nächstes fangen die Leute an, die Religionen anzuzweifeln und Fragen nach dem Warum zu stellen, und schließlich machen sie sich daran, sie wissenschaftlich zu erforschen. Und so kommt man zur Philosophie. Aber es gibt dann immer noch Zweifel. Alles beruht auf Vernunft und Logik. Das ist zu abstrakt, es ist nicht real. Also wollen sie Experimente damit anstellen, und auf diese Weise begannen sich die Naturwissenschaften herauszubilden, zu entstehen. Soweit ist das die Entwicklung der westlichen Zivilisation. Von den Religionen zur Philosophie und von da zur Naturwissenschaft. Religion, Wissenschaft, Philosophie – sie alle versuchen, dieses große Selbst, diesen Ursprung des Lebens zu finden. Dieses große Selbst war ursprünglich nur ein einziger Körper, alles war eins.«

Master Nan differenzierte dann zwischen dem kleinen Selbst und dem großen Selbst.

»Zur Bildung und Verfeinerung, zum Erlernen des Buddhismus, muss man als Erstes versuchen, sich von der Sicht des [kleinen] Selbst zu lösen. Sobald man einmal den Zustand der Selbstentäußerung erreicht hat [also das kleine Selbst loslässt], kommt man in den Zustand des großen Selbst. Mitfühlen, Lieben usw., all das stammt aus dem großen Selbst. Von diesem großen Selbst aus ist man nicht mehr egoistisch – selbstsüchtig.«[153]

Als ich das Treffen mit Master Nan und seinen Studenten verließ, war ich tief bewegt und inspiriert. Mir kam die Idee, dass der Dreh- und Angelpunkt, um die Trennung von Geist und Materie zu überwinden, mit den Quellen des Selbst zu tun haben müsse. Was also war nötig, um mehr über diese Quellen zu erfahren?

Der blinde Fleck der Kognitionsforschung

Diese Frage führte zu einem Meeting im Jahre 2000 in Paris im Büro des inzwischen verstorbenen Kognitionswissenschaftlers Francisco Varela, einem der brillantesten Wissenschaftler und Denker seiner Generation. Wenn wir die zwei oder drei wichtigsten Interviews nennen sollten, die zur Entwicklung der Theorie U führten, dann würden meine Gespräche mit Varela dazugehören.

Bei meinem ersten Interview mit Varela, das 1996 stattfand, sprach er eine wichtige Erkenntnis aus: »Das Problem besteht nicht darin, dass wir nicht genügend über das Gehirn oder über Biologie wissen; das Problem besteht darin, dass wir nicht genug über die Erfahrung wissen [...] Wir im Westen hatten einen blinden Fleck für diese Art von methodischer Herangehensweise, die ich heute als eine direktere phänomenologische Methode bezeichnen würde. Jedermann glaubt, dass er über Erfahrung Bescheid weiß; ich behaupte, das stimmt nicht.«[154]

Als ich Varela im Jahr 2000 interviewte, fragte ich ihn als Erstes, ob er inzwischen noch weitere Überlegungen zu diesem Thema angestellt habe. Er erwiderte, diese Frage habe seit unserem Treffen von 1996 einen wesentlichen Schwerpunkt seiner Arbeit gebildet und zog ein Spezialheft des *Journal of Consciousness* aus dem Regal.

Er deutete mit dem Finger darauf und sagte: »Dieser Titel wäre noch vor drei oder vier Jahren undenkbar gewesen.« Im Folgenden erklärte er, er habe sich damit beschäftigt, die drei Hauptmethoden, die sich aus seiner Sicht mit diesem blinden Fleck, dem Zugang zur Erfahrung, befassten – Phänomenologie, psychologische Selbstbeobachtung und kontemplative Praktiken (religiöse Versenkung) – zu studieren und sie miteinander in Einklang zu bringen. Seiner Auffassung zufolge führten alle drei das Individuum durch denselben grundlegenden Prozess zunehmender Bewusstheit und Einsicht. Er fasste diesen fundamentalen Prozess der Bewusstwerdung als das Überschreiten dreier aufeinanderfolgender Wendepunkte zusammen: *Innehalten, Umwenden* und *Loslassen.*[155]

Als er diese drei Wendepunkte beschrieb und schilderte, wie eine Überschreitung dieser Schwellen die Qualität unserer Aufmerksamkeit verändert, wusste ich sofort, wovon er sprach. Ich hatte die gleichen Umschwünge von Einsicht und Aufmerksamkeit bei Gruppen und Teams und während Klausurworkshops und Seminaren beobachtet. Immer dann, wenn es bei der Arbeit von Teams und Organisationen darum geht, komplexe Herausforderungen anzugehen, die innovative Antworten und kollektive Kreativität verlangen, kommt es zu den folgenden Phasen:

1) *Innehalten:* Innezuhalten und alte Urteils- und Denkgewohnheiten außer Kraft zu setzen ist eine Vorbedingung für die erste Phase der Arbeit. Dazu gehört, dass man gewohnheitsmäßige Denkmuster durchbricht und anfängt, aufmerksam zu werden.
2) *Umwenden:* Nachdem die Denkmuster der Vergangenheit und die Gewohnheit des bloßen Runterladens (Downloaden) außer Kraft gesetzt und eingestellt wurden, entsteht das Bedürfnis, die Realität aus einem anderen Blickwinkel zu betrachten. Das setzt voraus, dass man zuhört, wenn andere Menschen ihre Sichtweisen und Erfahrungen darlegen; man nimmt diese Ansichten in sich auf und betrachtet sie als Teil des Bildes, das man aus einer Fülle von verschiedenen Blickwinkeln von der gegenwärtigen Realität gewinnt.
3) *Loslassen:* Als Nächstes – sofern uns das Glück hold ist – durchleben wir einen profunden Moment des »Stillwerdens«, der uns ermöglicht, unser altes Selbst loszulassen und mit einem anderen Seinszustand in Verbindung zu treten, einem Zustand, der uns hilft, uns bewusst zu werden, wer wir wirklich sind und wozu wir auf der Welt sind. Dadurch sind wir gezwungen, alles loszulassen, was nicht wesentlich ist, und unser Gepäck fallen zu lassen, wenn wir vor dem Nadelöhr stehen. Wenn wir diesen tieferen Zustand erreichen, ermöglicht er uns, aus einem co-kreativen Flow heraus zu handeln.

Dieses Gespräch mit Varela war für mich so etwas wie ein Saatkeim oder Geschenk. Heute würden wir rückblickend sagen, dass sich aus diesem Saatkeim ein zusammenfassender Bezugsrahmen für Theorie U entwickelte, die sogenannte Matrix der sozialen Evolution, die ein Kernelement der Theorie U – sich die Quelle des eigenen Handelns, Fühlens und Denkens zu vergegenwärtigen – mit Master Nans Überlegungen zur Reintegration von Geist und Materie verbindet.

Die Matrix der sozialen Evolution

Einer der Kerngedanken der Theorie U ist, dass die Form der Aufmerksamkeit oder dem Bewusstsein folgt. Wir können die Realität ändern, indem wir den inneren Ort verändern, von dem aus wir handeln. Die Matrix der sozialen Evolution (und der Rest dieses Buches) beschreibt, wie diese Veränderung sich auf der individuellen Ebene (aufmerksam sein), auf der Ebene von Gruppen (miteinander reden), für Institutionen oder Organisationen (organisieren) und in einem globalen System (koordinieren) auswirkt. Tabelle 7 zeigt, wie diese unterschiedlichen sozialen Felder (micro, meso, macro, mundo) sich verwandeln, je nachdem, von welchem inneren Ort aus – oder mit welcher Qualität des Bewusstseins – wir handeln.

Der erste Schritt, um zu verstehen, welche Wirkung die Qualität von Aufmerksamkeit auf die Realität hat, besteht darin, sich genauer anzuschauen, wie wir auf der individuellen Ebene operieren. Nehmen wir das Beispiel des Zuhörens. Auf Ebene 1 bezeichnen wir die Qualität des Zuhörens als Runterladen (Downloading). »Alles altbekannt!« Die Ideen, die der Zuhörer hört, bestätigen nur, was er ohnehin schon weiß. Die Beispiele sind vielfältig: Erstens sieht man die neuen Herausforderungen nicht, weil man an den alten Theorien festhält; und zweitens spürt man die zukünftigen Chancen nicht, weil man sich an alte Regelwerke oder frühere Erfahrungen klammert.

Ebene 2 beschreibt faktisches Zuhören – etwas, das gute Wissenschaftler praktizieren. Diese klammern sich nicht an bereits bestehende Interpretationen der Realität, sondern lassen die Tatsachen für sich sprechen. Sie bemühen sich, die Fakten aufzunehmen, selbst wenn diese im Widerspruch zu ihren eigenen Theorien oder Ideen stehen. Auf Fakten gerichtetes Zuhören bringt Menschen mit den tatsächlichen Gegebenheiten der Welt in Verbindung.

Was jedoch beim Faktenhören fehlt, ist ein Eindringen in die soziale Komplexität. Dies geschieht erst auf Ebene 3, die wir als empathisches Zuhören bezeichnen. Empathisches, also einfühlsames Zuhören lässt das Individuum die Realität aus der Perspektive des Anderen sehen und dessen Lebensumstände mitempfinden. Dies heißt nicht, dass die beiden Personen einer Meinung sind, aber sie sind in der Lage, die Perspektive des jeweils anderen wahrzunehmen und zu respektieren. Empathisches Zuhören bedeutet, sich in die Situation eines anderen Beteiligten (Stakeholder) zu versetzen und die Welt mit seinen Augen zu sehen.

Ebene 4 beschreibt das generative Zuhören. Generatives Zuhören bedeutet, einen Raum intensiver Aufmerksamkeit zu schaffen, der es zulässt, dass eine im Entstehen begriffene Zukunftsmöglichkeit »landet« bzw. sich deutlich manifestiert. Ein guter Coach arbeitet

Feld: Struktur der Aufmerksamkeit	**Mikro: *Zuhören* (inividuell)**	**Meso: *Gespräch führen* (Gruppe)**	**Makro: *Organisieren* (Institution)**	**Mundo: *Koordinieren* (globales System)**
1.0: gewohnheitsmäßiges Bewusstsein	Zuhören 1: Denkgewohnheiten des Runterladens	Runterladen: aus der Konformität heraus sprechen	Zentralisierte Kontrolle: um eine Hierarchie herum organisieren	Hierarchie: kommandieren/befehlen
Innehalten				
2.0: Egosystem-Bewusstsein	Zuhören 2: faktisch, offenes Denken	Diskussion: aus Differenzierung heraus sprechen	In Abteilungen unterteilt: um die Differenzierung herum organisieren	Markt: Wettbewerb
Umwenden				
3.0: Stakeholder-Bewusstsein	Zuhören 3: empathisch, offenes Fühlen	Dialog: aus Befragung anderer und Selbsterkundung heraus sprechen	Distribuiert/vernetzt: um Interessengruppen herum organisieren	Ausgehandelter Dialog: Kooperation
Loslassen				
4.0: Ökosystem-Bewusstsein	Zuhören 4: generativ, offene Präsenz	Kollektive Kreativität: aus dem Sich-Hindurchbewegenden heraus sprechen	Ökosystem: um das Entstehende herum organisieren	Intentionales, gemeinsames Handeln: gemeinsames schöpferisches Gestalten

Tab. 7: Die Matrix der sozialen Evolution

so: Er hört intensiv zu, und zwar auf eine Weise, die es dem Klienten ermöglicht, mit seinem im Entstehen begriffenen zukünftigen Selbst in Kontakt zu kommen. Manchmal benutzen wir auch eine Jazzcombo »im Flow« als Beispiel für diese Fähigkeit. Wenn die einzelnen Musiker auf das Ganze hören und gleichzeitig ihr eigenes Instrument auf ein im Entstehen begriffenes Muster einstellen, können sie gemeinsam etwas Neues erschaffen.

Wenn sich das Zuhören von Ebene 1 (flach) zu Ebene 4 (tief) verändert, durchläuft das Aufmerksamkeitsfeld des Zuhörers mehrere Wendepunkte, angefangen mit dem Innehalten (dem Einstieg in Ebene 2) über das Umwenden (Einstieg in das empathische Zuhören) bis zum Loslassen (dem Einstieg ins generative Zuhören).

Die Spalten 3 bis 5 zeigen die Auswirkung dieses Prozesses der Öffnung in Gruppen (Gespräch), Institutionen (Organisation) und Ökosystemen oder Gesellschaften (Koordination).

Das Überschreiten der Schwelle zu 4.0-Gesellschaften

Soziale und ökonomische Systeme auf einen Betriebszustand 4.0 zu bringen bleibt dennoch eine gewaltige Herausforderung. Dies erfordert nämlich ein Überschreiten der Schwelle des selbstreflexiven Meta-Bewusstseins auf mehreren Ebenen. Als Individuen müssen wir damit anfangen, auf unsere Aufmerksamkeit zu achten (Selbstwahrnehmung). Als Teams müssen wir anfangen, über unsere Gespräche zu sprechen (Dialog). Als Unternehmen müssen wir mit der Organisation unserer Organisation anfangen (Netzwerke von Netzwerken: Ökosysteme). Und als Ökosysteme müssen wir anfangen, unsere Koordination zu koordinieren (mithilfe von auf Bewusstsein gegründetem gemeinsamen Handeln, *awareness-based collective action*).

Auf sämtlichen Ebenen macht die zu überschreitende Schwelle eine Umwendung des Blicks zur Selbstwahrnehmung erforderlich. *Auf die eigene Achtsamkeit zu achten* bedeutet, den Strahl der Beobachtung zu biegen und die Blickrichtung zu ändern, sodass wir uns selbst sehen. *Über unsere Gespräche zu sprechen* bedeutet, die Gesprächsaufmerksamkeit umzulenken, damit sich die Gruppe selbst sehen kann. *Die Organisation unserer Organisation* bedeutet, Bedingungen zu schaffen, die eine ökosystemweite Selbstorganisation zielgerichteter, flüssiger und selbstkritischer machen. *Das Koordinieren der Koordination* bedeutet, eine Metaebene zu schaffen, die einer Gemeinschaft von Akteuren ermöglicht, sich selbst zu sehen und den Bestand bereits existierender Koordinationsmechanismen dem Bedarf anzupassen – zum Beispiel durch neue Grenzziehungen zwischen Kooperation und Wettbewerb innerhalb einer Branche.

Das Überschreiten dieser Schwelle erfordert soziale Techniken, Instrumente, Methoden und Führungspraktiken, die es uns ermöglichen, vom Egosystem zu einer ökosystemischen Bewusstheit und Bewusstseinslage zu wechseln.

Schlussfolgerung und praktische Übungen: Die Reintegration der Matrix

In den restlichen Kapiteln wollen wir spezielle Techniken vorstellen, welche die Spalten von Tabelle 7 erweitern, und sie anwenden auf:

1) das Individuum: Vom Ich zum Wir (Kapitel 5)
2) Beziehungen: Von Ego zu Öko (Kapitel 6)
3) Institutionen: Von Hierarchie zu Ökosystem (Kapitel 7)
4) Kompetenzaufbau: Von alten Formen zur Schaffung einer Global Awareness Action Leadership School (Kapitel 8).

Jeder dieser Wege ist ein Prozess tief greifender Öffnung und führt uns zurück zu Master Nans neuer Interpretation des Konfuzius. Folgt man diesem Text, handelt es sich um einen Weg, der von den äußeren Feldern (Welt, Staat, Familie) ins innere Feld führt: in unser Herz, unsere Gedanken und das Bewusstsein bis hin zur Erforschung des Nährbodens von Geist und Materie. Ähnlich ließen sich auch alle anderen Religionen und Weisheitstraditionen der Erde reinterpretieren.

Journaling-Fragen

Verwenden Sie Tabelle 8 als praktische Kurzfassung der Matrix der sozialen Evolution, um mit den folgenden Fragen Ihre aktuelle Situation zu beschreiben:

1) Wie viel Prozent Ihrer Zeit verbringen Sie jeweils auf den einzelnen Ebenen des Zuhörens? Notieren Sie die Prozentzahlen.

2) Wie viel Prozent Ihrer Zeit verbringen Sie jeweils auf den verschiedenen Ebenen des Miteinander-Sprechens?
3) Wie viel Prozent Ihrer Zeit lässt Ihre Institution Sie um zentralisierte, divisionalisierte, netzwerkartige oder ökosystemische Strukturen herum organisieren?
4) Wie viel Prozent Ihrer Zeit verbringen Sie damit, durch die Mechanismen der Hierarchie, des Wettbewerbs, der Stakeholder-Verhandlungen oder ABC (gemeinsames Bewusstsein des Ganzen) Verbindung zum Ganzen aufzunehmen?
5) Nehmen Sie einen andersfarbigen Stift und schreiben Sie in die Tabelle, was Sie sich für die Zukunft wünschen (in Prozentzahlen).
6) Vergleichen Sie jeweils die beiden Prozentzahlen, sehen Sie sich die Abstände dazwischen an und entwickeln Sie Ideen, um diese zu überbrücken.

Bewusstsein	Mikro: Zuhören	Meso: Gespräch führen	Macro: Organisieren	Mundo: Koordinieren
1.0: gewohnheitsmäßig	Ebene 1: runterladen (downloaden)	Runterladen	Zentrale Kontrolle	Zentrale Planung
2.0: Egosystem	Ebene 2: faktenbezogen	Debatte	In Abteilungen unterteilt	Märkte und Wettbewerb
3.0: Stakeholder	Ebene 3: empathisch	Dialog	Netzwerke	Verhandlung und Dialog
4.0: Ökosystem	Ebene 4: generativ	Kollektive Kreativität	Ökosystem	ABC: vom Ganzen her sehen und handeln

Tab. 8: Selbsteinschätzung

Dialogkreis

1) Nachdem jeder Teilnehmer und jede Teilnehmerin Ihres Kreises die sechs Fragen individuell beantwortet hat, sprechen Sie einzeln darüber, welche Einsichten, Fragen und Absichten er oder sie in Bezug auf sein/ihr jeweiliges persönliches Profil gewonnen hat.
2) Welche interessanten kleinen Prototypen fallen Ihnen ein, um 4.0-Formen des Handelns zu erforschen, die Ihr Profil vom aktuellen zum erwünschten bringen können?

5 Führen der personalen Umstülpung: Vom Ich zum Wir

In das Feld der Zukunft einzutreten beginnt damit, dass man bemerkt, dass sich in unserem Aufmerksamkeitsfeld etwas öffnet, ein Spalt oder Riss. Wer sich darauf einlassen will, muss das Alte loslassen und stattdessen etwas wachsen lassen, das wir zwar spüren, doch erst dann wirklich erkennen können, wenn wir es entstehen sehen. Dieser Augenblick, in dem wir uns vorwärts bewegen müssen, obwohl wir das Neue noch nicht genau sehen können, fühlt sich an, als würden wir über einen Abgrund springen. Im Augenblick des Sprungs haben wir keine Ahnung, ob wir heil auf der anderen Seite ankommen werden.

Als Menschen sind wir auf dem Weg zu *werden, wer wir wirklich sind*. Dieser Weg zu uns selbst – zu unserem SELBST – ist ein Weg mit offenem Ausgang, voller Erschütterungen, Verwirrungen und Zusammenbrüche, aber auch voller Inspiration und bahnbrechender Entdeckungen. Bei diesem Weg geht es im Wesentlichen um den Zugang zu den Urquellen des Selbst.

Der Mensch ist ein Seil

Dem Philosophen Friedrich Nietzsche war schon im 19. Jahrhundert die Spannung zwischen der gegenwärtigen Realität und der möglichen Zukunft des Menschen bewusst.[156] Im Jahr 1883 schrieb er in *Also sprach Zarathustra*:

> »Der Mensch ist ein Seil, geknüpft zwischen Tier und Übermensch – ein Seil über einem Abgrunde.
> Ein gefährliches Hinüber, ein gefährliches Auf-dem-Wege, ein gefährliches Zurückblicken, ein gefährliches Schaudern und Stehenbleiben.
> Was groß ist am Menschen, das ist, dass er eine Brücke und kein Zweck ist: Was geliebt werden kann am Menschen, das ist, dass er ein *Übergang* und ein *Untergang* ist.
> Ich liebe die, welche nicht zu leben wissen, es sei denn als Untergehende, denn es sind die Hinübergehenden.«[157]

Wir sind ein Seil über einem Abgrund. Eine Brücke und kein Zweck – eine lebendige Verkörperung des Hinübergehens. Als Nietzsche diese Zeilen schrieb, verstand niemand von seinen Lesern, Kollegen oder sogar Freunden die tiefe existenzielle Krise, von der er sprach. Niemand begriff, was er sagen wollte. Schon gar nicht die Nazis, die dreißig Jahre nach seinem Tod begannen, sein Werk zu missbrauchen. Nietzsches Schriften sind der Anfang einer bedeutsamen Kluft oder einer Öffnung im menschlichen Bewusstsein. Er sah den Abgrund, doch auf seinem Lebensweg gelang es ihm nicht, ihn zu überqueren.

In der heutigen Zeit ist der Abgrund nicht mehr die einzigartige Erfahrung eines bestimmten Philosophen, der vor 130 Jahren die großen Wendepunkte der Philosophie des 20. Jahrhunderts vorausahnte und den Keim dazu legte, indem er das menschliche Denken an den Rand des Todes und der Wiedergeburt brachte. Zu Beginn des 21. Jahrhunderts, und wahrscheinlich zum ersten Mal in der Geschichte der Menschheit, ist *die lebendige Gegenwart des Abgrunds* – also die gleichzeitige Existenz einer im Sterben liegenden Welt und einer Welt, die im Begriff ist, geboren zu werden – eine von vielen Millionen Menschen geteilte Erfahrung, und zwar quer durch die Kulturen, Bereiche und Generationen. Sie wird durchlebt in Ministerien, Konzernen, NGOs, lokalen Gemeinschaften und UN-Organisationen – überall dort, wo die Menschen das reale Bild betrachten.

Es ist ein gefühltes Erkennen, das sich auf Beziehungen, Institutionen und Systeme bezieht, aber noch stärker auf die persönliche Ebene unseres Weges vom Selbst zum SELBST.

Das Durchbrechen der Mauer

Vor Kurzem entdeckten wir am Rande eines Parkplatzes einen jungen Sprössling, der gerade die Asphaltschicht durchstoßen hatte. Wenn man etwas derart Unwahrscheinliches sieht, fragt man sich unwillkürlich, wie so etwas möglich ist.

Dieses Bild erfasst den Kern dessen, was wir heute an so vielen Menschen beobachten. Wohin man auch blickt, findet man bemerkenswerte Einzelpersonen und Gemeinschaften, denen es gelungen ist, die Mauern von Trauma und Tyrannei zu durchbrechen, um mit den tiefen Quellen ihrer Menschlichkeit in Verbindung zu kommen. Welche Bedingungen machen solche Durchbrüche möglich und lassen immer wieder »Wunder« geschehen?

Bedingungen der Möglichkeit

Zu wissen, wer wir sind, ist unmöglich, solange wir unser Augenmerk weg von uns selbst auf die äußere Welt um uns herum richten. Um wahre Selbsterkenntnis zu gewinnen, müssen wir *den Leitstrahl der wissenschaftlichen Beobachtung zurück* auf das beobachtende *Selbst* richten – also zurück auf seine *Quelle*. Francisco Varela nannte dies den »Kernprozess des Bewusstwerdens«: seine drei Gesten des Innehaltens, Umwendens und Loslassens, die die Abwärtsbiegung des U-Prozesses markieren.

Wir folgen dem Lauf dieses zurückgebogenen Beobachtungsstrahls in den restlichen Kapiteln dieses Buches: der Transformation des Individuums (in diesem Kapitel), der relationalen Transformation (Kapitel 6), der institutionellen Transformation (Kapitel 7) und der gesellschaftlichen Transformation (Kapitel 8). Ziel ist es, die tiefer liegenden Muster dieser Veränderungen oder Transformationen zu beschreiben. Wir bezeichnen dies als Inversion oder Umstülpung, also als einen tiefen Öffnungsprozess, bei dem ein sozialer Bereich vollständig umgekrempelt wird und sich das Innere nach außen und das Äußere nach innen verschiebt; die Dinge werden sozusagen auf den Kopf gestellt.

In unserer Diskussion der Matrix der sozialen Evolution in Kapitel 4 unterschieden wir vier Formen oder Qualitäten des Zuhörens:

Zuhören 1 (gewohnheitsmäßig): Projizieren alter (Wert-)Urteile
Zuhören 2 (faktisch): Der Leitstrahl der Beobachtung wird auf unsere Umwelt gelenkt.
Zuhören 3 (empathisch): Die Perspektive des anderen wird eingenommen, und dadurch beginnen wir mit den Augen des anderen zu sehen (Biegen des Strahls).
Zuhören 4 (generativ): Zuhören vom Ganzen und vom neu Entstehenden her, was den Strahl der Beobachtung auf die tiefen Quellen des SELBST zurückrichtet.

Die Umwendung des Aufmerksamkeitsstrahls in Berlin

Das Folgende bietet ein Beispiel für die unterschiedlichen Arten des Zuhörens. Es ereignete sich im Advanced Program des Presencing Institute. Im Juni 2012 kamen 72 Teilnehmer aus 19 Ländern zum letzten Modul dieses zweijährigen Programms in Berlin zusammen.

Unsere Kollegin Dayna Cunningham erinnert sich an eine Erfahrung, aus der deutlich wird, welcher Möglichkeitsraum sich durch ein Biegen des Aufmerksamkeitsstrahls eröffnet:

»In unserer Gruppe gab es eine Reihe von Menschen mit jüdischem Hintergrund, die durch den Holocaust Angehörige verloren hatten, während andere einen deutschen Hintergrund hatten. Durch die Woche in Berlin, wo wir unter anderem gemeinsam das Holocaust-Mahnmal besucht hatten, wurden bei vielen schmerzliche, aber auch sehr wichtige Erinnerungen ausgelöst. Eines Abends saßen wir mit ein paar Frauen zum Essen zusammen, darunter Deutsche, amerikanischen Jüdinnen sowie eine schwarze Amerikanerin (ich), und wir unterhielten uns darüber, was der Aufenthalt in Berlin für uns bedeutete. Eine meiner besten deutschen Freundinnen begann darüber zu sprechen, wie schwierig es manchmal für Deutsche sei, in diesem negativen Licht aus der Geschichte dazustehen. Sie sprach von der Entschlossenheit, mit der die deutsche Gesellschaft ihre Vergangenheit zu bewältigen versucht. Aufgrund ihrer eigenen Kindheitserfahrung, dem Entsetzen, als sie im Geschichtsunterricht mit den grausamen Bildern konfrontiert wurde, stellte sie die Frage, ob es für manche deutsche Kinder nicht zu früh sei, so drastisch mit den Schrecken der Vergangenheit konfrontiert zu werden.

Während sie redete, spürte ich, wie ein Gefühl der Wut in mir aufstieg. Ich konnte nur noch daran denken, dass die jüdischen Kinder, die ich kenne, schon von klein auf mit dem Horror des Holocaust Bekanntschaft machen *müssen*, weil es sich dabei um ihre eigene Familiengeschichte handelt. Und ich musste an die vielen Gespräche mit meinen weißen amerikanischen Freunden denken, die meinten, sie müssten ihre Kinder vor der harten Wirklichkeit des Rassismus in den Vereinigten Staaten so lange beschützen, bis sie soweit seien, davon zu erfahren, während ich zum Beispiel gezwungen war, mit meinen noch sehr kleinen Kindern darüber zu sprechen, was es bedeutet, als Schwarzer Auto zu fahren, damit sie nicht glaubten, ihr Vater, der ständig von der Polizei angehalten wurde, sei ein Krimineller.

Von früh an habe ich im Umgang mit Rassismus gelernt, Zorn als eine Form des Selbstschutzes zu entwickeln. Deshalb konnte ich den Schilderungen meiner Freundin nicht länger schweigend zuhören. ›Wirklich?‹, sagte ich laut, und meine innere Wut brach sich Bahn. ›Was glaubst du, wie alt jüdische Kinder sind, wenn sie der schrecklichen Wahrheit ausgesetzt werden? Vielleicht schon von Geburt an?‹ Dann platzte ich mit all den schmerzlichen Erfahrungen heraus, die ich mit meinen Kindern bei Gesprächen über Rassismus gemacht hatte. Ich redete eine ganze Zeit lang, bevor ich daran dachte, sie anzublicken, um zu sehen, welche Wirkung meine Worte hatten. Als ich es schließlich tat, stellte ich fest, dass sie ganz still dasaß und so traurig aussah, dass ich einen Schreck bekam. Mir wurde klar, dass mein mangelndes Interesse sie sichtlich verletzt hatte. Ich fühlte mich sehr schlecht und bedauerte, dass ich ihr nicht unvoreingenommen zugehört hatte. Ich entschuldigte mich für mein unsensibles Verhalten und fragte sie, ob sie vielleicht einen Vorschlag habe, wie man das Dilemma, der schmerzlichen Vergangenheit ins Auge zu sehen, besser ansprechen könne. Ihre Antwort war klug und menschlich: Man müsse eine Gesprächsform finden, die es allen ermöglicht, ihre Wunden zu heilen.

Dank dieses Wortwechsels bewegte sich unser Gespräch sehr schnell von Stufe 1 (höflich und zustimmend) zu Stufe 2 (Schuld zuweisend und konfrontativ) und dann zu Stufe 3 (nachdenklich und verbindend), und so gelangten meine Freundin und ich über die reflexhafte Schuldzuweisung und das Dichtmachen hinaus. Aber wir waren noch nicht am Ende. Als ich an diesem Abend nach Hause kam, telefonierte ich mit meinem Sohn in den USA, um ihm zu erzählen, was passiert war. Ich hatte immer noch ein ungutes Gefühl bezüglich unseres Dialogs. Ich konnte die traurige Miene meiner Freundin nicht vergessen; etwas in mir hatte angefangen sich zu bewegen, aber ich wusste noch nicht, was es war.

Am folgenden Tag klärte sich alles. Unsere gesamte Gruppe erlebte eine profunde Verlagerung des Feldes, wodurch es möglich wurde, dass Juden, Deutsche, Amerikaner, Asiaten, Afrikaner, Lateinamerikaner und Australier untereinander und mit sich selbst auf einer tieferen, freimütigeren, verletzlicheren und fundamentaleren Ebene in Verbindung traten, als irgendjemand von uns es je zuvor in so einer Gruppe erlebt hatte.

Otto eröffnete das Gespräch, indem er uns zu dem Erlebnis, in Berlin zu sein, zurückführte. Für ihn war das eine emotionale Sache, und dank seiner Bereitschaft, sich ungeschützt und verletzlich zu zeigen, öffnete sich ein Spalt. Plötzlich erzählten viele Menschen ihre persönliche Geschichte. Eine davon berührte mich ganz besonders. Gail Jacob, eine amerikanische Jüdin, sprach von ihrer Mutter, die ein Konzentrationslager überlebt und unbeschreiblich Schreckliches durchgemacht hatte. Doch das Einzige, was sie ihren Kindern später erzählt hatte, war ihre Erinnerung an die Deutschen, die nach der Befreiung auf den Straßen außerhalb des Lagers gestanden und geweint hatten. Es nahm mir den Atem, dass sie sich entschieden hatte, die Menschlichkeit eines Volkes hervorzuheben, dessen Land solche Gräueltaten gegen sie verübt hatte.

Während das Erzählen persönlicher Erlebnisse seinen Fortgang nahm, wurde das Zuhören im Raum immer intensiver, und ein unglaublicher Gedankenaustausch kam in Gang – ein Umschwung des Feldes, der es jedem von uns ermöglichte, seine Lebensreise aus einem anderen, kollektiveren Blickwinkel zu betrachten. Es gab ein Flow-Erlebnis, man sprach aus der Fülle des Herzens, aus der Perspektive des Nicht-Wissens, sprach von dem, was einen bewegte und durch einen hindurchging – und durch uns alle. Viele der Erzählungen handelten von intensivem persönlichem Leid, doch in diesem Raum, gehalten vom kollektiven Zuhören, verwandelten sie sich in machtvolle Momente des Heilens.«

Ein anderer Teilnehmer, Yishai Yuval aus Israel, erinnert sich an das Folgende:

»Am Vortag hatten wir das Holocaust-Museum besucht und in unserer Gruppe Gefühle und Erfahrungen ausgetauscht. Am selben Abend traf sich unsere kleine Coachinggruppe zum Essen. Jeder von uns sprach über seine Gefühle. Dies war unsere letzte Gelegenheit in dieser Woche, nur innerhalb der Coachinggruppe zusammen zu sein. Wir gingen sehr offen miteinander um.

Am nächsten Morgen stand Otto irgendwann auf und schlug vor, dass wir uns noch einmal damit beschäftigen sollten, welche Bedeutung es für uns hatte, uns hier in Berlin zu treffen und dass auch jüdische Kollegen anwesend waren, darunter auch Holocaust-Überlebende. Die Teilnehmer standen auf und sprachen über eine Stunde lang über Leiderfahrungen, Grausamkeit und die Notwendigkeit des Erinnerns. Ich sah mich nach meinen jüdischen Bekannten um, in der Erwartung, dass sie sich an dem Gespräch beteiligten. Anfänglich tat das aber keiner von ihnen. Ich hatte das Gefühl, dass eine derartige Diskussion nicht stattfinden darf, wenn die Stimme der Opfer fehlt. Deshalb hob ich, ganz gegen meine Gewohnheit, die Hand und verlangte ein Mikrofon. Die zehn Schritte aus der Ecke, in der ich gesessen hatte, bis in den von der Gruppe gebildeten Kreis waren sehr lang [...]

Was dann geschah, war für mich ein Meilenstein. Um mich herum verlangsamte sich alles. Ich brauchte nicht mit Wörtern und Sätzen zu kämpfen. Sie tauchten einfach nacheinander in der richtigen Reihenfolge auf. Ich spürte, dass die Gesichter um mich herum zuhörten, sie strahlten dabei tiefes Mitgefühl, tiefes Verständnis und Liebe aus. Dadurch fiel es mir leichter, vor der Gruppe davon zu sprechen, dass die Opfer des Holocaust vor ihrer Ausrottung sich Tag für Tag bemühten, mitten in den sie umgebenden Schrecken ihre Würde als Menschen zu bewahren. Doch viele von ihnen merkten, dass Menschlichkeit und Liebe sie nicht retten konnten, und zogen den Schluss daraus, dass Zorn, Aggressivität und sogar Hass im täglichen Kampf ums Überleben vielleicht besser wären. Mit diesem Erbe wurde ich, als Israeli, geboren. Das Einzige, auf das man sich verlassen kann, ist, stark zu sein und misstrauisch zu bleiben. Ich war ein stolzer Soldat, ausgebildet, um wenn nötig zu töten, ich konnte mich glücklich schätzen, dass ich meine eigene Familie und mein Volk schützen konnte, dass ich nicht hilflos war, nicht brutalen Mördern ausgeliefert wie damals die Eltern und die Schwester meiner Mutter. Doch die Zeit bleibt nicht stehen, und plötzlich haben wir, die Israelis, Macht über andere Menschen, sind gezwungen, uns mit unangenehmen Fragen auseinanderzusetzen: Sind wir stark genug, keine Gewalt auszuüben und trotzdem in Sicherheit zu leben? Ist die Zeit gekommen, Misstrauen und Hass abzulegen, unsere Herzen zu öffnen und unseren Feinden wahren

Frieden anzubieten? Oder ist es naiv, ja sogar gefährlich, im Angesicht des Gegners Menschlichkeit zu zeigen?

Während ich sprach, blickte ich mich im Kreis um; ich hatte das Gefühl, dazuzugehören und mit dem Ganzen in Verbindung zu stehen. Das tief empfundene Zuhören und Mitfühlen umgab mich noch lange, nachdem ich wieder aus dem Kreis herausgetreten war. Kurz darauf erhob sich eine junge amerikanische Jüdin in der gegenüberliegenden Ecke der großen Halle und bat darum, ein Lied singen zu dürfen, das eine tapfere junge Jüdin geschrieben hatte, die Palästina 1944 verlassen und mit dem Fallschirm an einem Rettungseinsatz in Ungarn teilgenommen hatte, doch von den Nazis gefangen, gefoltert und getötet worden war:

> Mein Gott, mein Gott,
> Ach, lass dies niemals enden
> Den Sand und das Meer
> Das Rauschen der Flut
> Das Wetterleuchten am Himmel
> Das Gebet der Menschen ...«[158]

Yishai fuhr fort:

> »Als ich den gefühlvollen Gesang der weichen Stimme hörte, konnte ich nicht anders – ich stand auch auf und stimmte vom anderen Ende der Halle her mit ein. Jedes Mal, wenn ich dieses Lied seitdem gehört habe, habe ich innerlich zu zittern begonnen. Es berührt mich an einer unbekannten Stelle, auf eine Weise, von der ich vorher nichts wusste. Ich werde diesen kostbaren Moment der Verbundenheit mit der wunderbaren jungen Frau wie auch mit der ganzen Gruppe niemals vergessen.«[159]

Und so erinnert sich Antoinette Klatzky aus New York, die junge Frau, die das Lied sang, an die Situation:

> »Als ich zwölf Jahre alt war, besuchte ich die jüdische Tagesschule und hörte dort von Hannah Senesh, einer jungen Frau, die mit 23 Jahren von den Nazis umgebracht wurde, als sie Juden und Jüdinnen aus dem besetzten Ungarn retten wollte. Ich selbst war 26 Jahre alt, als ich in Berlin in diesem Raum saß und gebannt zuhörte, wie die einzelnen Stimmen ein persönliches Erlebnis vortrugen, und fühlte, wie in meinem Inneren etwas zerriss und sich ein Spalt auftat. Ich konnte spüren, wie der Spalt mit jedem neuen Sprecher größer wurde und wie mein Herz immer lauter klopfte, für jeden bitteren Schmerzenstropfen und für jeden heilenden Hoffnungsstrahl. Ich konnte spüren, wie der Gesang, Hannahs Gebet, aus Wurzeln emporwuchs, von deren Existenz ich bis dahin nichts geahnt hatte. Ich fühlte, wie die Worte mir ins Herz sprangen, wie die Melodie durch meine Adern pochte, und als brächte mich ein inneres Erdbeben dazu, fand ich mich plötzlich stehend wieder. Die ganze Welt war in diesem

Raum enthalten – die Vergangenheit, die Gegenwart, die Zukunft – und es war, als hätte ich mein Leben nur gelebt, um dieses Lied zu singen. Die Wörter, in einer Sprache, die ich seit Jahren nicht mehr gesprochen hatte, begannen zugleich mit meinen Tränen zu fließen, als wäre jedes Wort ein Crescendo für sich. Mir war, als flögen Stimmen durch die Fenster zu uns herein, um mit einzustimmen, der Raum füllte sich mit Strahlen aus Licht und Tönen, und ich konnte fühlen, dass Hannah bei uns war, dort in Berlin. Dann war das Lied zu Ende. Es war durch mich hindurchgeflossen wie der elektrische Strom in den Leitungen über mir. Ich sank auf meinen Stuhl zurück und fühlte mich vollkommen gehalten.«[160]

Kurz darauf stand Tho Ha Vinh aus Vietnam und Bhutan auf und las ein Gedicht von Thich Nhat Hanh vor. »Der Titel des Gedichts heißt ›Nenne mich bei meinen wahren Namen‹«, sagte Tho und holte ein Heft aus der Tasche, das ihm dazu diente, dieses Gedicht immer dabei zu haben. Tho begann zu lesen:

»Sag nicht, dass ich morgen scheide –
Ich komme ja immer noch an.

Sieh doch: ich komme in jeder Sekunde an
sei es als Knospe in einem Frühlingszweig
oder als winziger Vogel mit noch zarten Flügeln,
der im neuen Nest erst singen lernt.
Ich komme an als Raupe im Herzen der Blume
oder als Juwel, verborgen im Stein.

Ich komme stets gerade erst an,
um zu lachen und zu weinen,
mich zu fürchten und zu hoffen.
Der Schlag meines Herzens ist Geburt und Tod
von allem, was lebt.

Ich bin die Eintagsfliege,
die an der Wasseroberfläche des Flusses schlüpft.
Und ich bin auch der Vogel,
der herabstürzt, um sie zu schnappen.

Ich bin der Frosch, der vergnüglich
im klaren Wasser eines Teiches schwimmt.
Und ich bin die Ringelnatter,
die in der Stille den Frosch verspeist.

Ich bin das Kind aus Uganda, nur Haut und Knochen,
mit Beinchen so dünn wie Bambusstöcke.
Und ich bin der Waffenhändler,
der todbringende Waffen nach Uganda verkauft.

> Ich bin das zwölfjährige Mädchen,
> Flüchtling in einem kleinen Boot,
> das von Piraten vergewaltigt wurde
> und nur noch den Tod im Ozean sucht.
> Und ich bin auch der Pirat,
> mein Herz ist noch nicht fähig,
> zu sehen und zu lieben.
>
> Ich bin ein Mitglied des Politbüros
> mit reichlich Macht in meinen Händen.
> Und ich bin der Mann,
> der seine »Blutschuld« an sein Volk zu zahlen hat
> und langsam in einem Arbeitslager stirbt.
>
> Meine Freude ist wie der Frühling.
> So warm, dass sie die Blumen auf der ganzen Erde erblühen lässt.
> Mein Schmerz ist wie ein Tränenstrom.
> So mächtig, dass er alle vier Meere ausfüllt.
>
> Bitte, nenne mich bei meinen wahren Namen!
> Damit ich all mein Weinen und Lachen zugleich hören kann.
> Damit ich sehe, dass meine Freude und mein Schmerz eins sind.
>
> Bitte, nenne mich bei meinen wahren Namen!
> Damit ich erwache!
> Damit das Tor meines Herzens
> von nun an offen steht,
> das Tor des Mitgefühls.«[161]

Stille. Tho setzte sich. Wir alle fühlten, dass die Mauern zwischen uns sich in Nichts aufgelöst hatten. Die Zeit hatte sich verlangsamt und unser Erleben im Moment intensiviert. Wir begannen die Situation aus vielen Winkeln zu erleben. Ich bin das Mädchen. Der Pirat. Das Kind. Der Waffenhändler. Ich bin das Opfer und der Täter des Holocaust. Ich bin in dir. Du bist in mir. Ich begann das Wir zu fühlen. Das Wir ist etwas in mir, das nicht Ich ist. Was bringt uns hier auf der Erde zusammen? Warum sind wir hier? »Was mich am tiefsten beeindruckte«, erinnert sich Dayna,

> »war das Ausmaß der Verbundenheit und des Mitgefühls, das die Menschen für andere ausdrückten, die ihre Todfeinde gewesen waren oder ihnen Gewalt angetan hatten: die Soldaten, Überlebende von Rassismus und sozialer Exklusion, die jüdischen Nachkommen von Holocaust-Überlebenden und die jungen Deutschen, die sich einer Welt gegenübersahen, die sie für schuldig erklärte. Ich konnte jetzt sehen, dass ich am Vorabend nicht bloß geistig voreingenommen gewesen war, sondern unfähig, mein

Herz zu öffnen. Gail erfasste ganz genau, was in diesem Augenblick in mir vorging: ›Ich bin 63 Jahre alt. Mein ganzes Leben als Jüdin habe ich gedacht, ich sei allein auf dieser Welt, und falls mir oder meinem Volk irgendetwas passieren sollte, würde niemand zur Hilfe kommen. Jetzt, in diesem Raum in Berlin, verstehe ich, dass ich nicht allein bin.‹«[162]

Bedingung 1: Ein Biegen des Beobachtungsstrahls

Was sind die Voraussetzungen für die Möglichkeit, dass sich eine profunde, kollektive Feldverschiebung wie die in Berlin ereignet? Was ermöglicht einem jungen Sprössling, eine Asphaltdecke zu durchbohren, oder einer politischen Bewegung, die Berliner Mauer zu Fall zu bringen?

Wahrscheinlich hat die erste und wichtigste Bedingung mit der Biegung des Beobachtungsstrahls zu tun. So war es bei Dayna, als sie die traurige Miene ihrer Freundin sah und ihr klar wurde, dass sie selbst die Ursache dafür war, weil sie auf bloß gewohnheitsmäßige Weise reagiert hatte. Es passierte bei Yishai, als er sich in das Gespräch einbrachte und die Worte auf unerwartete Weise zu sprudeln begannen. Und es passierte Antoinette, als sie sich bewogen fühlte, aufzustehen und ein Lied zu singen, das sie seit vielen Jahren weder gehört noch erinnert hatte.

Alle drei beschrieben es mit der gleichen sozialen Grammatik eines Sich-Öffnens, als ein Durchbrechen der Asphaltmauer, die sie voneinander und von den tieferen Ebenen ihrer Menschlichkeit trennte. Alle erzählten die gleiche Geschichte von einem Biegen des Aufmerksamkeitsstrahls zurück auf seine Quelle. Der Strahl richtete sich zuerst auf die Außenwelt (Ebene 2), dann bog er sich zurück auf das eigene Selbst (Ebene 3) und fand schließlich zu den Quellen des Selbst, des Gegenwärtigwerdens im Hier und Jetzt (Ebene 4). Die erste Bedingung der Verlagerung des Feldes heißt also: den Strahl der Aufmerksamkeit auf seine Quelle zurückbiegen.

Bedingung 2: Einen geschützten Raum schaffen

Die zweite Voraussetzung für die Möglichkeit betrifft die Qualität des Ortes. Das Biegen des Strahls geschieht in einem sozialen Raum, der eine Qualität hat, die durch Mit-dem-Herzen-Hören geschaffen wird. Dayna bog den Aufmerksamkeitsstrahl in dem Moment auf sich selbst zurück, als sie den Schmerz ihrer Freundin spürte. Als Yishai, in seinen eigenen Worten »spürte, wie die Gesichter um mich herum zuhörten, wobei sie tiefe Empathie, Verständnis und Liebe ausstrahlten«, empfing er die Kraft, seinen Schritt zu tun. Genau dann spürte Antoinette, wie sie sich erinnert »die wahre Gegenwart dessen, was jedes einzelne Herz in sich birgt«.

Die Kultivierung eines geschützten Raumes ermöglicht die Verlagerung des sozialen Feldes – Geist und Herz beginnen sich zu öffnen. Der haltende Raum, der in Berlin geschaffen wurde, hatte seinen Anfang sechs Monate zuvor genommen: Alle 72 Teilnehmer hatten sich nämlich zwei Jahre lang einmal im Monat in kleinen Coachingkreisen getroffen. Der Zweck der Coachingkreise war es, jedem einen Raum qualitativ hochwertigen Zuhörens für den persönlichen und beruflichen Weg zu geben. Gail erinnert sich:

> »Als wir uns sechs Monate zuvor in unserer Coachinggruppe trafen, hatte ich über meine Beklemmung bei der Aussicht auf eine Berlin-Reise gesprochen, zumal ich die Gelegenheit nutzen wollte, um meinen Geburtsort zu besichtigen – das Vertriebenenlager für Displaced Persons in der Nähe von Dachau, wo meine Eltern befreit worden waren.
>
> Ohne zu wissen, was ich eigentlich sagen wollte, sprach ich auf einmal über mein Vorhaben, nach Berlin zu reisen und meiner Familie zum ersten Mal zu zeigen, wo ich geboren wurde. Dabei musste ich weinen, und als Nächstes weinten auch alle anderen und hörten sehr lange nicht auf. Es war erstaunlich, welches Wissen um die Heilung seelischer Verletzungen in der Gruppe vorhanden war – und dabei ging es keineswegs nur um mich, sondern es war auch ein Wissen um die Notwendigkeit, die Welt von unserem Kollektivtrauma – Krieg und Völkermord – zu heilen.
>
> Da saß ich also neben Otto, einem Deutschen, und zwei Buddhisten: Tho, einem Vietnamesen, und Julia, die aus Korea stammt; dann war da noch Yishai, ein orthodoxer Jude aus Israel, Jim, der früher beim Militär war, und Antoinette, die die nächste Generation verkörperte [...] Sie waren imstande, mir einen schützenden Raum zu geben [...] Es war wie eine neue Welt. Ich habe die Wunden des Holocaust in meiner DNS und in meiner Persönlichkeit getragen, an jedem Tag meines Lebens. Aber zum ersten Mal konnte ich mir jetzt vorstellen, dass ich diese Energie in etwas anderes verwandeln könnte.«[163]

Nach diesem Erlebnis in unserer Coachinggruppe trugen wir alle diesen Moment einer Verbundenheit in uns, als wir sechs Monate später in Berlin eintrafen. Als ich (Otto) an jenem Morgen aufstand, um diesen Raum zu öffnen, gab die Anwesenheit unseres Kreises mir die Kraft, und ich spürte eine direkte Verbindung mit Gail, Yishai und den Übrigen.

»An diesem Morgen verschob sich das Feld«, erinnert sich Gail und bezieht sich auf die Qualität des Raumes. »Wir öffneten uns einander und wir waren eins. Es war, als ob *wir alle den Schatten umarmen mussten, um einen Blick darauf zu erhaschen, was nötig ist, um die Welt zu heilen.* Und was mich betrifft, so war meine Angst verschwunden.«[164]

In den Wörtern *heilen, Heilung* und *heilig* steckt dieselbe sprachliche Wurzel, *hail,* die »unversehrt, vollständig« bedeutet. Das Berliner Erlebnis bot einen Möglichkeitsraum, um etwas auf einer uns zuvor unbekannten kollektiven Ebene heil und ganz zu machen. Wie Gail es ausdrückte: Wir alle empfanden die Notwendigkeit, den Schatten zu umarmen, um einen flüchtigen Blick auf das zu erhaschen, was nötig ist, um die Welt zu heilen.

Bedingung 3: Loslassen

Die dritte Vorbedingung für die Möglichkeit bezieht sich auf die Bereitschaft, bis an den Rand des Abgrunds zu gehen, loszulassen, sich nach vorn ins Unbekannte zu lehnen – und den Sprung zu tun. Als Yishai, ganz gegen seine Natur, das Mikrofon ergriff, tat er den Sprung. Auch Antoinette und Gail und viele andere taten das. Der haltende Raum machte es uns möglich, an den äußersten Rand zu gehen, ohne einen Rückzieher zu machen.

Die Vorbedingung für das Bis-zum-Äußersten-Gehen tritt in zwei unterschiedlichen Formen auf. Manchmal bedeutet es, dass man den Sprung tun, also von der Klippe springen muss, vom Bekannten ins Unbekannte. Manchmal, wenn man spürt, dass etwas im Entstehen begriffen ist, kann es aber auch bedeuten, nicht zu springen, sondern bei dem zu bleiben, was in Erscheinung treten will. In beiden Fällen haben wir es mit einem tiefen Vertrauen in die Wirklichkeit und das Selbst zu tun und ein Vertrauen in unsere Verbindung mit den tiefen Ebenen des Feldes. Bis an den Rand des Abgrunds zu gehen bedeutet, den Mut zu haben, sich nicht an das Alte zu klammern, sondern loszulassen und sich in das, was durch uns entstehen will, hineinzulehnen und dieses Neue, wie Martin Buber so schön sagte, »so zu verwirklichen, wie es verwirklicht werden will«.[165]

Was die Teilnehmer in Berlin erlebten, ist nur ein Beispiel von vielen, bei dem sich Menschen in kleinen Coachingkreisen mit der Präsenz des Loslassens und Kommenlassens, des Sterbens und Wiedergeborenwerdens verbinden. Es handelt sich dabei um eine Bewegung, die derzeit überall auf der Welt beginnt und die viele verschiedene Gesichter, Formen und Praktiken aufweist. Hier ein weiteres Beispiel.

Stressbewältigung durch Achtsamkeitstraining

Jon Kabat-Zinn ist Gründer der *Stress Reduction Clinic* und des *Center for Mindfulness in Medicine, Health Care and Society* (Zentrum für Achtsamkeit in Medizin, Gesundheitswesen und Gesellschaft) an der medizinischen Fakultät der Universität von Massachusetts. Er hat auch die achtsamkeitsbasierte Belastungsreduktion (*mindfulness-based stress reduction, MBSR)* entwickelt, das Programm, das die Grundlage der *Stress Reduction Clinic* bildet. Seit der Gründung im Jahre 1979 hat die Klinik über 20 000 Patienten geschult. Das MBSR-Programm wurde in mehr als 720 medizinischen Fakultäten, Gesundheitsinstitutionen und Kliniken weltweit nachgeahmt und etabliert und hat eine Reihe von anderen achtsamkeitsbasierten Interventionen angestoßen, die die Ideen und Konzepte von Achtsamkeitstraining in medizinische, psychiatrische und soziale Herausforderungen übertragen. Der Erfolg von MBSR ist einer der Gründe für ein erhöhtes Interesse an Achtsamkeitstechniken in den Gesundheits- und kognitiven Wissenschaften zu Beginn des 21. Jahrhunderts (vgl. Abb. 9).

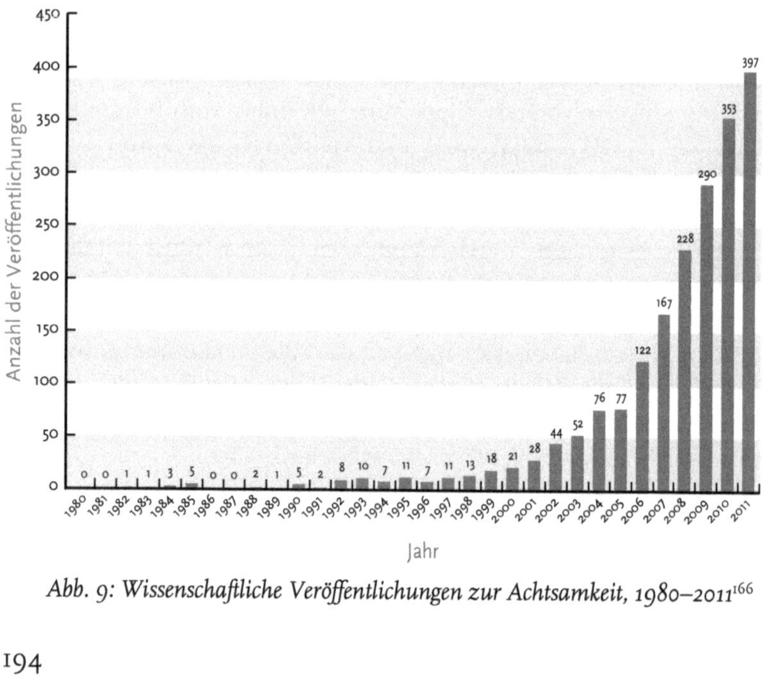

Abb. 9: Wissenschaftliche Veröffentlichungen zur Achtsamkeit, 1980–2011[166]

Wie kam es zu dem Erfolg von MBSR? Und was sind die Faktoren, die diese Bewegung initiiert haben, die heute das Leben von Hunderttausenden verändert und vor dreißig Jahren noch völlig unbekannt war?

Hier einige der Gründe für das wachsende Interesse an Achtsamkeitstechniken: 1. die Krise des alten Paradigmas; 2. erfolgreiche Interventionen wie MBSR, die dadurch einen neuen Ansatz in die Medizin bringen, indem sie Medizinwissenschaft, klinische Anwendung und Achtsamkeitstechniken miteinander verbinden; 3. jahrelange Trainingsprogramme von MBSR, und 4. die Gründung des *Center for Mindfulness* und dessen bestehendes Forschungsprogramm, das geholfen hat, diese Ideen und Konzepte in wissenschaftliche Studien und damit in Veröffentlichungen umzusetzen und ein neues Feld der Medizinwissenschaft und damit eine neue Gruppe von Forschern hervorzubringen. Jon erinnert sich:

> »Ein wichtiger Schritt war im Jahr 2000 eine vom *Mind and Life Institute* organisierte Tagung in Dharamsala in Indien, wo sich der Dalai Lama und eine Gruppe von Psychologen, Neurowissenschaftlern und anderen Wissenschaftlern gemeinsam mit dem Thema der destruktiven Emotionen befassten und überlegten, was man tun könne, um den enormen persönlichen und gesellschaftlichen Schaden zu verringern, der so oft von ihnen ausgelöst wird. Hier stellte der Dalai Lama – erstaunlicherweise, aber doch auch typisch für ihn – die Wissenschaftler vor die Aufgabe, nicht-buddhistische und säkulare Methoden zu finden, um mit den Energien der genannten Emotionen zu arbeiten und sie zu transformieren. Er räumte ein, dass der Buddhismus durch sein hoch entwickeltes, detailliertes Verständnis dieser quälenden, Leid verursachenden Emotionen (er sprach von *afflictive emotions*) möglicherweise viel zu bieten habe, zum Beispiel eine Reihe von meditativen Praktiken, die man seit Jahrhunderten, wenn nicht Jahrtausenden unter klösterlichen Bedingungen angewendet habe, um auf gekonnte Weise mit diesen Gefühlen umzugehen. Gleichzeitig wies er aber darauf hin, dass die wahre Hoffnung in einem nicht-buddhistischen, sondern wirklich universalen und säkularen Ansatz läge, der zwar Elemente des buddhistischen Wissens und dessen Methoden nutzen würde, aber sie mit der westlichen Kultur und ihrem Verständnis der Psyche, insbesondere mit der wissenschaftlichen Sicht der Gefühle, der emotionalen Ausdrucksformen und der Emotionsregulierung verbinden würde […]
>
> Während dieser Tagung wurde aber auch darauf hingewiesen, dass es bereits einen Ansatz gäbe, der viel von dem, wonach der Dalai Lama Ausschau hielt, schon seit über 21 Jahren in klinischen Situationen, vor allem Krankenhäusern, geleistet habe, nämlich die ›Stressbewältigung durch Achtsamkeit‹ und die damit verwandten achtsamkeitsbasierten Interventionen, die sich in deren Umfeld entwickelt hätten […]

> Selbstverständlich war es vielen der Tagungsteilnehmer bekannt, dass das Curriculum von MBSR und anderen achtsamkeitsbasierten Interventionen tief in einer universalen Spielart des Buddhadharma (der grundlegenden Lehren des Buddha) verwurzelt ist und dass das Curriculum die Kultivierung der Achtsamkeit für geistige und körperliche Zustände beinhaltet, wozu insbesondere die Aufmerksamkeit gegenüber reaktiven Gefühlen gehört sowie die Frage, wie man spezifische Strategien aufbietet, um nicht reflexhaft, sondern achtsam zu reagieren, wenn diese Gefühle ausgelöst werden.«[167]

Im Folgenden schildert Jon einen Teil seines persönlichen Lebensweges:

> »Selbst als Absolvent am MIT habe ich jahrelang gegrübelt: Was ist mein Beruf oder meine Berufung? Es ging, wenn man so will, um meinen karmischen Auftrag, und ich hatte nie eine rechte Antwort darauf gefunden. Die Frage wurde geradezu zu meinem persönlichen Koan und wurde immer mehr zu einem roten Faden in meinem Leben, Tag und Nacht, all diese Jahre lang. ›Was soll ich bloß aus meinem Leben machen?‹, fragte ich mich immer wieder. ›Was liebe ich so sehr, dass ich sogar dafür bezahlen würde, nur um es tun zu können?‹«

Er ahnte nicht, dass diese Frage dazu führen würde, dass er keine Karriere als Molekularbiologe verfolgen würde, auch wenn er die Naturwissenschaften liebte und wusste, dass er seinen Doktorvater am MIT, den Nobelpreisträger Salvador Luria, aber auch seinen eigenen Vater, ebenfalls Wissenschaftler, enttäuschen würde. 1979, als er immer noch nach dem richtigen Weg suchte, um Beruf und Berufung zu verbinden, und zwar so, dass er den Herausforderungen der Zeit dienen würde, entschied er sich, für zwei Wochen in ein Meditationszentrum zu gehen. Jon berichtet:

> »Als ich, etwa am zehnten Tag meines Aufenthalts, nachmittags in meinem Zimmer saß, hatte ich eine ›Vision‹, die vielleicht zehn Sekunden andauerte. Ich weiß nicht genau, was ich sonst dazu sagen soll, deshalb nenne ich es Vision. Sie war sehr detailliert und mehr wie eine Momentaufnahme. Es war keine Tagträumerei oder ein Gedankenstrom, sondern etwas ganz anderes, was ich bis heute nicht vollständig erklären kann – und das ist vielleicht auch nicht unbedingt nötig.
>
> Ich sah im Aufblitzen eines Moments nicht nur ein Modell, das etabliert werden könnte, sondern auch die Langzeitfolgen, also was passieren könnte, wenn die Grundidee brauchbar war und in einer Testumgebung umgesetzt werden konnte – nämlich, dass sie neue Felder wissenschaftlicher und klinischer Forschung erblühen lassen würde, sich auf Kranken-

häuser, medizinische Zentren und Kliniken im ganzen Land und rund um die Welt ausbreiten und Tausende von Ärzten inspirieren würde. Weil es aber so eigenartig war, erwähnte ich dieses Erlebnis fast nie gegenüber anderen Menschen. Aber nach dem Aufenthalt hatte ich tatsächlich eine bessere Vorstellung meiner möglichen Bestimmung. Und diese war so zwingend, dass ich beschloss, die Aufgabe rückhaltlos in Angriff zu nehmen, so gut ich nur konnte.«

Als Jon nach den Meditationswochen an sein Krankenhaus zurückkehrte, traf er sich mit drei Ärzten zu Einzelgesprächen, und zwar mit den Direktoren der allgemeinen Ambulanz, der Schmerzklinik und der orthopädischen Abteilung. Er wollte herausfinden, wie sie ihre eigene Arbeit sahen, welche Erfolge sie bei ihren Patienten hatten und ob möglicherweise etwas bei der Vorgehensweise der Krankenhäuser fehlte.

»Auf meine Frage, wie hoch der Prozentsatz ihrer Patienten sei, dem sie ihrer Meinung nach helfen konnten, antworteten sie meist: etwa zehn bis zwanzig Prozent. Ich war überrascht und fragte, was mit den übrigen sei. Entweder würden sie von allein gesund, oder sie würden sich gar nicht mehr erholen, war die Antwort.

Ich fragte, ob sie bereit seien, einige dieser Patienten an ein Programm zu überweisen, wo sie lernen könnten, besser für sich zu sorgen, und zwar als Ergänzung zu dem, was das Gesundheitssystem für sie tun oder auch nicht tun konnte. Das Programm würde auf einer intensiven Schulung in »buddhistischer Meditation, aber ohne den Buddhismus« (so nannte ich es gern) sowie auf Yoga beruhen. Ihre Reaktionen waren sehr positiv. Auf der Grundlage dieser Gespräche schlug ich vor, ein Programm unter der Schirmherrschaft der Krankenhausambulanz aufzustellen. Es würde in Form eines achtwöchigen Kurses stattfinden, zu dem die Ärzte solche Patienten überweisen würden, bei denen sie das Gefühl hatten, dass sie nicht auf ihre Behandlung reagierten und in gewissem Sinn durch die Lücken des Gesundheitssystems fielen. Und so entstand MBSR im Herbst 1979.«[168]

Viele Jahre lang arbeiteten Jon und sein Team mit Patientengruppen in einem fensterlosen Raum im Keller des Krankenhauses. Anfänglich wurden sie kaum wahrgenommen, doch das änderte sich langsam.

»Auch wenn alle unsere Patienten und Patientinnen mit einer ganzen Reihe von Problemen, Diagnosen und Beschwerden zu uns kommen«, erklärt Jon, würden seine Mitarbeiter sich dank des MBSR-Ansatzes »alle Mühe geben, sie in ihrer grundlegenden Ganzheit wahrzunehmen. Ein gern zitierter Spruch bei uns lautet: Solange du atmest, ist mit dir mehr ›richtig‹

> als ›verkehrt‹, egal, was bei dir nicht in Ordnung ist. Bei diesem Prozess bemühen wir uns, jeden Teilnehmer unter allen Umständen als ganzen Menschen zu behandeln statt als Patienten oder Diagnose oder als jemanden, der ein Problem hat, das man in Ordnung bringen muss.«

Jons Geschichte ist ein erstaunliches Beispiel dafür, was eine kleine Gruppe von engagierten Menschen zustande bringen kann. Sie zeigt auch einige der gleichen Vorbedingungen, die wir bei der Berliner Geschichte gesehen haben. Das Biegen des Beobachtungsstrahls geschieht selbstverständlich bei allen Achtsamkeitspraktiken. Aber was war der schützende Raum, der es ihm ermöglicht hatte, zu springen, nachdem er von der Meditationszeit zurückgekehrt war? »Mein Entschluss zu springen«, so erinnert sich Jon, »beruhte einerseits auf meiner jahrelangen Praxis der Meditation und [andererseits] auf meiner naturwissenschaftlichen Ausbildung, durch die ich in der ärztlichen Sprache und dem medizinischen Denken zu Hause war.«[169] Auch hier war der Samen, der nun aufgegangen war, bereits vor vielen Jahren gesät worden.

Wie man sich selbst zu einem Instrument der werdenden Zukunft macht

Jons Geschichte zeigt exemplarisch die folgenden Schritte: die Präsenz des Abgrunds (was ist meine Berufung?), das Loslassen (seiner Karriere als Wissenschaftler) und dann die Überquerung des Abgrunds (seinem Herzen folgen). Sein Erlebnis während der Meditationswochen und seine Gespräche mit den drei Ärzten halfen ihm, die Öffnung bzw. den Spalt wahrzunehmen und dem entstehenden Weg zu folgen. Dank seiner langjährigen Meditationserfahrungen und seiner wissenschaftlichen Praxis hatte er das Selbstvertrauen, die Gelegenheit zu erspüren und beim Schopf zu packen. Die jahrelange Teamarbeit mit seinen engsten Mitarbeitern in einem fensterlosen Keller bildete den Schutzraum, in dem sie gemeinsam den Keim zu einer neuen Idee legten, die sich nach ein paar Jahren ausbreiten sollte.

Das Berliner Erlebnis und Jons Geschichte haben eines gemeinsam: eine kreative Idee, die die asphaltharte Oberflächenstruktur des eingeschliffenen Handelns und Denkens durchbricht. In solchen Momenten des Durchbruchs kommt das Neue zum Vorschein. In einem solchen Prozess des Zum-Vorschein-Kommens sind es häufig einzelne Individuen, die sich biografisch stark mit einer Idee verbinden und das Neue in die Welt bringen. Jon ist einer von ihnen. Er öffnete diesen Möglichkeitsraum und wurde zum Instrument, durch das das Neue in die Welt kam. Jons Verbindlichkeit ermöglichte dann einem weiteren Kreis von Menschen, sich miteinander zu verbinden. Und immer so weiter.

In diesem Kapitel haben wir einen Weg beschrieben, um sich mit einer verborgenen Quelle von Kreativität, Menschlichkeit und Selbst in Verbindung zu bringen. Auch wenn wir nur einige Beispiele genannt haben, wissen wir, dass die hier besprochenen Bedingungen der Möglichkeit – (1) das Biegen des Aufmerksamkeitsstrahls, (2) das Kultivieren eines schützenden Raums, (3) das An-den-Rand-des-Sterbens-Gehen und (4) das Sichverwandeln in ein Instrument der Zukunft, die entstehen will – sich auch an vielen anderen Initiativen und Transformationsprojekten beobachten lassen. Es beschreibt eine soziale Grammatik der Emergenz. In Gesprächen oder Begegnungen mit Veränderungsinitiatoren wie Jon lässt sich diese Energie schnell spüren. Es ist das, was wir in Berlin erlebten, als wir, in Gails Worten, gemeinsam den Schatten umarmten, um als ein Werkzeug zu fungieren, durch das vielleicht das Heilende in unsere Welt kommt.

Schlussfolgerung und praktische Übungen: Zwölf Prinzipien

Im Laufe der letzten Jahrzehnte hat sich das Kräfteverhältnis von Individuen und Institutionen fast unmerklich zugunsten der Individuen verschoben. Oder wie es der amerikanische Unternehmer Nick Hanauer beschreibt:

> »Meine liebste Philosophie stammt von Margaret Mead: ›Bezweifle nie, dass eine kleine Gruppe von engagierten Menschen die Welt verändern kann. Im Gegenteil: Nur so sind jemals Veränderungen zustande gekommen.‹ Ich glaube fest daran. Mit nur fünf Leuten kann man fast alles machen. Mit nur einer Person ist es schwierig – aber wenn du diese eine Person mit vier oder fünf weiteren Personen zusammenbringst, dann hast du eine Kraft. Mit einem Mal hast du genug Mumm und kannst erreichen, dass fast alles, was greifbar und möglich ist, Wirklichkeit wird. Meiner Meinung nach ist es das, was echtes Unternehmertum ausmacht – das Schaffen von so einer Kraft nach vorn.«[170]

Hanauer beschreibt eine wichtige Veränderung in unserer Welt, die kleinen Gruppen von engagierten Bürgern dabei hilft, großen Einfluss zu nehmen. Was Jon und sein Team erreicht haben, beschreibt diesen Möglichkeitsraum. Die gute Nachricht lautet, dass die Welt ein enormes, noch nicht genutztes Potenzial in Form eines inspirierten, intentionalen und kollektiven Unternehmertums hat. Aber wir müssen diese schlafende Macht unbedingt methodischer anzapfen, um globale Bewegungen von Dauer zu erschaffen.

Wir schließen dieses Kapitel mit zwölf Prinzipien und Praktiken, die unseren individuellen Lebensweg vom kleinen Selbst zum großen, werdenden Selbst, vom Ich zum Wir fördern, so wie in den oben berichteten Beispielen. Sie spiegeln unterschiedliche Erfahrungen wider, die wir und unsere Kollegen im Lauf der letzten Jahre gemacht haben.

1) *Nicht predigen, sondern handeln.* Praktizieren, nicht predigen des U-Prozesses (oder anderer Transformationsprozesse) steht am Anfang. Beginne mit dem Zuhören. Höre anderen, dir selbst und dem Ganzen zu. Höre hin, wozu dich das Leben auffordert. Verbinde dich mit Menschen, dort, wo sie sind, und suche von diesen Blickwinkeln aus nach Rissen oder Öffnungen; dann sei bereit zu helfen.
2) *Beobachte, beobachte, beobachte: Werde »Weltmeister« im Beobachten und Zuhören.* Der U-Prozess ist eine Erweiterung der Kernaufgabe der Wissenschaft (»Lass die Daten zu dir sprechen«), angefangen beim äußeren Bereich (Sicht der 3. Person) bis zu den subtileren Ebenen der menschlichen Erfahrung (die Perspektive der 2. und 1. Person). Daher bezieht sich die Technik, Daten zu sich sprechen zu lassen, nicht nur auf objektive, äußere Daten (durch das offene Denken), sondern auch auf empathische, intersubjektive Daten (durch das offene Herz) und den transsubjektiven Bereich der Selbsterkenntnis (durch den offenen Willen). Auf alle drei Datentypen zu achten verlangt eine verfeinerte Beobachtung sowie Zuhörfertigkeiten. Die Auswirkung der tieferen Ebenen des Zuhörens ist profund: So wie die Flamme aus einem Schweißgerät Metalle zum Schmelzen bringen und damit zusammenfügt, wirkt die Intensität und Qualität des Zuhörens auf den Prozess der sozialen Realitätsentstehung. Zuhören und die Qualität der

Aufmerksamkeit können die Wände der gewohnheitsmäßigen Interaktion zum Schmelzen bringen, die uns von der Welt, voneinander und von uns selbst trennen.

3) *Verbinde dich mit deiner Intention und mache dich zu einem Instrument.* Brian Arthur, ein Ökonom des Santa Fe Institute, sagte einmal in einem unserer Interviews: »Die Intention ist nicht bloß eine starke Kraft. Sie ist die *einzige* Kraft.«[171] Sich mit dem Ziel unseres Lebenswegs in Verbindung zu setzen stellt eine vertikale Ausrichtung dar: »Wer bin ich?«, »Wozu bin ich hier?«, »Wie kann ich meine Arbeit mit meiner Lebensaufgabe verbinden oder meinen Beruf mit meiner Berufung?« Je mehr wir uns mit jenem tieferen Ort in Verbindung bringen können – mit dem, was für uns das Wesentliche ist – und je mehr Klarheit wir darüber schaffen können, welchem Zweck und Ziel wir dienen wollen, umso besser können wir zum Instrument werden, das die im Werden begriffene Zukunft entstehen lässt.

4) *Wenn sich der Spalt zur Zukunft öffnet – verbinde dich damit und handele aus dem Hier und Jetzt.* Die Anwendung dieser letzten beiden Prinzipien (beobachte, beobachte, beobachte; Intention) bringt dich sowohl horizontal als auch vertikal in Verbindung mit einer höheren Ebene der Gegenwärtigkeit und Bereitschaft. Wenn sich dann eine Gelegenheit ergibt, hat man oft das Gefühl, die Zeit stünde still und es öffne sich ein Spalt zu einem Feld zukünftiger Möglichkeit. Solche Momente verlangen einigen Mut, aber vor allem volle Aufmerksamkeit. Wenn sich ein derartiger Moment ereignet, ist ein wichtiger Schritt, in diesem Moment zu bleiben und aus dem *Hier und Jetzt* heraus zu handeln – das heißt aus dem, was im Entstehen begriffen ist. Oder, anders ausgedrückt, wenn du merkst, dass du anfängst, dich mit einer signifikanten Zukunftsmöglichkeit zu verbinden, dann sag als Erstes Ja, dann *tu* es und frag erst dann, ob es möglich ist.

5) *Folge deinem Herzen – tu was du liebst, liebe was du tust.* Wie bereits zitiert, argumentierte Steve Jobs einmal, dass wir nur dann unser Bestes leisten, wenn wir tun, was wir lieben, und lieben, was wir tun. Dies ist der einzige verlässliche Weg, um mit unserem im Entstehen begriffenen Zukunftsweg in Verbindung zu bleiben. Sorge dafür, dass wenigstens einige der

Projekte und Aktivitäten in deinem Aufgabenbereich Dinge sind, die du gern tust. Wenn dieses Element fehlt, läufst du Gefahr, deinen eigenen Weg zu verlieren oder das Leben eines anderen zu führen.

6) *Bleibe immer in einem Dialog mit dem Universum.* Wie der Gründer von Fast Company Alan Webber sagte: »Das Universum ist ein hilfsbereiter Ort.« Das ist ein wichtiger Leitsatz. Er bedeutet, dass das Universum – in anderen Worten, der größere Kontext, der uns umgibt – uns mit nützlichem Feedback versorgt. Dieses Feedback kommt in unterschiedlichen Formen. Manchmal nervt es. Aber wir müssen lernen, zuzuhören und diejenigen Elemente des Feedbacks zu identifizieren, die uns bei der Entwicklung unserer Idee nützen.
7) *Schaffe einen Raum des schöpferischen Zuhörens, der dich auf deinem Lebensweg stärkt.* Das wichtigste Führungsinstrument ist dein werdendes Selbst – deine Fähigkeit, auf deine höchste Zukunftsmöglichkeit zuzugreifen. Zwei der effektivsten Mechanismen zur Stärkung deiner Fähigkeit, dein werdendes Selbst zu erschließen, sind persönliche Schulungspraktiken und auf schöpferischem Zuhören basierende Dialogkreise. Eine tägliche persönliche Schulungs- oder Kultivierungspraktik ist beispielsweise ein täglicher Moment der Stille, in dem du alle Geräusche der Außenwelt ausblendest und dich auf das konzentrierst, was für dich wesentliche Bedeutung hat – das lässt sich auf viele verschiedene Weisen durchführen, je nachdem, was für dich am besten funktioniert. Worauf es dabei ankommt, ist, es jeden einzelnen Tag zu tun. Zu einer Dialogkreis-Praxis im obigen Sinne gehört oft eine kleine Gruppe von bis zu sieben Teilnehmern, die sich ein paar Mal im Jahr treffen, um sich gegenseitig durch vertieftes Zuhören zu unterstützen, indem sie auf die Berufung und Reise jedes Einzelnen in seinem persönlichen Leben und bei der Arbeit achten.[172]
8) *Wiederholen, wiederholen, wiederholen.* Was »Beobachten, beobachten, beobachten« für die linke Seite des U bedeutet, ist »Wiederholen, wiederholen, wiederholen« für die rechte Seite. Es geht dabei um das Üben und die Anpassung an das, was wir entstehen sehen. Wo in deinem Leben ist der fensterlose Kellerraum, der es dir ermöglicht, zu üben, üben, üben, um das Neue durch Tun zu erforschen?

9) *Sei präsent, wenn sich das Feld zukünftiger Möglichkeit öffnet.* Alle Veränderungen finden in einem Kontext statt. Der kann persönlich, in Beziehungen, Institutionen oder global sein. Auf eine Öffnung zu achten erfordert, dass man auch die Ränder des Systems und des eigenen Selbst erkundet. An diesen Rändern können wir mit etwas Glück ein Feld zukünftiger Möglichkeiten erspüren, das in die Welt kommen möchte.
10) *Wähle die jeweils richtige Sprache für verschiedene Beteiligte.* Innovation in komplexen Systemen setzt voraus, dass wir viele Sprachen sprechen, um mit den verschiedenen Stakeholdern eine Verbindung bezüglich der Themen, die für *sie* wichtig sind, herzustellen. Das heißt, dass Veränderungsansätze nur mit einem einzigen Fokus fast unweigerlich zum Scheitern verurteilt sind. Stattdessen müssen wir die Kunst meistern, die Definition des Problems so auszuweiten und zu vertiefen, dass alle relevanten Parteien (die sich gegenseitig brauchen, um ein System zu verändern) sich engagiert beteiligen.
11) *Wenn du andere ändern willst (andere Stakeholder), musst du bereit sein, als Erstes dich selbst zu ändern.* Wenn du das System ändern musst, doch von keiner Hierarchie Gebrauch machen kannst, dann ist dein wichtigster Ansatzpunkt die Qualität deiner Beziehungen zu den übrigen Beteiligten. Diese musst du aufbauen und stärken. Und das bedeutet, dass du dafür offen sein musst, *zuerst* dich selbst zu ändern.
12) *Gib nicht auf. Niemals. Du bist nicht allein.* Jeder Weg zur Innovation und Veränderung verlangt ein enormes Durchhaltevermögen. Wichtige Ideen gehen oft durch viele erfolglose Jahre, bis endlich etwas Greifbares sichtbar wird. Das Entscheidende ist, niemals aufzugeben. Lerne aus Misserfolgen, rappele dich auf und versuche es noch einmal. Sich von Misserfolgen den Mut rauben zu lassen ist Energieverschwendung. Es führt nur dazu, dass du in deiner eigenen (und von außen kommenden) Stimme des Urteils, Stimme des Zynismus und Stimme der Angst gefangen bleibst. Veränderungen anzustoßen verlangt vor allem Mut: den Mut, bis an den äußersten Rand zu gehen und ins Unbekannte zu springen. Dieser Mut ist eine bedeutende Vorbedingung, die uns mit den tiefen Dimensionen unseres Seins verbindet – mit dem, wer wir wirklich sind. Mut wohnt in dem Vertrauen, dass wir nicht allein sind. Oder, wie

es ein erfahrener Changemaker einmal ausdrückte: »The collective always delivers.«

Journaling-Fragen

Nehmen Sie sich ein Tagebuch und etwas Zeit, um in Ruhe die folgenden sechzehn Fragen zu beantworten. Lassen Sie sich pro Frage ein bis zwei Minuten Zeit.

1) Was in Ihrem Leben und in Ihrer Arbeit geht jetzt zu Ende und was will geboren werden?
2) Wer waren Ihre »Schutzengel«, also die Menschen, die Ihnen geholfen haben, Ihr Potenzial voll auszuschöpfen?
3) Wo fühlen Sie, in diesem Augenblick, dass sich eine zukünftige Möglichkeit eröffnet?
4) Was an Ihrer derzeitigen Arbeit und/oder an Ihrem Privatleben frustriert Sie am meisten?
5) Welches sind Ihre wichtigsten Energiequellen? Was lieben Sie?
6) Beobachten Sie sich selbst von oben, wie aus einem Hubschrauber. Was versuchen Sie in diesem Stadium Ihrer beruflichen und persönlichen Lebensreise gerade zu tun?
7) Betrachten Sie den Weg Ihrer Gemeinschaft/Organisation/kollektiven Bewegung einmal von oben. Was versuchen Sie im gegenwärtigen Stadium Ihres gemeinsamen Weges zu tun?
8) Welche Fragen müssen Sie sich angesichts Ihrer Antworten auf die obigen Fragen jetzt stellen?
9) Betrachten Sie Ihre gegenwärtige Situation aus der Perspektive, die Sie selbst als junger Mensch, zu Beginn Ihrer Lebensreise hatten. Was hat Ihnen dieser junge Mensch zu sagen?
10) Stellen Sie sich vor, Sie könnten zu den letzten Minuten Ihres Lebens vorspulen, den Augenblick, wo es für Sie Zeit ist weiterzuziehen. Jetzt blicken Sie zurück auf Ihren gesamten Lebensweg. Was würden Sie in diesem Augenblick gern sehen? Welchen Fußabdruck möchten Sie auf diesem Planeten hinterlassen?
11) Welchen Rat würde Ihr Zukunfts-Selbst Ihrem heutigen Selbst von jenem in der Zukunft liegenden Blickwinkel aus erteilen?

12) Kehren Sie jetzt in die Gegenwart zurück und kristallisieren Sie, was Sie gern schaffen würden: Ihre Vision und Intention für die nächsten drei bis fünf Jahre. Welche Vision, welche Absichten haben Sie in Bezug auf sich selbst und ihre Arbeit? Welches sind die wichtigsten Elemente der Zukunft, die Sie in Ihrem persönlichen, beruflichen und gesellschaftlichen Leben erschaffen möchten? Beschreiben Sie die Bilder und Elemente, die Ihnen in den Sinn kommen. Je konkreter, desto besser.
13) Was müssten Sie loslassen, um Ihre Vision zu verwirklichen? Was ist das Alte, das sterben muss? Welche »alten Häute« (Verhaltensweisen, Denkgewohnheiten usw.) müssen Sie abstreifen?
14) Wenn Sie in den nächsten drei Monaten einen Prototyp erstellen müssten – einen Mikrokosmos der angepeilten Zukunft, durch den Sie »das Neue« durch konkretes Tun entdecken könnten –, wie würde dieser Prototyp aussehen?
15) Wer kann Ihnen dabei helfen, Ihre höchsten Zukunftsmöglichkeiten zu verwirklichen? Welche Menschen könnten Ihre wichtigsten Helfer und Partner sein?
16) Falls Sie Ihre höchste Intention Wirklichkeit werden lassen, was wären die ersten praktischen Schritte, die Sie in den nächsten drei Tagen unternehmen würden?

Dialogkreis

Laden Sie die Mitglieder Ihrer Gruppe zu einem Gespräch über diese 16-stufige Reflexion ein. Hören Sie intensiv zu und lassen Sie sich vom Gesprächsfluss mitnehmen.

6 Führen der relationalen Umstülpung: Von Ego zu Öko

Die nächste Revolution muss eine relationale sein: eine Revolution, die die Qualität des kommunikativen Handelns in den sozialen und ökonomischen Systemen transformiert. Um diese Veränderung zustande zu bringen, müssen wir den Strahl der Gesprächsaufmerksamkeit zurück zu seiner Quelle wenden. Anstatt nur andere Menschen zu betrachten, müssen wir lernen, uns selbst mit den Augen anderer und aus der Sicht des Ganzen zu sehen.

Eine der größten Herausforderungen, vor denen wir stehen, wenn wir uns auf eine Ökosystem-Wirtschaft zubewegen, ist, kollektiv auf intentionale, effektive und co-kreative Weise zu handeln. Im Laufe der letzten Jahre habe ich (Otto) am MIT immer wieder mit Führungskräften gearbeitet, die ein Simulationsspiel zum Klimawandel durchführten. Das Spiel hat Professor John Sterman vom MIT entwickelt, der auch als Spielleiter fungierte. Er teilt die Gruppe in kleine Teams auf, wobei diese jeweils eine Ländergruppe bei den laufenden, von den UN gesponserten Verhandlungen über den CO_2-Ausstoß verkörpern. Die Ergebnisse, auf die sich die Verhandlungspartner einigen können, werden in ein Simulationsmodell eingegeben, das aktuelle Klimadaten benutzt. Nachdem das Modell die wahrscheinlichen Auswirkungen auf das Klima errechnet hat, gehen die Teams zurück an den Verhandlungstisch, und die nächste Runde beginnt. Nach drei oder vier Runden präsentiert man den Unterhändlern die Auswirkungen ihrer kollektiven Beschlüsse auf das Weltklima, die – unweigerlich – zerstörerisch und destabilisierend sind.[173] Dann denkt die Gruppe darüber nach, was sie gelernt hat.

Drei Hindernisse: Verleugnung, Zynismus und Depression

Wenn dann die Teilnehmer die Verhandlungen noch einmal besprechen und überdenken, werden in der Regel drei Vermeidungsreaktionen sichtbar, die verhinderten, dass den Teilnehmern die Folgen ihres Handelns allzu deutlich ins Bewusstsein drangen: 1. Leugnung der Realität, 2. Zynismus und 3. Depression.

Die am weitesten verbreitete Strategie, um den Tatsachen nicht ins Auge sehen zu müssen, ist die Leugnung und Verdrängung der Realität. Wir sind dermaßen mit »dringenden« Problemen beschäftigt, dass wir keine Zeit haben, uns auf das eine Thema zu konzentrieren, das möglicherweise das dringlichste von allen ist. Wir sind einfach zu sehr damit beschäftigt, die Liegestühle auf der *Titanic* in Reih und Glied aufzustellen …

Die zweite Reaktion ist Zynismus. Wenn die Folgen einer Einigung offen auf der Hand liegen, bietet Zynismus einen einfachen Ausweg. Ein Zyniker schafft Abstand zwischen sich und den Folgen seines Handelns, indem er sagt: »Die Welt geht so oder so den Bach runter; da macht es keinen großen Unterschied, was *ich* tue.«

Selbst wenn man diese ersten beiden Reaktionen überwindet, wartet immer noch eine dritte: die Depression. Die Depression spricht uns die Kraft ab, dass wir gemeinsam etwas an der Realität ändern können. Sie bewirkt eine Entkopplung zwischen dem kleinen und dem großen Selbst auf der Ebene des Willens – genauso wie der Zynismus eine Entkopplung auf der Ebene des Fühlens und das Verleugnen eine Entkopplung auf der Ebene des Denkens bewirken. Und in dieser Leerstelle machen sich Zweifel, Wut und Angst breit. Die Angst hindert uns daran, das Vertraute loszulassen, selbst wenn wir wissen, dass es nicht funktioniert und uns nur auf der Stelle treten lässt.

Gespräche erschaffen die Welt

Um zu lernen, wie man mit diesen drei Arten der Realitätsvermeidung umgehen kann, braucht man Selbstreflexion und eine Gesprächsführung, die den Strahl der Aufmerksamkeit zurück auf uns selbst wendet. Wir sprechen von »Gespräch 4.0« – einem Gespräch, das Raum lässt, den kollektiven Schatten anzusehen und anzunehmen, wie es in der Berlin-Geschichte im vorhergehenden Kapitel der Fall war, sowie unsere noch unerschlossenen Kreativitätsreserven zu erschließen, einen Punkt, auf den wir später in diesem Kapitel noch zurückkommen werden.

Zu versuchen, komplexe Probleme wie Klimawandel mit traditionellen Gesprächsformen zu lösen, führt zu vorhersehbaren Ergebnissen. Das Scheitern der Klimagespräche in Kopenhagen im Jahr 2011 und des Klimasimulationsspiels am MIT sind nur zwei von zahlreichen Beispielen.

Alle komplexen Systeme wie Gesundheitswesen, Bildung oder Energieversorgung müssen Handlungs- und Kommunikationskompetenz sowohl auf der individuellen als auch auf der kollektiven Ebene ausbilden. Dementsprechend wird in Abbildung 10, die das Kommunikationsverhalten der Stakeholder innerhalb der Systeme unserer Gesellschaft beschreibt, zwischen individuellen und kollektiven Einheiten einerseits und Anbietern und Verbrauchern andererseits differenziert. Die vier Gesprächsebenen sind durch die vier Ringe dargestellt.

Die häufigsten Gesprächstypen, repräsentiert durch den äußersten Ring, sind

1) unilateral und linear;
2) ohne Inklusion und Transparenz;
3) organisiert mit der Intention, dem Wohl weniger Interessen zu dienen.

In der Mitte sehen wir die seltensten und fortgeschrittensten Gesprächsformen, die einen wichtigen Akupunkturpunkt für künftige Veränderungen darstellen. Sie sind

1) multilateral und zyklisch;
2) reich an Inklusion und Transparenz;
3) organisiert mit der Intention, dem Wohl aller zu dienen.

Ebene 1: Unilateral, einseitig und manipulierend

Stakeholder-Kommunikation auf Ebene 1 ist unilateral, einseitig und manipuliert, statt dem Wohl des Gegenübers zu dienen. Viele der Kommunikationsstrategien im Geschäftsleben und bei Wahlkampagnen sind auf diese Art organisiert. Marktforschung teilt Staatsbürger- und Verbrauchergemeinschaften in spezifische Zielgruppen auf, die mit speziell auf sie abgestimmten Messaging- und Kommunikationsstrategien bombardiert werden. Die Zahl der Werbebotschaften, die jeden Tag auf Verbraucher und Bürger niedergehen, ist schwindelerregend. Laut einer Umfrage aus dem Jahr 1993 sieht ein US-amerikanisches Kind im Durchschnitt 20 000 Werbespots im Jahr. Ein 65-jähriger in den Vereinigten Staaten hat durchschnittlich zwei Millionen Werbesendungen gesehen.

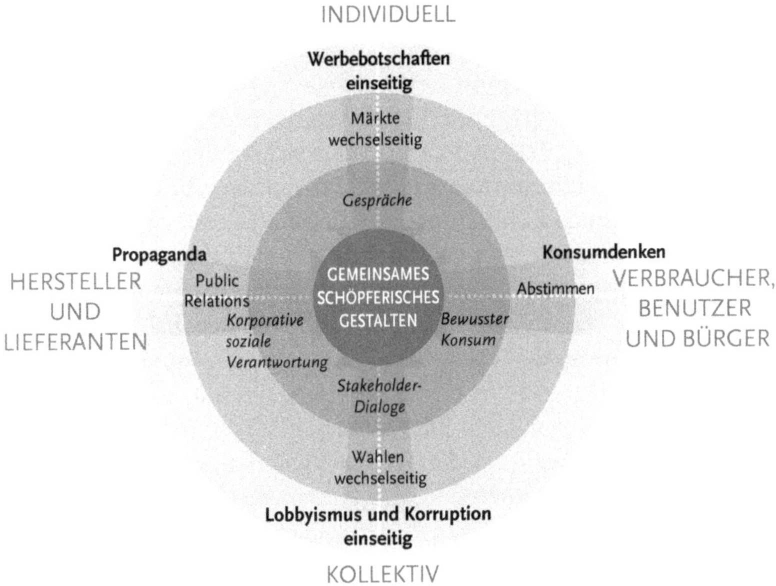

Abb. 10: Vier Ebenen der Stakeholder-Kommunikation in ökonomischen Systemen

Die einseitige Kommunikation legt den Schwerpunkt auf das »Verkaufen«, also darauf, dass das Zielobjekt etwas erwirbt oder auf eine bestimmte Weise abstimmt. Doch hat das Objekt keine Gelegenheit zu einer Gegenrede. Lobbyisten und Interessenvertretungen operieren in gleicher Weise. Ihr Einfluss beruht oft auf bevorzugtem Zugang zu Entscheidungsträgern und der Tatsache, dass andere relevante Teilnehmer von dem Gespräch ausgeschlossen sind.

Ebene 2: Bilateral, wechselseitiges Gespräch und Austausch von Standpunkten

Die Stakeholder-Kommunikation auf Ebene 2 ist eine bilaterale, wechselseitige Diskussion mit dem Ziel, Informationen auszutauschen, und beinhaltet auch ein Reaktions- bzw. Feedbacksystem. In Märkten antwortet der Käufer durch die finanzielle Transaktion. Bei demokratischen Wahlen antwortet der Wähler durch die Abgabe der Stimme. Beides sind Beispiele für eine wechselseitige Kommunikation.

Ebene 3: Multilateral, Stakeholder-Dialog: Sich mit den Augen eines anderen sehen

Die Stakeholder-Kommunikation auf Ebene 3 ist eine multilaterale Kommunikation, geprägt von Nachdenken, Lernen und Dialog.[174] Ein Dialog ist ein Gespräch, in dem man sich selbst mit den Augen eines anderen sieht – und im Kontext des Ganzen. Es gibt vielfältige Beispiele, von »Runden Tischen« und »Welt Cafés« bis zu interaktiven sozialen Medien. Die Gespräche brauchen eine Form, einen Prozess und einen geschützten Raum, um gut zu funktionieren. Manche Unternehmen, wie z. B. Natura, Nike und Unilever, haben Kommunikationstechniken der Ebene 3 zu ihrem eigenen Vorteil übernommen.

Eosta zum Beispiel, ein internationaler Importeur von frischem Bio-Obst und -Gemüse mit Sitz in den Niederlanden, übrigens auch eines der ersten Unternehmen, das klimaneutral arbeitet und kompostierbare Verpackungen verwendet, möchte, dass seine Kunden die »unsichtbaren« Prozesse hinter seinen Produkten sehen können. Ein Code mit drei Ziffern auf jedem ihrer Produkte führt den Konsumenten über die Eosta-Website zum Erzeuger. So führt zum Beispiel die Fairtrade-Codenummer 565 auf einer Mango zu Mr. Zongo in Burkina Faso, der dann auf das Anliegen des Kunden online reagiert. Dieses System ist ein ausgezeichnetes Beispiel für eine Kommunikation der Ebene 3, weil es den Kunden ermöglicht, sich im Kontext der gesamten Wertekette zu sehen.

Ein weiteres Beispiel für eine multilaterale Stakeholder-Kommunikation sind die *Town Hall Meetings* (Bürgerversammlungen im Rathaus) in New England (USA), bei denen Bürger über lokale Themen diskutieren oder auch über internationale wie die Klimarahmenkonvention der Vereinten Nationen. Damit solche Stakeholder-Kommunikation gut funktioniert, benötigt man soziale Techniken und Prozessbegleitung.

Am Ende führen alle diese Ansätze zum gleichen Resultat: Sie helfen Stakeholdern in einem System, sich im Kontext der übrigen Stakeholder und des Ganzen zu sehen. Sie biegen den Strahl der Aufmerksamkeit auf verschiedene Weisen, die diesen Gemeinschaften helfen, *sich selbst* als Teil eines größeren Bildes zu sehen.

Ebene 4: Co-kreative Ökosystem-Innovation: Die Grenze zwischen Ego und Öko verwischen

Die Stakeholder-Kommunikation auf Ebene 4 ist eine multilaterale, kollektiv-kreative Ökosystem-Diskussion, die diversen Gruppen von Akteuren hilft, die Zukunft gemeinsam zu erspüren und zu gestalten, indem man das Bewusstsein von Ego zu Öko transformiert. Zu den Beispielen zählen transformative Multistakeholder-Prozesse wie die *World Commission on Dams* (Welttalsperrenkommission) und das *Sustainable Food Lab*, auf das wir später im Buch noch zurückkommen werden.[175] Die Ergebnisse dieser Prozesse liefern nicht nur erstaunliche Resultate mit Durchbruchqualität, sondern auch eine Verlagerung hinsichtlich der geistigen Haltung und des Bewusstseins vom Egosystem-Bewusstsein zum Ökosystem-Bewusstsein – also von einer Einstellung, die das eigene Wohl wertschätzt, zu einer Einstellung, die auch das Wohl der Partner und des großen Ganzen wertschätzt.

Hebelpunkte

Obwohl es einige inspirierende Beispiele für Innovationen der Ebene 4 gibt, ist es durchaus klar, wo man heute ansetzen muss, um das System zu einer besseren Funktionsweise zu verschieben:

1) Wir müssen die toxische Schicht der Kommunikation auf Ebene 1 loswerden (Bestechung, indirekte Zuwendungen [*soft money*], Werbespots und andere Formen der Propaganda und Manipulation, die heute ständig die Kommunikationskanäle unserer Gesellschaft vergiften).
2) Und wir müssen neue Bereiche mit co-kreativen Stakeholder-Beziehungen der Ebene 4 entwickeln, in denen Partner in einem Ökosystem zusammenkommen können, um dessen Zukunft gemeinsam zu erspüren, zu erproben und zu realisieren.

Die Frage ist nur, wie man das tun kann. Wie können wir die Fähigkeiten entwickeln, die es uns ermöglichen, diese Ebene-4-Arenen der Co-Kreation aufzubauen und zu nutzen? Hier drei Beispiele, die möglicherweise inspirieren.

Girl Scouts – Arizona Cactus Pine Council (ACPC)

Die Verbandsvorsitzende des ACPC, Tamara Woodbury, betrachtet die Pfadfinderinnenbewegung (Girl Scouts) als Teil einer weltweiten Bewegung, die erkannt hat, welche Bedeutung Frauen in Führungspositionen bei der Veränderung gesellschaftlicher Probleme zukommt. Seit 2005 haben sie und Beth Jandernoa, die Prozessbegleiterin des *Presencing Institute*, sowie deren Kollegin Glennifer Gillespie mit einem Prozess experimentiert, der als *Circle of Wholeness* (Kreis der Ganzheitlichkeit) bezeichnet wird. Dieser Prozess zielt darauf, eine qualitative Praxis von Ganzheitlichkeit und körperlich-seelischer Gesundheit im Council der Pfadfinderinnen und darüber hinaus im gesamten Bundesstaat Arizona zu entwickeln. Der achtzehnköpfige Kreis besteht aus Mitarbeiterinnen und Ehrenamtlichen der Girl Scouts sowie aus Führungskräften aus Unternehmen, gemeinnützigen Einrichtungen und Behörden; es sind Männer und Frauen, junge und alte (von 18 bis 80) mit sehr unterschiedlichem gesellschaftlichem und ethnischem Hintergrund.

Im Oktober 2012, nachdem sich die Gruppe den ganzen Tag intensiv mit Erfahrungen und Recherche zum Thema Gesundheit und Ganzheit beschäftigt hatte, begannen sie ein »Check-in«, d. h. eine Gesprächsrunde, um herauszufinden, wo jede und jeder Einzelne in ihrem jeweiligen Lernprozess stand. Beth und Glennifer spürten, dass sich eine Spannung aufgebaut hatte zwischen dem Wunsch der Gruppe, aktiv zu werden und etwas zu unternehmen, und dem Bedürfnis, es langsam zu beginnen und darauf zu achten, was sich da innerhalb der Gruppe entwickelt. Es kam zu einem Moment des Durchbruchs, als John, der ehemaliger Direktor eines internationalen Baumaschinenunternehmens, der aktionsbetonten Dynamik der Gruppe eine andere Richtung gab. Er sprach langsam und bedächtig über die Probleme, die er in seiner Anfangsphase als Philanthrop gehabt hatte. Johns Sprechweise brachte die Gruppe zum Zuhören und weckte Wissbegier und ein Gefühl von Großzügigkeit und Weite.

Nur wenig später meldete sich die ACPC-Angestellte Carol Ackerson zu Wort. Carol ist dafür bekannt, dass sie komplexe Themen gut auf den Punkt bringen kann, sodass sie leicht verständlich werden. Doch diesmal ging sie nicht rational an die Sache heran, sondern sammelte sich und sagte dann: »Ich weiß, dass ich normalerweise meinen Verstand sprechen lasse. Doch wenn es mir auch etwas unangenehm ist, diesmal halte ich es für wichtig – sowohl für mich wie für uns alle –, dass wir unser Tempo drosseln, einander zuhören und reden und auch unsere Gefühle artikulieren. Ich spüre eine unbekannte Empfindung in mir, und ich meine, dies bedeutet – sofern es uns gelingt, geduldig zu sein und nicht gleich in Aktionismus zu verfallen –, dass eine neue Möglichkeit im Raum steht.«

Die Gruppe schwieg. Endlich fragte jemand in die Stille hinein: »Es ist erstaunlich. Was geht hier eigentlich vor?« Glennifer erwiderte ruhig: »Wenn zu Beginn eines Gesprächs Schweigen herrscht, ist das oft unbehaglich. Aber wenn wir alle gemeinsam tief in Gedanken versunken sind, können wir etwas erfahren, das eine Gruppe nur selten erlebt: dass Schweigen Gold ist. Wir sollten noch ein bisschen sitzen bleiben und es auf uns wirken lassen.« Was Beth dabei erlebte, beschreibt sie so: »Es war, als würde ich – und die Gruppe insgesamt – innerlich neu zusammengesetzt, irgendwie verwandelt.« Carol sagte später: »Ich hatte das Gefühl, als sei Juliette Gordon Low, die Gründerin der Girl Scouts, im Raum anwesend.«

Das Gespräch, das sich nach dieser Stille entwickelte, war lebendig und sprühte vor Ideen, die die Gruppe bisher noch nicht in Betracht gezogen hatte. Es entspann sich ein Gespräch darüber, wie man den »unverkennbaren« Gesprächsstil des ACPC (also die Atmosphäre und den Prozess) und seine »unverkennbare« Erzählung (den Gehalt an einzigartigen Prinzipien und Praktiken) definieren könnte. Bei diesem Meeting bestimmten die Teilnehmer, dass »das Gestalten von Gesprächen, bei denen Liebe erfahrbar wird« zu den spezifischen zukünftigen Kompetenzen des ACPC gehören solle.

Umschwung eines Gesprächs über Klimawandel

Martin Kalungu-Banda, der Mitbegründer des *Presencing Institute Africa*, beschreibt die folgende Erfahrung:

> »Nach der Klimakonferenz im Dezember 2009 in Kopenhagen hatte man den Eindruck, dass das Gefühl und die Ansicht vorherrschten, die Welt habe versagt, denn man hatte nicht die Art von internationaler Einigung und Verpflichtung erreicht, durch die das Thema Klimawandel in all seinen Aspekten auf wirksame, keinen Aufschub duldende Weise in Angriff genommen worden wäre. Für viele Menschen und Organisationen machte Kopenhagen auch den tiefen Graben zwischen dem Klimawandel-Diskurs und dem praktizierten Entwicklungsdenken sichtbar.
>
> Etwa Mitte 2010 begann man beim *Climate and Development Knowledge Network* (CDKN) darüber nachzudenken, wie man den Zusammenhang

zwischen Klimawandel und Entwicklung stärken könne. Ein Konsortium von Organisationen wurde zusammengerufen, um eine Veranstaltung zu kreieren, die dem Klima-Entwicklungs-Nexus neues Leben einhauchen könnte. Dieser Gedanke kulminierte im *CDKN Action Lab Event*, der im April 2011 in Oxford stattfand.

Die Vorbereitung des Events lag in der Hand einer sektorübergreifenden Gruppe von Prozessdesignern und Prozessbegleitern. Das Ziel war, eine Veranstaltung auf die Beine zu stellen, bei der zweihundert Teilnehmer, die aus über siebzig Ländern stammten und den öffentlichen, privaten und zivilgesellschaftlichen Bereich abdeckten, miteinander nachdenken und interagieren könnten, und zwar so, dass dabei umsetzbare Ideen zur Verbindung von Klimawandel und Entwicklung entstehen konnten. Mithilfe von Onlinewerkzeugen wurden die Erfahrungen und das Expertenwissen der Teilnehmer gesammelt. Gastredner wurden gefunden, um Schlüsselaspekte dieser herausfordernden Aufgabe zu erhellen. Über einen Zeitraum von vier Monaten fanden wöchentliche Onlinetreffen der Prozessbegleiter statt, um Ablauf, Ausrichtung und Durchführung der Veranstaltung festzulegen und zu testen.

Als Ausrichter hatte man mit Bedacht die Universität Oxford gewählt, weil sie über die nötigen Räumlichkeiten und die passende Atmosphäre verfügte. Bewährte Verfahren zur Förderung von zwischenmenschlichen Kontakten und systemischem Denken wurden in das Design der Veranstaltung einbezogen. Insgesamt handelte es sich um eine Mischung aus Plenarsitzungen, Diskussionen in kleinen Gruppen und individuellen Momenten der Besinnung. Um die Kreativität der Teilnehmer zu maximieren, machte man Gebrauch von den verschiedensten Instrumenten und Techniken kreativer Prozesse, zum Beispiel Bildhauern, Zeichnen, Malen, Systemspiele und Tagebuchführen.

Die Konferenz begann mit einem dreitägigen ›Erspüren des Feldes‹, bei dem versucht wurde, so viel wie möglich über die brutalen Fakten des Klimawandels zu erfahren und sich gegenseitig mitzuteilen. Danach begaben sich die Teilnehmer eine Stunde lang in den botanischen Garten von Oxford, um nachzudenken. Die beiden Leitfragen für diese Reflexion waren: ›Wenn ich alles Unwesentliche beiseitelassen könnte, wie würde mein Zukunfts-Selbst im besten Fall aussehen?‹ und ›Was erwartet das Leben von mir/uns, was soll ich/sollen wir tun, damit die Welt eine andere Zukunft hat?‹ Nach dem Ende der Denkpause kehrten die Teilnehmer in den Plenarsaal zurück. Obwohl die Gruppe aus zweihundert Personen bestand, fühlte sie sich wie eine kleine Gruppe an, die schon lange nach Lösungen für eine Herausforderung gesucht hatte, vor der alle gemeinsam standen.

Mit ungewohnter Entspanntheit hörten die Teilnehmer sich gegenseitig beim ›Sharing‹ zu, welche Einsichten den Einzelnen in der stillen Schweigestunde gekommen waren. Vieles hörte sich an, als hätten sie alle das gleiche Gesangbuch aufgeschlagen und sängen dasselbe Lied. Angesichts dessen, was auf dem Spiel stand, waren wir eins geworden, und selbst wenn wir es nicht aussprachen, so schienen wir während der einstündigen Denkpause einen Blick auf eine gemeinsame Zukunft erhascht zu haben. Dieses Erlebnis vermittelte uns ein neues hoffnungsvolles Gefühl nach der Enttäuschung von Kopenhagen. Winfred, ein Teilnehmer aus Ghana, sagte: ›Kopenhagen hatte mich entmutigt. Doch jetzt weiß ich, dass ich kein Politiker sein muss, um etwas auszurichten. Jetzt sind *wir* an der Reihe, den Politikern zu zeigen, wo es langgeht.‹

Durch das Arbeiten in kleinen Gruppen, die auf der Grundlage von Interesse und Arbeit bzw. dem Schwerpunkt der betreffenden Organisation gebildet wurden, entstanden aus der Zusammenarbeit der Teilnehmer 26 Prototypen als Möglichkeiten, die Landebahn für die gemeinsame Zukunft vorzubereiten, die wir zusammen gesehen hatten. Außerdem entwickelten sich im Laufe der viertägigen Veranstaltung verschiedene Arten der Zusammenarbeit und Netzwerke.«[176]

Das Interessante an Martins Bericht ist, dass die Stimmen der Realitätsverleugnung, des Zynismus und der Depression eine Veränderung durchgemacht haben. Die genannten neuen Netzwerke haben dazu geführt, Initiativen zu beginnen. Mehr dazu finden Sie auf der CDKN-Website: http://cdkn.org.

Ein vielversprechendes Projekt, wie das, welches sich in Oxford entwickelte, war eine ähnliche Tagung in Ghana im Jahr 2012 mit führenden Vertretern des Landes, unter ihnen der Vizepräsident, mehrere Minister des Kabinetts, Parlamentsmitglieder und andere. Diese Führungskräfte wurden aufgefordert, darüber nachzudenken, was der Klimawandel für sie persönlich bedeutete. Sie sahen ein von Studierenden aufgeführtes Theaterstück, das die Auswirkungen des Klimawandels zeigte, sowie einen Dokumentarfilm, in dem ghanaische Bürger die Regierung und Führungskräfte aufforderten, etwas zu tun. Der Sekretär des Kabinetts sagte hinterher: »Wir haben die ganze Zeit den Klimawandel als ein Thema betrachtet, das mit unserer täglichen Arbeit nichts zu tun hat. Doch wir müssen die staatlichen Instrumente nutzen, um eine andere Zukunft für unsere Kinder zu schaffen. Wie konnten wir dies nur so lange nebenher laufen lassen?« Bis heute wurden mehr als 400 weitere Regierungsbeamte zur Teilnahme an einem ähnlichen Prozess eingeladen, die sich dann zu Veränderungen in ihren Regionen verpflichtet haben.[177]

ELIAS: Emerging Leaders Innovate across Sectors [Junge Führungskräfte kooperieren über Sektoren hinweg]

Ein drittes Beispiel führt uns nach Cambridge, Massachusetts. Anfang 2004 setzte bei uns ein Gefühl der Frustration ein. Als wir mit einigem Abstand auf unsere Arbeit blickten, wurde uns klar, dass wir zwar bei dem einen oder anderen Projekt Fortschritte verzeichnen konnten, dass wir aber in Bezug auf die drei Bruchlinien nur wenige Erfolge zu verzeichnen hatten. Außerdem wurde uns klar, dass sich unsere Arbeit hauptsächlich auf Prozesse innerhalb der einzelnen Organisationen konzentriert hatte, während sich die größten gesellschaftlichen Probleme eher im Raum zwischen Institutionen und Individuen sowie zwischen Sektoren, Systemen und deren Bürgern abspielten.

Schließlich beschlossen wir in einem Gespräch mit unseren Freunden Peter Senge und Dayna Cunningham, etwas zu unternehmen. Otto würde einige Organisationen, mit denen wir im Laufe der Jahre zusammengearbeitet hatten, ansprechen, um sie als Partner bei der Gründung von ELIAS zu gewinnen. Die Problemstellung lautete etwa folgendermaßen:

> Okay, wir wissen nicht, was die Zukunft bringt, aber wir alle wissen eines ziemlich genau: Für uns beginnt ein Zeitalter, in dem die künftigen Führungskräfte mit einer Vielzahl von Störungen, Zusammenbrüchen und Turbulenzen konfrontiert werden, die mit nichts in der Vergangenheit vergleichbar sind. Daher ist es wichtig, dass wir die Menschen, die in den nächsten zehn, zwanzig Jahren in Führungspositionen gelangen werden, schon heute darauf vorbereiten. Es ist wichtig, dass sie quer durch alle Bereiche und Systeme hindurch gut vernetzt sind, gut zuhören können und die nötige Kreativität aufweisen, um aus Problemen Chancen zu machen. Und sind Sie – unter der Voraussetzung, dass keine Organisation diese entscheidenden Fähigkeiten allein für sich aufbauen kann – bereit, sich auf ein Experiment einzulassen und etwas auszuprobieren? Sind Sie bereit, einige Ihrer besten Führungskräfte mit hohem Potenzial zu bitten, innerhalb eines Zeitraums von zwölf Monaten vier oder fünf Wochen ihrer Zeit darauf zu verwenden, sich einer globalen Gruppe von jüngeren Führungskräften aus dem Staatsdienst, der Wirtschaft und dem gemeinnützigen Bereich anzuschließen und gemeinsam die Randgebiete ihrer Systeme wie auch ihrer Persönlichkeiten zu erkunden?

Zu unserer großen Überraschung sagten bis auf eine Ausnahme alle zu.

Im März 2006 machten sich also 27 Nachwuchsführungskräfte aus Partnerorganisationen von ELIAS, darunter Oxfam, WWF, Unilever, BASF, Nissan, UNICEF, InWEnt (Brasilien) und das Finanzministerium von Indonesien, zu einer Innovations- und Lernreise auf. Diese folgte dem U-Prozess des gemeinsamen Erspürens, gegenseitigen Inspirierens und des gemeinsamen schöpferischen Gestaltens. Während die Teilnehmer weiter in ihren Jobs tätig waren, beteiligten sie sich mit uns an der Entwicklung und Erlernung eines neuen Satzes von Innovationsinstrumenten, darunter *Deep Sensing Journeys*, Stakeholder-Dialoge, Strategie-Klausurtagungen, Designstudios und das Erproben ihrer Ideen durch Prototypen (*rapid-cycle prototyping*), um die Zukunft durch aktives Tun zu erkunden.

Am Ende des Weges standen die folgenden Resultate:

1) profunde persönliche Veränderung
2) tiefreichende Veränderungen auf der Beziehungsebene, sowohl innerhalb wie über die Gruppe hinaus
3) Prototypen, die eine Vielzahl neuer Ansätze aufwiesen. Einige von ihnen waren wirklich inspirierend. Andere schienen damals einfach nur wertvolle Lernerfahrungen für alle Beteiligten zu sein.

Was jedoch niemand erwartet hatte, war die Tatsache, dass sich dieses Mini-Ökosystem von Sämlingen oder Mini-Prototypen im Laufe der folgenden Jahre zu einer globalen Ökologie der Innovation auswachsen würde. Ohne dass viel Tamtam darum gemacht wird, haben sich diese Initiativen vielfach fortgepflanzt und involvieren jetzt Dutzende von Institutionen und Tausende von Menschen, die gemeinsam weiter neue Plattformen der Zusammenarbeit initiieren.

Hier einige Beispiele.

ELIAS Prototypen: Eine globale Innovationsökologie

- Teilnehmer aus Südafrika, das sogenannte Sunbelt-Team, wollten wissen, mit welchen Methoden man Windenergie und Solarstrom in sehr arme bäuerliche Gemeinschaften bringen könnte, und zwar unter Verwendung eines dezentralisierten, demokratischen Modells der Energiegewinnung, sodass der Kohlendioxidausstoß verringert sowie zum wirtschaftlichen Wachstum und Wohlergehen der Bevölkerung auf dem Land beigetragen würde. Inzwischen hat dieses Projekt die strategischen Prioritäten einer globalen NGO verändert und zur Gründung eines missionsorientierten Unternehmens mit dem Namen »Just Energy« geführt, das in Südafrika tätig ist und den Gemeinden vor Ort zur Teilhabe an dem schnell wachsenden Markt für erneuerbare Energien verhilft.[178]

- In Indonesien wendete ein im indonesischen Handelsministerium tätiger ELIAS-Kollege den U-Prozess an, um neue staatliche Richtlinien zur nachhaltigen Zuckerproduktion aufzustellen. Er hatte die Idee, alle wichtigen Stakeholder-Gruppen in den politischen Entscheidungsprozess einzubeziehen. Das Ergebnis war beeindruckend: Zum ersten Mal führten die politischen Entscheidungen des Ministeriums nicht zu den sonst oft gewalttätigen Protesten oder Aufständen bei den Bauern oder anderen Gruppen in der Wertschöpfungskette. Inzwischen wird der gleiche Ansatz auch in anderen Ministerien auf andere Wirtschaftsgüter und Standards zur nachhaltigen Produktion angewendet.
- Ebenfalls in Indonesien wurde ein drei Sektoren umfassendes, auf Theorie U fußendes Führungsprogramm nach dem Vorbild von ELIAS (das heute IDEAS heißt) gestartet, an dem pro Jahr dreißig Führungskräfte aus allen Sektoren teilnehmen. Sie arbeiten an mehreren Prototyp-Initiativen – darunter der Bojonegoro Fall, auf den wir später noch genauer eingehen werden. IDEAS Indonesien hat heute etwa hundert Graduierte und startete sein viertes Programm im Frühling 2013.
- Ein ELIAS-Kollege vom GIZ (Deutsche Gesellschaft für Internationale Zusammenarbeit) entwickelte und startete ein Labor zur Bekämpfung des Klimawandels mit zukünftigen Führungskräften in Südafrika und Indonesien.
- Im Jahr 2012 wurde nach dem Vorbild von ELIAS und IDEAS das erste IDEAS-Programm in China gestartet, an dem hochrangige Regierungsbeamte und leitende Vertreter der chinesischen SOEs (state-owned enterprises, staatseigene Unternehmen) beteiligt sind. 2013 soll das zweite IDEAS-China-Programm, das mit einigen der größten SOEs der Welt arbeitet, gestartet werden.
- Am MIT taten sich zwei ELIAS-Kollegen zusammen, um eine kooperative Forschungsunternehmung zu initiieren, die

schließlich zur Gründung des MIT CoLab (Community Innovators Lab) führte. Das CoLab hat sich seither zu einem Hotspot der Innovation rund um feldbasiertes Action Learning für Studierende am *MIT Department for Urban Studies and Planning* entwickelt, wobei Theorie U und damit zusammenhängende Methoden in die Praxis umgesetzt werden.

Außerdem sind verschiedene Initiativen von ELIAS inspiriert worden, darunter die *Maternal Health Initiative* in Namibia und die *Coral Triangle Initiative* (CTI), die zu einem Sechs-Länder-Vertrag geführt hat, der nachhaltige Fischfangpraktiken mit einer Gewinnaufteilungsvereinbarung und wirtschaftlichen Chancen verbindet.[179] Das Interessante am ELIAS-Netzwerk ist, dass es weiterhin Ideen und Initiativen anstößt.[180]

Was haben wir also vom ELIAS-Projekt über den Aufbau von Presencing-Plattformen für co-kreative unternehmerische Initiativen gelernt?

Fünf Lernerfahrungen

ELIAS hat viele unserer Annahmen ins Wanken gebracht. Erstens ist uns heute klar, dass ELIAS – auch wenn es vielleicht unsere bisher stärkste und einflussreichste Initiative war – nicht von einem Klienten initiiert oder nachgefragt wurde. Niemand hat uns dazu aufgefordert, ELIAS zu starten. Das Projekt entstand aufgrund unserer tiefen Frustration.

Zweitens haben wir gelernt, dass die Konzentration auf das Lösen von Problemen, was den größten Teil der Multistakeholder-Arbeit ausmacht, möglicherweise einschränkend wirkt. Das grundlegende Prinzip sollte heißen »Die Energie folgt der Aufmerksamkeit«. Eine Herangehensweise, die allein die Lösung des Problems oder das Schließen einer Lücke im Blick hat, schränkt die Kreativität ein. In unserem Fall führte es zu guten Resultaten, einfach hochkarätige junge Veränderungsmacher aus diversen Systemen, Bereichen und Kulturen zusammenzubringen, sie dann einer großen Zahl von ungefilterten, direkten Erfahrungen an den Randbereichen ihrer Systeme auszusetzen, sie mit guten kontemplativen und reflexiven Praktiken auszurüsten und es ihnen dann zu überlassen, sich auf das gemeinsam Gesehene und Erfahrene einen Reim zu machen und einen Sinn darin zu finden. Dass aus einem solchen Experiment interessante neue Ideen entstehen würden, stand außer Frage. Wenn es dann noch eine unterstützende Infrastruktur gibt, wird das Resultat eines solchen Prozesses sehr schlagkräftig sein – sofern die leitenden Personen eine Chance haben, ihre Überzeugungen in die Praxis umzusetzen.

Drittens haben wir gelernt, dass individuelle Fertigkeiten und Instrumente in der Regel überbewertet werden. Zwar hatten Methoden und Handwerkszeug einen sehr wichtigen Anteil am Weg von ELIAS, und die Projekte wären ohne sie nicht erfolgreich gewesen, doch ist gleichzeitig auch klar, dass der Weg und der Prozess für alle der entscheidende Punkt war. Aus unverbundenen Individuen wurden Teile eines co-kreativen Netzwerks von Veränderern. Durch den Prozess wurde ein *Feld von inspirierten Verbindungen* geschaffen, das den Menschen hilft, von einem anderen Ort aus zu handeln, einem Ort, der ein Mehr an Entspanntheit, innerer Ruhe, Inspiration und Fokus bietet. Diese Flamme der inspirierten Verbindungen zu entzünden ist der Kern und das Wesen von Lernen und Führung heute. Alles andere ist sekundär. Was ELIAS angeht, so ist die Flamme auch noch lange nach dem Ende des Programms nicht erloschen, und wir sehen, wie die Funken nach draußen sprühen und auf vielen anderen Gebieten das Feuer neu entzünden. Insgesamt fühlt es sich so an, als wären wir mit einer Quelle kollektiver schöpferischer Kraft in Berührung gekommen.

Viertens haben wir gelernt, dass sektorübergreifende Plattformen für Innovation, Führen und Lernen einen qualitativ hochwertigen Schutzraum benötigen. Dieser Raum setzt sich teils aus dem Prozess, teils aus den Menschen, teils aus dem Ort und teils aus dem Zweck zusammen. Aber die wichtigste Zutat ist immer dieselbe: einige engagierte Menschen, die alles geben würden, damit die Sache funktioniert. Manchmal sind es nur einer oder zwei. Doch mit vier oder fünf Personen lassen sich Berge versetzen.

Fünftens haben wir gelernt, auf eine Bruchlinie oder eine Öffnung zu achten – auf eine Öffnung hin zu einer zukünftigen Möglichkeit, die jeder unterstützen kann. Die meisten sektoren- oder unternehmensübergreifenden Plattformen kranken am selben Problem: Die Menschen, die man braucht, sind bereits durch das Engagement für ihre bestehenden Institutionen übermäßig beansprucht; das erklärt auch, warum bei den meisten Multistakeholder-Plattformen viel geredet und wenig gehandelt wird. Daher besteht die einzige Chance zum Aufbau einer erfolgreichen Plattform für sektor- und institutionsübergreifende Innovationen darin, ein Thema zu wählen, dem alle teilnehmenden Individuen und deren Institutionen einen sehr hohen Wert beimessen.

Die Entwicklung einer gemeinsamen, schöpferischen Ökonomie
Aus diesen Beispielen, ELIAS, dem CDKN Action Lab Event oder dem Girl Scouts ACPC Leadership Circle, lassen sich Schlussfolgerungen ziehen.

Erstens: Die Grenze zwischen Kooperation und Wettbewerb wird neu definiert. Kapitalismus 2.0 baut auf der Logik des Wettbewerbs auf. Wirtschaft 3.0 ergänzt dies durch einen staatlichen Eingriff (ein Beispiel dafür ist der Sozialstaat). Heute stehen wir vor Herausforderungen, die sich durch ein gleichzeitiges Versagen von Markt wie Staat auszeichnen. Eine Antwort auf diese Probleme schließt ein, die Grenzen zwischen Wettbewerb und Kooperation neu zu bestimmen, indem wir Arenen der Kooperation zwischen allen Bereichen schaffen, die dem Markt vorgeschaltet sind.

Zweitens: Am effizientesten lassen sich die Grenzen zwischen Wettbewerb und Kooperation neu festlegen, wenn man innerhalb existierender Ökosysteme in Wirtschaft und Gesellschaft Arenen oder Plattformen der Co-Kreation aufbaut. Ökosysteme sind gesellschaftliche Systeme und deren soziale, ökologische und kulturelle Kontexte, als da sind das Bildungswesen, das Gesundheitswesen, der Nahrungsmittelsektor, Energiesysteme und bestimmte Wirtschaftssysteme. Die Stakeholder in einem Ökosystem teilen sich einige knappe Ressourcen (Gemeingüter); für alle Partner ist es von Interesse, diese kostbaren Ressourcen zu erhalten und zu bewahren, anstatt sie übermäßig auszubeuten.

Drittens: Die Plattformen und Arenen der Ökosystemerneuerung brauchen neue soziale Techniken, die den Beteiligten helfen, ihre Mitarbeit von der Logik und dem Bewusstsein des Egosystems zur Logik und zum Bewusstsein des Ökosystems zu verschieben. Eine dieser sozialen Techniken ist die Theorie U. Theorie U schlägt vor, die folgenden fünf Typen der Innovationsinfrastruktur aufzubauen:

1) *Infrastrukturen zum gemeinsamen Initiieren (Co-initiate).* Erfolgreiche Multistakeholder-Projekte haben häufig die gleiche Grundlage, nämlich einen oder einige lokale Individuen, die

glaubwürdig diese Projekte verantworten und halten. Wenn ein Ökosystem sehr fragmentiert ist, sollte diese Kerngruppe, die das Projekt ins Leben ruft, die Diversität des gesamten Ökosystems reflektieren.

2) *Infrastrukturen zum gemeinsamen Erspüren (Co-sensing).* Der einfachste und zugleich effektivste Weg, um von einem Egosystem-Bewusstsein zu einem Ökosystem-Bewusstsein zu kommen, ist es, die Menschen auf »Sensing-Reisen« an die äußersten Ränder des Systems zu führen, wo sie es aus anderen Perspektiven betrachten können, insbesondere aus der Perspektive der am stärksten marginalisierten Mitglieder. Weitere Aktivitäten, die den Teilnehmern helfen, das System vom Standpunkt vieler Stakeholder und aus der Warte des großen Ganzen zu sehen, sind Prozesse wie das »Shadowing« und Stakeholder-Interviews.[181] Doch was uns am meisten fehlt, sind effektive Infrastrukturen zum Co-sensing.
3) *Infrastrukturen zum gemeinsamen Inspirieren (Co-inspire).* Ein weiterer immer stärker werdender Ansatzpunkt auf dem Gebiet der distribuierten Führung betrifft den Gebrauch von Achtsamkeits- und Presencing-Praktiken, die Entscheidungsträgern dabei helfen, mit ihren inneren Quellen des Wissens in Kontakt zu kommen, sowohl individuell als auch kollektiv.
4) *Infrastrukturen zum Erstellen von Prototypen oder zur Erforschung der Zukunft durch konkretes Handeln (Prototyping).* Prototyping ist ein Prozess. Man denkt nicht länger darüber nach, was man alles nicht weiß, und beginnt aufgrund dessen, was man weiß, etwas zu tun. Zu einem erfolgreichen Prototyping-Prozess gehört eine engagierte Kerngruppe mit einer gemeinsamen Intention; ein Netzwerk von Stakeholdern und Benutzern; ein konkreter »0,8-Prototyp« (d. h. ein Prototyp, der nicht fertig ist, aber ein Feedback von Partnern aus dem gesamten System bekommt); der Entschluss der Kerngruppe, weiterzumachen, dabei aber das Feedback der Stakeholder ständig zu integrieren; Auswertungs-Sessions, bei denen man sämtliche Prototypen vergleicht, feststellt, was man gelernt hat, streicht, was nicht funktioniert, und intensiviert, was funktioniert.
5) *Infrastrukturen zum gemeinsamen Entwickeln (Co-evolving).* Mikro- und Frontlinien-Prototyp-Initiativen sind Keimlinge, die führende Persönlichkeiten in ausgesuchten Teilen des Sys-

tems pflanzen und pflegen können. Um diese Initiativen im Kontext des größeren Systems wachsen zu lassen, am Leben zu halten, zu skalieren und weiterzuentwickeln, ist ein durch alle Funktionen, Ebenen und Institutionen wirkendes Lernen von Führung nötig sowie praktische Innovationsinitiativen. Um diese Unterstützung geben zu können, benötigt das Team an der Spitze auch eine hilfreiche Infrastruktur, um sich auf seine eigene Führungsreise vom Ego- zum Öko-Bewusstsein zu begeben.

Schlussfolgerung und praktische Übungen

Von der Arbeit mit dem U-Prozess haben wir gelernt, dass es für einen offenen Prozess des gemeinsamen schöpferischen Gestaltens unerlässlich ist, das Muster des Runterladens zu durchbrechen sowie jeden Einzelnen mit seiner »höchsten Zukunftsmöglichkeit« ins Gespräch zu bringen. Wenn man eine gemischte Gruppe von Stakeholdern durch einen U-Prozess führt, wandert der Gesprächsstrahl über folgende Ebenen:

Ebene 1: Konform gehen bzw. das eigene Urteil auf andere projizieren;
Ebene 2: Konfrontation bzw. die unterschiedlichen Ansichten der Beteiligten, die das Problem von anderen Blickwinkeln aus betrachten, wahrnehmen;
Ebene 3: Verbindung oder gleichzeitiges Halten dieser unterschiedlichen Sichtweisen, wodurch der Strahl der Aufmerksamkeit zurück auf das beobachtende Selbst gelenkt wird – d. h., man hilft dem System, sich selbst zu sehen (Dialog);
Ebene 4: Co-kreativer Flow bzw. das Zurückbiegen des Aufmerksamkeitsstrahls auf die Quellen von Kreativität und Selbst – d. h., man hilft dem System, sich mit seinem entstehenden Zukunfts-Selbst zu verbinden.

Instrument: Stakeholder-Interviews

Am Ende der vorhergehenden Kapitel boten eine Reihe von Fragen die Möglichkeit, die Relevanz des Kapitelinhalts für Ihre eigene Arbeit und Ihr Leben zu reflektieren. Am Ende dieses Kapitels stellen wir ein anderes Instrument vor: Stakeholder-Interviews. Stakeholder-

Interviews erlauben, die Fähigkeit auszubilden, Ihre eigene Arbeit aus dem Blickwinkel Ihrer wichtigsten Partner zu sehen. Das Stakeholder-Interview ist also ein Beispiel für die Sensing-Instrumente, deren Bedeutung wir in diesem Kapitel herausgestrichen haben. Die vollständige Beschreibung dieser Instrumente finden Sie online unter www.presencing.com/tools/u-browser.

Falls Sie keinen Zugang zum Internet haben, geben wir Ihnen hier eine kurze Zusammenfassung: Identifizieren Sie drei bis fünf wichtige Stakeholder in Ihrem Leben und/oder bei Ihrer Arbeit. Bitten Sie alle jeweils zu einem Gespräch, in dem Sie die folgenden sieben Fragen stellen (passen Sie die Fragen Ihrer speziellen Situation an):

1) Was möchten Sie mit Ihrer Arbeit erreichen und worin besteht mein Beitrag zu dieser Arbeit?
2) Können Sie mir ein Beispiel nennen, wann und wie mein Beitrag für Sie von Nutzen war?
3) Nach welchen Kriterien beurteilen Sie, ob mein Beitrag zu Ihrer Arbeit gelungen war bzw. sein Ziel nicht erreichte?
4) Angenommen, es würden sich in den nächsten drei bis vier Monaten bestimmte Dinge in meinem Einfluss- oder Verantwortungsbereich ändern: Welche zwei Veränderungen wären für Sie am wertvollsten?
5) Welche Probleme haben in der Vergangenheit eine effektive Zusammenarbeit zwischen uns erschwert?
6) Welche bestmögliche Zukunft stellen Sie sich im Hinblick auf unsere weitere Zusammenarbeit vor?
7) Welcher praktische erste Schritt könnte uns auf den Weg bringen, der uns zu der erwünschten Zukunftsmöglichkeit führt?

Dialogkreis

1) Besprechen Sie eventuell wichtige Erkenntnisse, die Sie für sich aus den Stakeholder-Interviews gewonnen haben.
2) Denken Sie gemeinsam über die Themen nach, die sich daraus ergeben.
3) Fragen Sie, ob jemand über ein Erlebnis berichten möchte, bei dem er einen Umschwung im sozialen Feld erlebt hat, ähnlich dem, was sich in Berlin ereignete, oder dem Beispiel, das Beth Jandernoa in diesem Kapitel beschrieben hat. Erzählen Sie

selbst von einer Begebenheit, die Sie erlebt haben, als sich ein soziales Feld von einem Zustand in einen anderen verschob – welche Veränderungen fielen Ihnen bei den Interaktionen der Menschen in dem Feld auf? Welche Veränderungen haben Sie an sich selbst wahrgenommen?

7 Führen der institutionellen Umstülpung: Auf dem Weg zu einer empathischen Ökosystem-Wirtschaft

Die nächste soziale Revolution muss eine institutionelle sein. Eine Revolution, die uns hilft, den Strahl der institutionellen Aufmerksamkeit ganz zurück auf die Quelle zu richten – das heißt auf einen Ort, an dem das institutionelle System sich selbst erkennen und erneuern kann.

Den Ort der Führung verändern

Was tun wir, wenn wir Teil eines Systems sind, dessen wichtige Komponenten in getrennten Silos operieren? Antwort: Wir verbinden sie. *Man verschiebt den Ort der Führung vom Zentrum an die Peripherie* – das heißt von einem Ort an viele Orte. Man verbindet diese Orte auf eine Weise, die verteiltere, direktere und dialogischere Formen der Sinngebung ermöglicht.

Wir erleben diesen Prozess, durch den der Ort der Führung von einem Ort im Zentrum an viele Orte der Peripherie verschoben wird, heute in zahlreichen Institutionen. Diese Verschiebung wird durch die Globalisierung beschleunigt, das World Wide Web und die Vermischung neuer Informations- und Kommunikationstechniken, die eine breitere Verteilung und stärkere Dezentralisierung von Organisationsmethoden ermöglichen. Wir haben eine erste Welle dieses Prozesses erlebt, als globale Unternehmen und Organisationen angefangen haben, ihre Entscheidungsprozesse entlang von Funktionen, Divisionen und Geografie zu dezentralisieren.

Heute hat eine zweite Welle eingesetzt, die den Ort der Führung weiter verschiebt. Die Entscheidungsfindung wird noch weiter nach außen verlagert, hinter die Grenzen der Organisation. Dieser Prozess vollzieht sich unter verschiedenen Bezeichnungen: erweitertes Unternehmen, innovatives Ökosystem, Crowdsourcing, Schwarmintelligenz. Was heute in Organisationen geschieht, ist das Gleiche, was sich zuvor in einer globalisierten Welt ereignet hat: Beide sind *zu klein für die großen Probleme und zu groß für die kleinen Probleme* geworden.

Das Ergebnis ist eine Umkehrung des alten Modells. Die Pyramide wird auf den Kopf gestellt, sodass die Kultivierung von *co-kreativen Beziehungen* zwischen den Stakeholdern im Zentrum des neuen Ökosystem-Modells der Organisation steht.

Institutionelle Umstülpung

Bevor wir verschiedene Beispiele institutioneller Inversion erörtern, wollen wir einen kurzen Blick auf die vier wichtigsten Logiken institutioneller Macht und Organisation werfen.

Wir wollen den Weg von 1.0 zu 4.0 anhand des Inversionskonzeptes verfolgen. Otto stieß auf das Konzept der *Umstülpung*, als er sich mit den Arbeiten des deutschen Avantgarde-Künstlers Joseph Beuys beschäftigte. Das einfachste Beispiel für eine Inversion ist Folgendes: Man hält eine Socke in einer Hand, steckt die andere Hand tief hinein und zieht dann das Zehenteil zurück, bis man das ganze Ding von innen nach außen gekrempelt hat. Die Vervollständigung dieser Bewegung ist die Inversion oder Umstülpung.

Dasselbe Prinzip gilt für die Verwandlung der Feldstruktur einer Institution. Hier bedeutet es, dass man die Geometrie der Macht umkehrt. Die folgenden vier Abbildungen stellen diesen Prozess bildlich dar: Die Quelle der Macht verschiebt sich von der Spitze der Pyramide (1.0) näher zur Basis (2.0), dann zur Peripherie (3.0) und zu der Umgebungssphäre eines Systems (4.0). Die daraus resultierende strukturelle Veränderung ist durch eine vollständige Umkehrung gekennzeichnet.

Bei 1.0-Strukturen befindet sich die Macht an der Spitze der Pyramide. Die Organisationsstruktur ist zentralisiert und top-down. Die Koordination wirkt durch Hierarchie und zentralisierte Regulierung oder Planung (Abb. 11). Die 1.0-Strukturen funktionieren gut, solange die Kerngruppe an der Spitze wirklich gut und die Organisation relativ klein ist. Sobald Organisationen oder Unternehmen wachsen, müssen sie sich dezentralisieren, um die Entscheidungsfindung dichter an die Märkte oder Bürger heranzubringen. Die resultierenden 2.0-Strukturen sind durch sowohl Hierarchie als auch Wettbewerb gekennzeichnet.

Bei einer 2.0-Struktur wird die Machtquelle durch die Dezentralisierung befähigt, sich näher an die Arbeit in der Peripherie heranzubewegen. Die Koordination wirkt durch Märkte und Wettbewerb. Der Fokus verlagert sich von Inputs auf Outputs. Das Ergebnis ist eine in Funktionen oder Divisionen aufgeteilte Struktur, bei der Entscheidungen näher an den Märkten und Verbrauchern oder den Gemeinschaften und Bürgern getroffen werden (Abb. 12). Das Gute an 2.0-Strukturen ist die unternehmerische Unabhängigkeit all ihrer Abteilungen oder Einheiten. Das Schlechte ist, dass niemand den Raum zwischen den Einheiten organisiert oder führt.

Was uns dann zu den 3.0-Strukturen bringt, bei denen die Entscheidungsmacht sich noch weiter von der Spitze entfernt und ihren Ursprung *jenseits* der traditionellen Grenzen der Organisation hat. Das Ergebnis ist eine Abflachung der Strukturen und ein Netzwerktyp der Organisation. Die Koordination wirkt durch Verhandlung und Dialog zwischen Stakeholdern und organisierten Interessengruppen. Macht oder Entscheidungsgewalt operiert grenzübergreifend von den Beziehungen zwischen den Akteuren aus (Abb. 13).

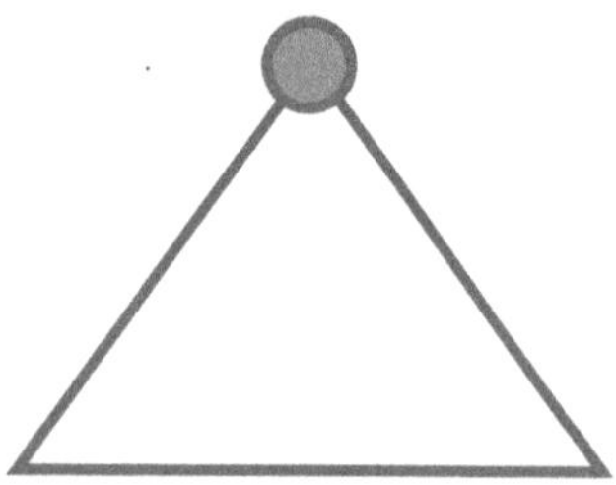

Abb. 11: ***Struktur 1.0:*** *Pyramide. Die Macht ist zentralisiert und liegt an der Spitze. Die durchgehenden Linien beschreiben traditionelle vertikale Führungsstrukturen.*

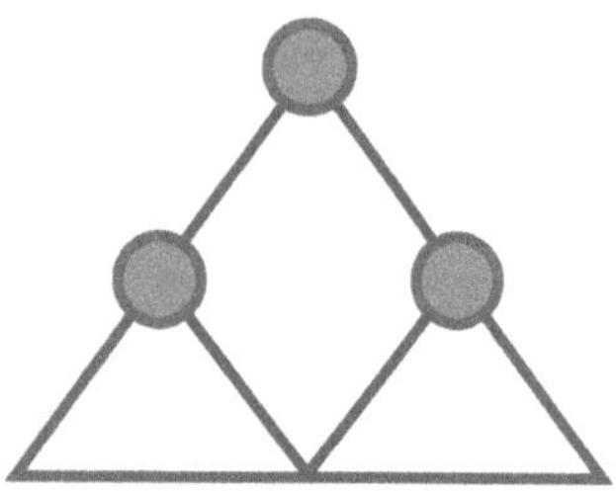

Abb. 12: ***Struktur 2.0:*** *dezentralisiert. Die Machtquelle bewegt sich näher an die Basis heran.*

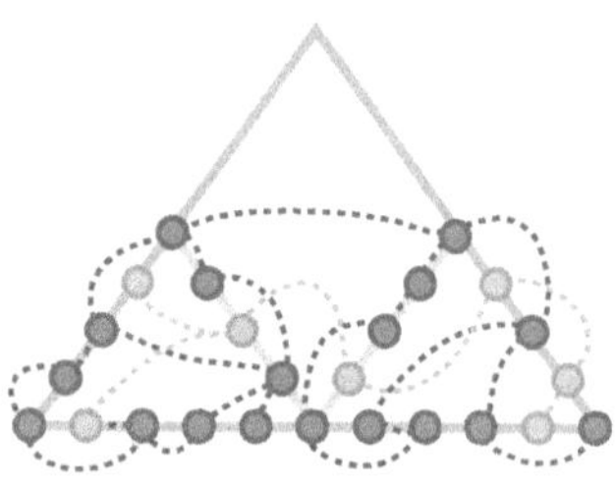

Abb. 13: ***Struktur 3.0:*** *Netzwerk. Die Machtquellen werden relational. Die gepunkteten Linien deuten auf netzwerk- und beziehungsorientierte Führung anstatt auf hierarchische Strukturen hin.*

Das Gute an 3.0-Strukturen sind ihre Netzwerkverbindungen. Das Schlechte ist eine Zunahme an Eigeninteressen. Interessengruppen nutzen ihre Netzwerkverbindungen zum Vorteil ihrer Ego-Interessen und beeinträchtigen dabei das Wohl des Ganzen. Beispiele sind die Wall Street (die den Steuerzahler für ihre Übernahme von Risiken bezahlen lässt), der Monsanto-Konzern (der Bauern in Indien um ihre kulturellen Eigentumsrechte bringt), große Energiekonzerne (die eine Pseudowissenschaft rund um den Klimawandel finanzieren, um die Öffentlichkeit irrezuleiten), die Gesundheitsindustrie (die die Kosten für das Gesundheitswesen in schwindelerregender Höhe hält), Gewerkschaften (die dem Wohl von arbeitslosen Nicht-Mitgliedern häufig wenig Aufmerksamkeit schenken) und Umweltorganisationen (wenn sie die soziale Perspektive eines Umweltproblems ignorieren).[182]

Bei 4.0-Strukturen bewegt sich die Machtquelle zur *Umgebungssphäre* co-kreativer Beziehungen zwischen Einzelpersonen und Institutionen im gesamten Ökosystem. Die Koordination erfolgt mittels einer geteilten Aufmerksamkeit für das entstehende Ganze. Bei 4.0 entsteht die Macht aus der Präsenz dieses Ganzen (Wir-in-mir) anstatt aus der reinen Ego-Präsenz der Mitglieder (Ich-in-mir) in einem gegebenen Ökosystem. Abbildung 14 zeigt, dass sich die Abflachung der Hierarchie von 1.0 zu 3.0 unterhalb der Basislinie fortsetzt. Das U-förmige Terrain unterhalb der Grundlinie der umgedrehten Pyramide steht für den transformierten Beziehungsraum durch die Öffnung von Denken, Fühlen und Wollen.

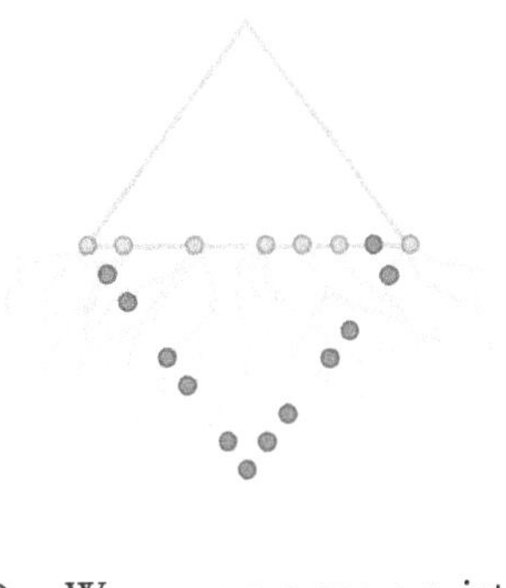

Abb. 14: ***Struktur 4.0:*** *umgekehrte Pyramide. Die Beziehungstransformation von Ego (Ich-in-mir) zu Öko (Wir-in-mir).*

Der Weg von 1.0 zu 4.0 ist in zweierlei Hinsicht eine Inversionsgeschichte. Erstens ist es eine Umkehrung der Machtquelle von der Spitze und vom Zentrum (1.0) zur Basis/Peripherie (2.0) zu jenseits der Organisationsgrenzen (3.0) und zum umgebenden Ökosystem (4.0).

Dieser Weg ist ein tief greifender Öffnungsprozess einer geschlossenen Pyramide (1.0), bis sie vollständig auf den Kopf gestellt und umgekehrt ist (4.0).

Und zweitens ist es eine Inversion, die die Reintegration von Geist und Materie betrifft. Bei 1.0 ist die Trennung von Geist und Materie das bestimmende Merkmal des Systems: Die Führungsmacht geht von der Spitze aus, und zwischen Spitze und Basis der Pyramide besteht maximale Distanz – das heißt zwischen Geist (Leitung, Führung) und Materie (praktische Arbeit). Der Rest des Weges verringert und transformiert die Distanz zwischen Spitze und Basis des Systems (der Pyramide) wie folgt. Bei 2.0-Strukturen wird die vertikale Spaltung in gewisser Weise durch Dezentralisierung und Aufteilung in Abteilungen verringert. Bei 3.0-Strukturen wird der vertikale Abstand durch eine horizontale Netzwerkorganisation an der Systembasis weiter verkleinert. Netzwerkorganisation trägt erfolgreich zur Reduzierung der vertikalen Distanz bei, ist aber für ein Durchbrechen gewohnheitsmäßiger Denkmuster weniger effektiv. Der letzte Schritt, zu 4.0, ist eine Bewegung von der Basis dessen, was eine Pyramide war, zu einem »negativen Raum« unterhalb der früheren Pyramidenbasis – das heißt zu einem Raum, der dem System ermöglicht, sich selbst zu erkennen, um den Umschwung vom Egosystem- zum Ökosystem-Bewusstsein zu fördern. Alle Systeme oder Gemeinschaften, die sich ihrer selbst bewusst werden wollen, müssen den negativen Raum unterhalb der früheren Basis fördern: das heißt, sie müssen den Boden des sozialen Feldes, das Grund- oder Wurzelsystem der entstehenden neuen 4.0-Organisationsformen kultivieren.

Institutionelle Inversion lässt sich also als tief greifender Öffnungsprozess beschreiben, der die Quelle der Macht von der Spitze/dem Zentrum zur umgebenden Sphäre verlagert. Gleichzeitig findet eine Überwindung der vertikalen Trennung von Geist und Materie zwischen Führung und Frontlinienpraxis in einem System statt, indem man die Pyramidenstruktur zu einem U-förmigen Ort des Haltens umstülpt, der die Wurzelprozesse des sozialen Feldes kultiviert: Aufmerksamkeit, Gespräch, Organisation und Integration.

Die sektorübergreifende 4.0-Revolution initiieren

Trotz der Bedeutung persönlichen und relationalen Wandels wissen wir alle, dass keine der in den früheren Kapiteln erörterten Veränderungsinitiativen zu nennenswerten Fortschritten im Hinblick auf die globalen Herausforderungen führen wird, wenn es uns nicht gelingt, die wichtigsten Institutionen, aus denen sich die Systeme unserer Gesellschaft zusammensetzen, zu transformieren.

Der Weg dorthin besteht darin, dass wir ihnen helfen, zu 4.0 voranzuschreiten. Das erfordert einen Prozess institutioneller Inversion, der die alten Mechanismen von Hierarchie und Wettbewerb ersetzt und erweitert. Die Kultivierung von dialogischen und co-kreativen Beziehungen ermöglicht den Stakeholdern in jedem Ökosystem, Veränderungen auf der Ebene des Ganzen durchzuführen.

Dieses Kapitel skizziert eine Landkarte für eine institutionelle Transformation, zu der, wie wir denken, unsere Generation verpflichtet ist. Wir können sie proaktiv in Angriff nehmen oder sie nach einer langen Reihe von schmerzlichen äußeren Erschütterungen und Schocks unseren Kindern überlassen. Es ist eine Transformation, die seit Jahren im Entstehen begriffen ist. Der Weg zu 4.0 ist die nächste Stufe eines Prozesses, der sich seit mehreren Jahrhunderten entfaltet und der sich je nach Ort, Sektor und Kultur von der Form her unterscheidet. Die 4.0-Revolution wird in China, Südamerika und Afrika anders aussehen als im Westen. Sie wird sich auch je nach Sektor – ob Gesundheit, Bildung, Energie und Landwirtschaft – unterscheiden. Doch im Wesentlichen haben wir die Erfahrung gemacht, dass alle Sektoren und Systeme im Grunde vor derselben Herausforderung stehen – nämlich die Fähigkeit zu entwickeln, vom Ganzen her zu handeln.

Tabelle 9 bietet einen Überblick über dieses Kapitel: Sie zeigt, wie sich verschiedene gesellschaftliche Systeme auf parallelen Wegen von 1.0 zur entstehenden Möglichkeit 4.0 entwickelt haben. Der Rest dieses Kapitels diskutiert, wie sich Systeme im Allgemeinen von Ego- zu Ökosystem-Bewusstsein bewegen können – das heißt von einer Organisation um spezielle Interessengruppen herum zu der Organisation um gemeinsame Intentionen. Die Mauern der Silos, in denen diese Systeme so lange abgeschottet waren, werden sich allmählich, aber unweigerlich öffnen, wenn wir den Weg zu 4.0 fortsetzen.

Stadium	**Regierung**	**Gesundheit**	**Schulen**	**Unternehmen**	**NGOs**	**Banken**
1.0 traditionelles Bewusst-sein: *Hierarchie*	Dominierender Staat	Autoritäts- und inputzentriert: *institutionsgesteuert*	Autoritäts- und inputzentriert: *lehrergesteuert*	Zentralisiert: Hierarchie: *besitzergesteuert*	Programmfokus-siert: *reaktionsgesteuert*	Traditionelles Bank-wesen: *besitzergesteuert*
2.0 Egosystem-Bewusstsein: *Märkte und Wettbewerb*	Nachtwächter-staat	Ergebniszentriert: *gesteuert durch Managed Care*	Ergebniszentriert: *testgesteuert*	Dezentralisiert: Abteilungen: *Shareholder- und zielgesteuert*	Politikfokussiert: *gesteuert durch Engagement und Kampagnen*	Casino-Bankwesen: *spekulationsgesteuert*
3.0 Stakeholder-Bewusst-sein: *Netzwerke und Verhand-lungen*	Wohlfahrtsstaat	Patientenzentriert: *bedürfnisgesteuerte Pathogenese*	Schülerzentriert: *lerngesteuert*	Matrix oder Netz-werk: *Stakeholder-gesteuert*	Auf strategische Initiative fokussiert: *Stakeholder-gesteuert*	Sozial verantwor-tungsbewusstes Bankwesen: *Stakeholder-gesteuert*
4.0 Ökosystem-Bewusst-sein: *intentionales, gemein-sames Handeln (ABC, awareness-based collective action)*	4-D: direkt, distributiv, demokratisch, dialogisch	Bürgerzentriert: *gesteuert durch auf Wohlbefinden gerich-tete Salutogenese*	Auf unternehme-risches Denken zentriert: *gesteuert durch gemeinsames Hinspüren und schöp-ferisches Gestalten*	Co-kreatives Öko-system: *intentionsgesteuert*	Ökosystemfokus-siert: *intentionsgesteuert*	Transformatives Ökosystem-Bank-wesen: *intentionsgesteuert*

Tab. 9: Sektoren der gegenwärtigen institutionellen Transformation

Regierung und Demokratie 4.0: direkt, distribuiert, digital und dialogisch

Der Weg zu einer Regierung 4.0 ist eine institutionelle Transformation von:

1.0: einem zentralisierten herrscherzentrierten System (*l'état c'est moi* – »Der Staat bin ich«); zu
2.0: einer abstrakten, differenzierten Maschinenbürokratie (à la Max Weber); zu
3.0: einer Netzwerkregierung, an der Bürger aktiv teilnehmen; zu
4.0: einem distribuierten, direkten, dialogischen System, dessen Funktionsweise darauf beruht, dass es sich mit seinen Bürgern verbindet und sie zur gemeinsamen Gestaltung des Ganzen ermächtigt.

Dieser Weg zu Regierung 4.0 hängt aufs Engste mit dem Weg zu Demokratie 4.0 zusammen, die sich bewegt von

1.0: Ein-Parteien-Demokratie (zentralisiert); zu
2.0: Viel-Parteien- indirekter (parlamentarischer) Demokratie; zu
3.0: partizipativer indirekter (parlamentarischer) Demokratie; zu
4.0: partizipativer direkter, distribuierter, digitaler, dialogischer (4-D) Demokratie.

Zur Transformation zu Demokratie 4.0 gehört, dass sich die Machtquelle von den gewohnheitsmäßigen Aktivitäten des Zentrums zu den echten Bedürfnissen und Zielen der Gemeinschaften an der Peripherie verlagert – von einer Top-down-Führung zu dem geteilten Prozess des gemeinsamen Hinspürens und Gestaltens des Neuen.

Im Folgenden zwei Beispiele, die einen kleinen Eindruck von dieser entstehenden Zukunft vermitteln.

Bojonegoro, Ost-Java, Indonesien: Das Feld der Demokratie zu 4.0 verschieben

Das IDEAS-Indonesien-Programm, das Otto am MIT leitet, ist ein neunmonatiger Innovationsprozess, der auf Prozessen des Systemdenkens und Presencing beruht; dabei werden unterschiedlichste Gruppen von Führungskräften aus Regierung, Wirtschaft und NGOs durch eine Immersionsreise an die Ränder der Gesellschaft und des

Selbst geleitet. In der zweiten Hälfte dieses Programms entwickeln die Teilnehmer Prototyp-Initiativen, um die Zukunft durch konkretes Handeln zu erforschen. Ein Prototyp, der in einem der neueren Programme entwickelt wurde, betraf das Problem der Korruption in der Regierung.

Angeführt von Bupati Suyoto, dem Regierungspräsidenten von Bojonegoro, bestand das Ziel des Prototyps darin, Korruption zu verringern und die Qualität der staatlichen Dienstleistungen im Distrikt zu verbessern. In einem Schritt von 1.0 zu 2.0 im Jahr 2005 vollzog Indonesien den Wandel von einer zentralisierten staatlichen Entscheidungsfindung zu einem stärker dezentralisierten Modell, das den Entscheidungsspielraum der 400 Regierungsbezirke im Land und ihrer direkt gewählten Bupatis (Regierungspräsidenten) erweiterte.

Bojonegoro, einer dieser Regierungsbezirke in Ost-Java, war seit Langem für Korruption und eine geringe Dienstleistungsqualität bekannt. Doch 2011 und 2012 wurde Bojonegoro zu einem der zehn besten Regierungsbezirke des Landes, gemessen an verschiedenen Qualitätsindikatoren, und erhielt zahlreiche prestigereiche Auszeichnungen für die Reduzierung von Korruption und hohe Qualitätsstandards. Was war geschehen?

Bupati Suyoto, der 2010 Teilnehmer des IDEAS-Indonesien-Programms am MIT war, kam ohne Unterstützung von etablierten Interessengruppen an die Macht. Ohne Geld und ohne Budget für seinen Wahlkampf galt er anfangs als chancenlos. Doch er tat das Einzige, was er tun konnte: Er besuchte die Dörfer und hörte den Bürgern zu. Nach einem überraschenden Wahlsieg löste er den amtierenden Bupati ab. 2012 wurde er mit sogar noch größerer Mehrheit wiedergewählt, obwohl andere Kandidaten den Rückhalt von mächtigen industriellen Interessengruppen hatten (die Region verfügt über eines der größten Ölreservoirs des Landes) und einen äußerst kostspieligen Wahlkampf gegen ihn führten. Also, was war geschehen? Wie ist es möglich, dass eine Einzelperson ohne Big-Business-Unterstützung sich gegen mächtige Interessengruppen wie die Ölindustrie durchsetzen konnte?

An seinem ersten Amtstag versammelte Bupati Suyoto alle Regierungsangestellten in seinem Bezirk. Viele ältere Leute fürchteten, ihren Arbeitsplatz zu verlieren, weil sie während des Wahlkampfs aktiv gegen ihn gearbeitet hatten. Suyotos Ansprache hatte zwei Hauptbotschaften. Erstens: Alle würden ihren Job behalten. Er erklärte, dass er nicht nach hinten, sondern nach vorn, auf den Aufbau einer Zukunft schauen wolle, die anders sein sollte als die Vergangenheit. Die zweite Botschaft bezog sich auf drei Dinge, die sie tun sollten: 1. kein Geld annehmen; 2. sich nicht über den Job beklagen, 3. nicht sagen: »Das ist nicht meine Aufgabe« oder »Dafür bin ich nicht verantwortlich«.

Als er diese Botschaften vermittelte, waren die Menschen überrascht. Sie hörten höflich zu, aber kaum jemand glaubte, dass er wirklich meinte, was er sagte. Es blieben bestimmt 80 Prozent der Leute skeptisch. Immerhin hatten die meisten öffentlichen Beamten und Politiker sich Geld borgen müssen, um ihre derzeitigen Positionen zu »kaufen«, und brauchten von daher Bestechungsgelder, um diese Kredite zurückzuzahlen.

Wie ist es dem Bupati gelungen, die Einstellungen der Skeptiker in seinem Umfeld trotz der wirtschaftlichen Kräfte, die gegen ihn arbeiteten, zu ändern? Er unternahm zunächst drei Schritte.

Erstens kommunizierte er weiterhin die drei Dinge, die man nicht tun sollte, und verkörperte diese drei Prinzipien in seinem eigenen täglichen Verhalten. So entschied er sich zum Beispiel dafür, die kleinen Gästeräume in seiner offiziellen Residenz für sich selbst und seine Familie zu nutzen, während er den offiziellen Gästen (und manchmal seinem Fahrer) die größeren Räume überließ. Durch diesen ungewöhnlichen Schritt zeigte er, dass er den Regierungssitz nicht als persönlichen Besitz betrachtete; er war nur ein Gast dort, wie jeder andere vor und nach ihm.

Zweitens führte er ein, dass er sich mit seinen wichtigsten Teams zu intensiven Führungsbesprechungen an Klausurorte zurückzog. Diese Rückzugsorte erleichterten es, die alten Denkweisen loszulassen und sich auf neue Inspirationen, Intentionen und Identitäten einzustimmen.

Drittens fing er an, die Feedbackschleife zwischen Menschen und ihren Regierungsvertretern zu schließen. Wie? Indem er vier simple Mechanismen aktivierte:

1) *SMS:* Er gab seine Handynummer an Bürger weiter und teilte ihnen mit, dass sie ihm jederzeit simsen könnten. Seit diesem Zeitpunkt hat er täglich Hunderte von Textbotschaften erhalten. Er beantwortet so viele wie möglich persönlich. Viele andere schickt er an seine Direktoren und Abteilungsleiter weiter.

Von jedem Staatsbediensteten wird erwartet, dass er innerhalb von ein oder zwei Tagen auf die SMS eines Bürgers antwortet.

2) *Offene Tür:* Jeder kann jederzeit in sein Büro kommen.
3) *Rathaus:* An jedem Freitagnachmittag lädt er zu einem Dialog im Rathaus ein, zu dem alle Bürger eingeladen sind und an dem seine wichtigsten Staatsbediensteten teilnehmen müssen. Ich (Otto) habe an einem dieser Treffen teilgenommen. Zunächst sprach ein Bauer ein Thema an: Er hatte keinen Zugang zu Düngemitteln. Als er sich setzte, wurde das Mikrofon dem Leiter der Landwirtschaftsbehörde übergeben, der das Problem klären und sagen sollte, was dagegen zu tun sei. Der Abteilungsleiter reagierte ein bisschen defensiv, aber er wusste auch, dass er in der folgenden Woche wieder hier sein und vor denselben Leuten und dem Bupati stehen würde. Von daher hatte er allen Grund, das Problem innerhalb einer Woche zu lösen. Als Nächstes meldete sich eine Frau in den Zwanzigern, die einen Hijab, das muslimische Kopftuch, trug. Sie sagte, sie sei Pädagogin und brauche Bücher für den Unterricht auf den Dörfern. Zu den Kursen, die sie unterrichten wolle, gehöre sexuelle Aufklärung für Mädchen, und dafür gebe es keinerlei Unterrichtsmaterialien. Sie trug ihre Bitte ohne jedes Anzeichen von Furcht oder Zögern vor. (Ich musste mir selbst ins Gedächtnis rufen, dass ich an einem Rathaustreffen im größten moslemischen Land der Welt teilnahm). Der Bupati reagierte, indem er ihr erklärte, wo sie die gewünschten Ressourcen finden könne. Er sagte, einer der großen US-amerikanischen Ölkonzerne sei früher an diesem Tag an ihn herangetreten und habe gefragt, was sie tun könnten, um die Bevölkerung zu unterstützen. Der Bupati bat die Lehrerin, ihm eine Zusammenfassung des Kurses vorzulegen und ihr Anliegen außerdem direkt bei der Ölfirma vorzutragen. Dort werde sie zweifellos alles erhalten, was sie benötige. Falls sie dennoch auf unerwartete Schwierigkeiten oder Verzögerungen seitens der Ölfirma oder auch bei seinen eigenen Leuten stoße, solle sie sich erneut an ihn wenden. Jeder in der Gemeinschaft hörte dem Austausch zwischen der jungen Frau aus dem Dorf und dem Bupati aufmerksam zu – und dieses gemeinsame Zuhören verwandelte die Initiative der Bürgerin in ein legitimes Gemeinschaftsprojekt.

4) *Dorfbesuche:* Viertens fährt der Bupati *täglich* mit seinen wichtigsten staatlichen Mitarbeitern in die Dörfer, um dort einen ähnlichen Dialog auf lokaler Ebene durchzuführen.

Was ist das Entscheidende an diesen vier Mechanismen? Das Zuhören. Regierungsvertreter hörten den Alltagserfahrungen der Bürger zu. Unterschiedliche Bürgergruppen hörten einander zu. Und die Gemeinschaft hörte sich selbst zu.

Als ich diese unterschiedlichen Formen des Zuhörens miterlebte, die alle Feedbackschleifen schlossen, dachte ich: »Mensch, das ist genau das, was in unseren demokratischen Institutionen im Westen und anderen Teilen der Welt heute fehlt.« Im Westen verbringen gewählte Amtspersonen die ganze Zeit damit, den Lobbyisten und organisierten Interessengruppen zuzuhören, die ihre Wahlkämpfe finanzieren. In den USA zum Beispiel verbringen die Kongressmitglieder etwas 50 Prozent ihrer Zeit damit, Spenden für ihren *nächsten* Wahlkampf aufzutreiben. Die Funktionsweise des Systems ist darauf angelegt, die Gesetzgeber davon *abzulenken*, den wahren Bedürfnissen der Bürger zuzuhören. In Bojonegoro lief es anders, weil dieser toxische Zyklus durchbrochen wurde (die drei Dinge, die man nicht tun sollte) und dann vier direkte Feedbackschleifen eingeführt wurden. Die Verkündung von Gesetz 23/2011, verabschiedet im Jahr 2011, zeigte, dass man die vier direkten Feedbackschleifen in Stein meißeln könnte und dass sie nicht nur für Bojonegoro gelten, sondern weitreichende Auswirkungen auf die nationale Ebene des größeren Indonesien haben. Dieses eindrucksvolle Beispiel macht deutlich, wie es möglich ist, den Wählern erfolgreich zuhören zu können.

Kurz gesagt – was wir in Bojonegoro erlebt haben, war ein Umschwung im Feld »Regierung und Demokratie« von 1.0 zu so etwas wie 3.0 mit den ersten Elementen von 4.0. Diese Veränderung hat die Demokratie vertieft, indem sie die Regierung direkter, distribuierter, digitaler und dialogischer gemacht hat. Ich spürte die Präsenz der Gemeinschaft, als ich gegen Ende der Versammlung im Rathaus gebeten wurde, zu der Gruppe zu sprechen. Es war eine intensive Erfahrung. Für einen oder zwei Augenblicke spürte ich die Gemeinschaft oder das Ganze – eine Erfahrung, die heute selten ist.

Ohne signifikante Stärkung von 4-D-Verbindungen zwischen den Bürgern könnte sich die westliche Demokratie bald selbst in derselben Situation wiederfinden, vor der ein amerikanischer Oberst

1975 stand, als er mit einem nordvietnamesischen Oberst debattierte. »Sie wissen, dass Sie uns auf dem Schlachtfeld nie geschlagen haben«, sagte der amerikanische Oberst. Der nordvietnamesische Oberst dachte einen Moment lang über die Bemerkung nach. »Das mag sein«, antwortete er, *»aber es ist auch irrelevant.«*[183]

Damit sie relevant für die Herausforderungen unserer Zeit bleiben, müssen wir unsere Institutionen im Bereich Demokratie und Governance zu 4.0 weiterentwickeln. Beispiele wie Bojonegoro können dafür Inspiration sein. Eine weitere Inspiration kommt aus Brasilien.

Brasilien: Die Transformation des Sekretariats des nationalen Kulturerbes

Alexandra Reschke war brasilianische Generalsekretärin für das nationale Erbe (SPU) unter Präsident Lula. Nach ihrem Amtsantritt erkannte sie, dass die Organisation obsolet wurde, ein Ergebnis der Gleichgültigkeit seitens der vorherigen Verwaltungen. Außerdem fiel Reschke auf, dass die Art, wie die Menschen innerhalb der Organisation miteinander kommunizierten, dysfunktional war. Sie begann, die Organisation zu verändern. Sie war erfolgreich, sodass die Veränderungen, die sie anstieß, acht Jahre später immer noch sichtbar und spürbar waren. Was hat sie gemacht, und wie hat sie es gemacht?

Als Frau in einer sehr mächtigen Position entschied sie sich bewusst für einen – wie sie es nannte – »weiblichen Führungsstil« und empfahl, dass Entscheidungsfindung durch Gesprächszirkel erfolgen sollte. So begann die neue Ära bei SPU.

Dahinter stand die Idee, dass die Menschen ihre Gefühle und Gedanken nicht mehr verschweigen und zu einem Austausch finden sollten, bei dem sich das Gespräch selbst als Feld für Kooperation und kreatives Handeln erweisen würde. Reschke initiierte einen Prozess, um bestehende Kommunikationsgewohnheiten zu ändern, führte Momente der Stille vor den Gesprächszirkeln ein.

Im Laufe der Jahre gelang es dem SPU, die Struktur der Organisation zu ändern – von einem autoritären pyramidenförmigen Modell zu einem dialogbasierten Model. 2007 war das SPU von einer »obsoleten« zu einer allgemein anerkannten öffentlichen Organisation geworden. Die Behörde brachte verschiedene Sektoren der Gesellschaft zusammen, um einen innovativen und legalen partizipatorischen

Weg zu schaffen, um die Landfragen für Tausende von Menschen und Dörfern an den Ufern des Amazonas zu regeln.[184]

Reschke fasst ihren Weg anhand von drei Lektionen zusammen: 1. Trau dich, anders zu sein; 2. Glaube an die Menschen und 3. Investiere in Zusammenarbeit. »Wir (die Leute) haben uns gemeinsam verändert, und das hat dazu geführt, dass die Institution mitgekommen ist.«[185] Aus ihrer Sicht beruhte der Lernprozess auf der Bereitschaft der Menschen im SPU, die Werte des authentischen Gesprächs und empathischen Zuhörens als neue Methode zur gemeinsamen Gestaltung der Zukunft auszuprobieren.

Ein weiteres interessantes Beispiel ist das partizipatorische Budgetierungsmodell, das Porto Alegre, eine Stadt in Brasilien, 1989 einführte. Es gibt den Bürgern die Möglichkeit, über die Finanzierung von Projekten zu diskutieren, sich damit zu identifizieren und Prioritäten zu setzen. Es hat vielen als Inspiration gedient und ist in mehr als 140 Gemeinden Brasiliens reproduziert worden. Laut einer Studie der Weltbank hat es dazu geführt, dass soziale Dienste besser auf die Bedürfnisse der Gemeinschaft abgestimmt werden. Dennoch ist es auch auf Kritik gestoßen, weil die am stärksten marginalisierten Gruppen nicht mit einbezogen sind (arme Bevölkerungsschichten ebenso wie junge Menschen) und weil der Prozess anfällig dafür ist, von bestehenden Interessengruppen okkupiert zu werden.[186]

Regionen mit besonders erfolgreichen Regierungen und öffentlichen Dienstleistungen sind, neben der von der konfuzianischen Kultur geprägten Sphäre in Ostasien, die Länder in Nordeuropa. Die nordeuropäischen Staaten (Dänemark, Schweden, Finnland und bis zu einem gewissen Grad Norwegen) und Singapur belegen Spitzenplätze bei Bewertungen von staatlicher Effizienz, Bildung, Gesundheitsversorgung, Wettbewerbsfähigkeit und Wohlbefinden. Die nordischen Länder gerieten in den 1990er-Jahren in einen Sturm, als durch den Zusammenbruch der Sowjetunion osteuropäische Märkte verschwanden und ihr 3.0-Wohlfahrtsstaat vor einer Finanzkrise stand. Doch diese Staaten und ihre öffentlichen Sektoren haben den Sturm überstanden und sind mit schlankeren und transparenteren Regierungsmodellen wieder aufgetaucht, die darauf ausgerichtet sind, Bürger zu Unternehmertum und Erfindungsreichtum anzuregen (für eine ausführlichere Darstellung siehe die Geschichte des dänischen Gesundheitssystems später in diesem Kapitel).[187]

Gesundheit 4.0

Die institutionelle Transformation des Gesundheitssystems folgt im Groben demselben Weg von 1.0 zu 4.0, den wir für andere Bereiche beschrieben haben. Von

1.0: input- und autoritätszentrierter institutioneller Versorgung; zu
2.0: outcomezentrierter Managed Care; zu
3.0: patientenzentrierter integrativer Versorgung; zu
4.0: bügerzentrierter ganzheitlich-umfassender Versorgung.

Hier zwei Beispiele für die Transformation eines Gesundheitssystems im Licht des obigen Bezugsrahmens.

Namibia

Unsere Arbeit im Gesundheitssystem von Namibia begann als Partnerschaft zwischen dem Synergos Institute, McKinsey und dem Presencing Institute. In den Anfangsstadien des Prozesses, im Herbst 2010, führte Otto einen dreitägigen Workshop mit den Kabinettsmitgliedern von Namibia durch. Am ersten Tag erklärte der Premierminister, wie sich das Hauptproblem, vor dem sie standen, aus seiner Perspektive darstellte. »Wir müssen unseren politischen Prozess wieder mit den realen Bedürfnissen der Menschen verbinden. Im Moment ist unser politischer Prozess größtenteils losgelöst von den realen Bedürfnissen in den Dörfern.«[188]

Einer der Minister fügte hinzu: »Unsere Situation sieht folgendermaßen aus: Man muss die ganzen Planungsroutinen kennen, in denen wir stecken. Wir haben unsere Vision für 2030. Wir haben unseren Fünfjahresplan, wir haben unseren strategischen Plan. Und wir haben unseren jährlichen Haushaltsplan. Die Aufstellung all dieser Pläne kostet sehr viel Zeit. Das Problem ist, dass diese Pläne nicht miteinander kommunizieren und dass sie nicht mit dem verbunden sind, was tatsächlich geschieht.« Alle anwesenden Regierungsvertreter waren sich darüber einig, dass sie in dieser Hinsicht vor einem großen Problem standen: der Entkopplung ihrer Regierungsroutinen und der Dienstleistungen von den tatsächlichen Bedürfnissen der Dorfgemeinschaften.

Die zweite Entkopplung, die sie beschrieben, betraf die Spitze der Pyramide: »Wir können nicht wirklich mit unseren Spitzenbeamten reden«, sagte einer der Minister zu mir, »sie nehmen uns nicht wirklich ernst. Ihrer Ansicht nach haben sie ihre Stellung durch ihre berufliche Qualifikation erhalten, während wir – die Minister – einfach nur politisch ernannt sind. Sie wissen schon, nicht aufgrund unserer Kompetenz, sondern einfach weil wir politische Beziehungen haben.« Andere im Raum nickten zustimmend.

Dann sprach eine anwesende Ministerin eine dritte Entkopplung an – das weit verbreitete Siloproblem, das die Arbeit der Regierungsbehörden an vielen Orten aufsplittert. »Das Siloproblem fängt gleich hier an – bei uns«, sagte sie und sah ihre Kollegen an, »weil wir nicht wirklich offen miteinander reden. Bei uns fängt es an, und dann repliziert sich dieses Verhalten in all unseren Ministerien.« Das Siloproblem behindert die Kommunikation zwischen, wie auch innerhalb der Ministerien.

Unsere Arbeit mit dem Ministerium für Gesundheit und Soziales bestätigte, dass diese Entkopplungen bestanden. In einem ersten Schritt warfen wir einen genaueren Blick auf die gegenwärtige Situation: Die Führung ist schwach, Arbeitsprozesse operieren in getrennten Silos, dysfunktionale Strukturen, keine strategische Planung, keine ausreichende Informationssammlung und keine klaren Ziele. Und wir stellten fest, dass das Ministerium die Millennium Development Goals (MDG) der UN aus den Augen verlor.

Nach dreijähriger Zusammenarbeit sind mehrere dieser Probleme erfolgreich in Angriff genommen worden, auch wenn viele noch weitere Anstrengungen erfordern werden. Während dieses gesamten Prozesses hat sich allerdings etwas Wichtiges verändert. Führungskräfte in Namibia haben angefangen, ihre eigene Rolle in Bezug auf diese bestehenden Probleme zu erkennen, und ergreifen jetzt die Initiative, verantwortungsbewusst an innovativen Lösungen zu arbeiten.

Hier einige der Schlussfolgerungen, die wir aus diesem Prozess, das System über 1.0 hinauszuführen, gezogen haben:

Gemeinsame Initiierung (Co-initiation): Die erste Phase schuf Gemeinsamkeiten und eine gemeinsame Intention bei den Schlüsselakteuren im namibischen Gesundheitsministerium. Die internationalen Partner wollten sektorübergreifende Plattformen der Innovation und Führung schaffen. Die Leiter des Ministeriums waren jedoch mehr daran interessiert, ihre Beamten dazu zu bringen, als Team zu arbeiten. Wir (das internationale und namibische Team) schoben unsere ursprünglichen Pläne beiseite und begannen, uns um die Bedürfnisse und Ideen unserer Partner vor Ort zu kümmern. Wir erkannten, dass man zunächst offen dafür sein muss, sich selbst zu ändern, wenn man andere ändern will.

Gemeinsames Hinspüren (Co-sensing): Eine erfolgreiche Sensing-Reise durchbricht überholte und künstliche Grenzen. In Namibia mussten wir den Führungskräften im Gesundheitswesen die Augen dafür öffnen, wie sich das System aus dem Blickwinkel der Patienten, Krankenschwestern und entlegenen Gemeinden darstellt. Diese Art von Sensing-Reise wird mit Gruppen von fünf bis sieben Personen (damit alle in ein Auto oder einen Van passen) über mehrere Tage durchgeführt.

Gemeinsames Inspirieren (Co-inspiring): Die wichtigste Veränderung bei jedem Prozess ist, was wir die Veränderung im Herzen oder im Fühlen nennen. Diese Veränderung erfordert eine tiefe Reflexions- und Kontemplationspraxis in Verbindung mit einer dies unterstützenden Infrastruktur, einschließlich Workshops, Coaching und Peer-Coaching. Diese Aktivitäten setzen bei individuellen Bedürfnissen ebenso wie bei Teams oder Organisationskulturen an – es geht darum, sich wieder mit dem tieferen Sinn zu verbinden, Teamgeist zu entwickeln und der persönlichen Verantwortung den Vorrang einzuräumen und sie zu fördern.

Gemeinsames schöpferisches Gestalten (Co-creating): Alle tiefen kulturellen Veränderungen und institutionellen Neuerungen erfordern Learning by doing. In der Prototyp-Phase beim namibischen Gesundheitsprojekt entstand die Idee für regionale Entbindungseinheiten (RDU, Regional Delivery Units). Eine kleine bereichsübergreifende Gruppe von Führungskräften, einschließlich Krankenschwestern, Ärzten und dem regionalen Leiter, halten wöchentliche Meetings ab, um zu lernen. Ihr Ziel ist es, die Gesundheit von Müttern zu verbessern. Jede Diskussion beginnt mit einer Besprechung der Daten und Ereignisse der zurückliegenden Woche. Diese Treffen ermöglichen den Fachkräften unterschiedlichen Ranges, miteinander zu kommunizieren, einander Fragen zu stellen und Ansichten in einer unterstützenden und nicht urteilenden Umwelt auszutauschen. Bei einem der RDU-Team-Meetings, an dem ich (Otto) teilnahm, diskutierten die Anwesenden eine Situation, die den Krankenschwestern Sorge bereitete. Irgendwann im Gespräch wandte sich eine junge

Lernschwester an die höchste Führungskraft am Tisch (den Leiter der Gesamtregion), der sich an der Diskussion bislang nicht beteiligt hatte. Sie sagte: »Ich schließe aus ihrer Körpersprache, dass Sie mit dem hier Gesagten nicht einverstanden sind.« Und dann war es an dem Direktor, seine Deutung der Situation darzulegen. Als ich miterlebte, wie diese junge Krankenschwester die ranghöchste Person in der Gruppe auswählte, wusste ich, dass hier etwas funktionierte – sie hatten eine konstruktive Kommunikations- und Lernkultur entwickelt.

Heute (2013) laufen diese RDU-Teamprozesse in allen 13 Regionen Namibias. Diese Arbeit wird ohne internationale Partner durchgeführt. Der RDU-Prozess hilft den Führungskräften in den Regionen, sich auf die eigene Verantwortlichkeit für eine kontinuierliche Verbesserung der Ergebnisse zu konzentrieren. Die Teams verantworten die Umsetzung des Programms, koordinieren die Bereitstellung von Dienstleistungen, leiten die Zielumsetzung und lösen Probleme, um den Erfolg der Gesundheitsinterventionen zu sichern. Was diese Gruppen effektiv macht, ist ein laufender Prozess des Learning by doing.

Gemeinsame Weiterentwicklung (Co-evolving): »Ich habe immer gedacht, dass das Permanent Secretary, also das Gesundheitsministerium in Windhoek, letztendlich die Verantwortung für die Gesundheit übernehmen muss. Doch jetzt ist mir klar, dass *ich* die ›permanente Ministerin‹ für meine Region bin und die Verantwortung tragen muss«, erklärt Bertha Katjeivena, regionale Gesundheitsdirektorin der Hardap Region. Sie ist eine von 25 Führungskräften, die sich regelmäßig in Leadership-Development-Foren (LDF) treffen. Der stellvertretender Staatssekretär Dr. Norbert Forster berichtete von den Fortschritten dieses Teams. »Da war etwas Starres an der Art, wie das Ministerium arbeitete, die einzelnen Einheiten waren in Silos abgeschottet, und die nationale Ebene und die 13 Regionen hatten keine Verbindung. Der Prozess, den wir durchführten, konzentrierte sich darauf, diese Barrieren durch Workshops und Rückzugsorte zu durchbrechen«, erklärt er. »Die Leute haben sich kennengelernt. Durch gemeinsame Sinngebung und Visionsentwicklung haben wir einen Teamzusammenhalt geschaffen, der vorher nicht bestand. Am Ende dieses Prozesses wird sich die Organisationskultur gewandelt haben – von der Arbeit in Silos zur Arbeit im Team.«

Alles in allem trug der Prozess in Namibia dazu bei, das System von 1.0 (jeder in seinem eigenen Silo) zu 2.0 zu bewegen (zu stärkerer Empfänglichkeit für Patienten) und zu 3.0 (siloübergreifende Kooperation in den RDUs).

Das Voranschreiten zu 4.0, zu einem System, das von dem Ziel angetrieben wird, die Quellen der Gesundheit für die ganze Gemeinschaft zu stärken, ist immer noch eine Aufgabe der Zukunft. Was uns zum nächsten Stopp bringt – nach Dänemark.

Regionale Gesundheitstransformation in Dänemark

Im Herbst 2010 kam das Führungsteam eines großen dänischen Universitätskrankenhauses nach Boston, um einen Führungsworkshop durchzuführen. Unterstützt von unserer dänischen Kollegin Karen Ingerslev führte die Gruppe Interviews mit Stakeholdern durch, bevor sie in Boston eintraf. Stakeholder-Interviews helfen Entscheidungsträgern, ihre Rollen aus der Perspektive ihrer Stakeholder zu sehen. Eine der wichtigsten Erkenntnisse, die die Führungskräfte mitnahmen, war, dass ihre Rolle als Krankenhausleiter nicht auf ihr eigenes Krankenhaus beschränkt ist, sondern mit der Gesundheitsqualität in der Gesamtregion zusammenhängt.

Im folgenden Jahr schlug die Gruppe vor, einen Follow-up-Workshop mit dem gesamten Führungsteam von Zentraldänemark, einschließlich der Führungsteams aller kleineren Krankenhäuser der Region durchzuführen. Es war ein sehr interessanter Prozess, der mir (Otto) die Möglichkeit gab, eine schnelle Transformation vom Egosystem-Bewusstsein zum Ökosystem-Bewusstsein aus nächster Nähe zu erleben.

Für diese Führungskräfte stand viel auf dem Spiel. Überall wurden Krankenhäuser zusammengelegt und/oder geschlossen, während Budgets sich verringerten und sich der Leistungsdruck von Stakeholdern erhöhte. Wie Ole Thomsen, der Leiter der Gruppe, es formulierte: »Das Problem ist, dass wir Systeme haben, in die wir kein weiteres Geld stecken können. Wir stehen vor der Herausforderung, mehr Qualität mit weniger Mitteln zu schaffen.«[189]

Alle Beteiligten fühlten den enormen Druck, für ihre eigene Organisation zu kämpfen, um bestehende Positionen, Funktionen und Finanzierungsströme zu bewahren. Wie baut man Vertrauen in einer Situation auf, die mit Konkurrenz- und Überlebensgenen aufgeladen ist?

Wir begannen mit dem Hinspüren (Sensing). Über mehrere Wochen führte die Gruppe Stakeholder-Interviews und Sensing-Prozesse durch. Der Workshop begann damit, dass die Teilnehmer ihre Erkenntnisse aus den Sensing-Aktivitäten durch Café-Gespräche, Modelling und Stakeholder-Mapping zusammenfassten. Später baten wir sie, mittels des *Sozialen Presencing-Theaters* darzustellen, wie sie das derzeitige System sahen und wie sie die Zukunft sahen, die entstehen wollte. Das Soziale Presencing-Theater ist eine Methode, die unter der Leitung von Arawana Hayashi am Presencing Institute entwickelt wurde: Sie verbindet Elemente von Achtsamkeit, Theater, Tanz, Dialog, Sozialwissenschaften und Konstellationsarbeit.

Als sie die gegenwärtige Realität darstellten – die wir Skulptur 1 nennen –, bildeten sie schnell eine Konstellation, die sehr institutionszentriert wirkte und bei der die Führungsteams der jeweiligen Krankenhäuser von der Spitze aus die Kontrolle ausübten. Als wir sie dann aufforderten, Skulptur 2 zu entwerfen, also eine andere Aufstellung, die für die Zukunft des Systems steht, die ihrer Ansicht nach entstehen möchte, rückte die Gruppe die Beziehung zwischen Patient und Anbieter der Leistungen ins Zentrum des Gesundheitssystems. Interessanterweise stellten wir fest, dass Skulptur 2 zwei miteinander verbundene Sphären zeigte. Die erste Sphäre hing mit Gesundheitsfürsorge zusammen und stellte den *Patienten* ins Zentrum; die zweite, daran angrenzende Sphäre war mit Quellen von Gesundheit verbunden und stellte den *Bürger* (nicht den Patienten) ins Zentrum, umgeben von Beziehungen zu Familie, zivilen Organisationen und der Gemeinschaft.

Die Veränderung von Skulptur 1 zu Skulptur 2 führte dazu, dass die Führungsteams der Krankenhäuser eine Veränderung ihrer eigenen Rolle wahrnahmen. Bei Skulptur 1 standen die Krankenhausleiter zwischen den Abteilungsleitern und den Ärzten und Pflegekräften, blockierten die direkte Verbindung zwischen Gesundheitsanbietern und Bürgern (nicht Patienten). Bei Skulptur 2 verließ ein Teil der Leitungsteams seine Position und ging auf die Bürger, Gemeinschaften und die Zivilgesellschaft zu, während andere sich in die entgegengesetzte Richtung bewegten, um gemeinsam einen Ort des Haltens für die neue Beziehung zwischen Gesundheitsanbietern und Patienten und Bürgern zu bilden.

In der Sprache von Tabelle 9 kann man Skulptur 1 als eine Inszenierung von *Managed Care* (Gesundheit 2.0) betrachten, bei der die

Patientenerfahrung durch viele konkurrierende Krankenhäuser und Körperschaften fragmentiert wird. Skulptur 2 enthält Elemente von Gesundheit 3.0 (die Integration der verschiedenen Anbieterinstitutionen zur Optimierung einer reibungslosen Patientenreise) ebenso wie von 4.0 (die Verbindung mit dem Raum und dem Bürger und die Schaffung eines Schutzraumes für das gesamte gesundheitliche Ökosystem).

Besonders ermutigend war, dass es zwar als Übung begann, aber dass diese Fachkräfte aus dem Gesundheitswesen anschließend ihre Ideen umsetzten. Sie sagten ihren Vorgesetzten: »Wir schätzen eure Führung, aber ihr könntet unser Fachwissen besser nutzen, wenn ihr uns Fragen stellen würdet, anstatt uns einfach irgendwelche Lösungen aufzuzwingen. Auf diese Weise könnten wir die Lösung gemeinsam entwickeln.« Nachdem Ole Thomsen diesen Vorschlag gehört hatte, fühlte er sich inspiriert, mehrere regelmäßige Treffen in der Form von *Case Clinics* durchzuführen, um die Arbeitsweise des regionalen Führungsteams zu verändern.[190]

Der Workshop endete damit, dass die Gruppe fünf Prototyp-Initiativen entwickelte. Nach nur zwei Monaten erreichten sie erstaunliche Ergebnisse, z. B., dass erste Schritte unternommen wurden, das alte Finanzmodell, das auf Aktivität und Produktivitätszielen beruhte (»Je mehr Verfahren wir durchführen, desto mehr Geld bringen wir ein«), durch ein neues zu ersetzen, bei dem die Gesundheit der Bürger und Patienten Vorrang hat. Das erforderte ein Umdenken vom Egosystem (»Je mehr für uns, desto besser«) zum Ökosystem (»Je besser für Patienten und Bürger, desto besser für uns alle«).

Als ich (Otto) zwei Monate später erlebte, wie dieselbe Gruppe diesen und andere Prototypen vorstellte, verstand ich ein bisschen besser, warum die Dänen, Finnen und Schweden bei Rankings so gut abschneiden. Es liegt an ihrer Führungskultur. Sie haben keine Angst, sich gegenseitig herauszufordern. Und wenn sie herausgefordert werden, hören sie einander zu. Führungskräfte sind bereit, ihren Mitarbeitern und Stakeholdern zuzuhören und hilfreiche Ideen zu würdigen. Sie sind bereit, ihr Ego ein bisschen beiseitezuschieben, zuzuhören und darüber nachzudenken, was im besten Interesse der gesamten Region liegen könnte. Das ist nicht leicht. Es ist harte Arbeit. Aber es ist möglich. Ich habe zugeschaut und gesehen, wie es passiert ist. Und das ist vielleicht die wichtigste Botschaft aus Nordeuropa an den Rest der heutigen Welt: Es ist möglich! Tut es einfach!

Bildung 4.0

So wie die Transformation eines Gesundheitssystems davon abhängt, dass sich die Beziehung zwischen Patient und Gesundheitsanbieter von arztzentriert (1.0) zu co-kreativ (4.0) verwandelt, durchläuft auch das Bildungssystem einen Transformationsprozess, bei dem es um die Beziehung zwischen Lernendem und Lehrer geht (siehe Tab. 9).

Entsprechend ist die Transformation des Bildungssystems ein Weg von

1.0: einer input- und autoritätszentrierten, lehrergesteuerten Organisationsweise zu einer Form,
2.0: die ergebniszentriert und von Prüfungen gesteuert ist, zu einer Organisationsweise,
3.0: die schülerzentriert und lerngesteuert ist, zu einer Form,
4.0: die unternehmerzentriert, co-kreativ und vom Presencing angetrieben ist.

Wien: Die Neuerfindung des Bildungssystems

Eine der ersten Gelegenheiten, bei denen ich (Otto) die österreichische Ministerin für Bildung und Kultur, Claudia Schmied, und ihr Ministerialteam traf, war während eines halbtägigen Workshops. Wir saßen an einem langen rechteckigen Tisch. Die Ministerin und ihre jungen Assistenten saßen mir gegenüber am Kopfende des Tisches. Neben ihnen, auf der langen Seite, hatten die Abteilungsleiter Platz genommen – Menschen, die den Großteil ihrer beruflichen Laufbahn innerhalb des Ministeriums verbracht hatten; ihnen gegenüber, auf der anderen Längsseite des Tisches, saß eine Gruppe von Schulreformern aus Deutschland und Österreich. Beim Anblick der Schulerneuerer und Abteilungsleiter, die sich gegenübersaßen, kam es mir vor, als träfe das 21. auf das 20. Jahrhundert, mit der Ministerin und ihrem Stab irgendwo dazwischen. Die Ministerin sprühte vor Energie und Ideenreichtum. Sie hatte berufliche Erfahrungen im Bereich des Unternehmens- und Organisationswandels gesammelt und keine typische Parteikarriere gemacht. Ich wünschte mir insgeheim, dass ihre positive Energie sich nicht auflösen möge.

Ein Jahr später: Ich war wieder in Wien, diesmal zu einem landesweiten Netzwerktreffen von Bildungserneuerern aus dem gesamten System. Statt zehn Personen nahmen jetzt 250 teil. Es waren weniger Leute aus dem Ministerium anwesend, aber sie waren immer noch sichtbar. Irgendwie schien das gesamte Bildungssystem anwesend zu sein. Während dieses Treffens baten wir alle Teilnehmer, über drei Aspekte des Bildungssystems nachzudenken: über die sich verändernde Beziehung zwischen Lernendem und Lehrer über die Schule als lernende Organisation und über das landesweite System als Ganzes.

Die lokalen Innovatoren brauchten lediglich ein oder zwei Stunden, um festzustellen, dass sie sich bei 80 bis 90 Prozent der notwendigen Veränderungen des Systems einig waren, aber dass keine dieser Veränderungen im politischen Diskurs des Landes zum Ausdruck kam. Die Bildungsinnovatoren auf der Schulebene und der nationale politische Diskurs waren vollständig voneinander abgetrennt.

Ein weiteres Jahr später: Dieses Mal traf sich eine Gruppe aus 250 Veränderungsinitiatoren im österreichischen Alpbach. Bevor Ministerin Schmied eintraf, hatten wir eine erste Sitzung, bei der wir die Teilnehmer fragten, wo sie eine sterbende Welt wahrnahmen und wo sie eine Welt erkannten, die geboren werden/entstehen wollte. Was im Sterben begriffen sei, sagten sie, sei »der Lehrer, der Wissen vermittelt und als Einzelakteur agiert [...]« Was im Entstehen begriffen sei, sei »der Lehrer als Coach und Teamspieler«.

»Was stirbt, ist eine Pädagogik, die sich um Techniken und Formeln dreht. Was geboren wird, ist eine Pädagogik, bei der es darum geht, das volle Potenzial der Schüler zu erspüren und zur Entfaltung zu bringen.«

»Was wir loslassen müssen«, fügten andere Teilnehmer hinzu, ist, »dass wir uns Schule über Lektionen und Zeitabschnitte« oder »über eine Kultur der Regulierung und Kontrolle vorstellen. Was wir entwickeln müssen, ist eine neue Form gleichberechtigter Zusammenarbeit zwischen Eltern, Lehrern und Schülern.«

Eine dritte Gruppe von Reflexionen bezog sich auf das Thema Bewertung. »Es gibt viele gute Dinge im System, aber die Ausrichtung auf Standards und Ergebnisse tötet das Neue; die alten Bewertungsstandards drücken dem Neuen ihren Stempel auf.«

Ein viertes Muster von Reflexionen beschrieb das System als Ganzes: »Wir pfuschen immer am Neuaufbau der Schule herum; wir ersetzen ein Fenster hier und eine Tür dort – aber was wir wirklich brauchen, ist *ein neues Fundament für das gesamte Haus.*«

Als ich diese Kommentare hörte, wurde mir bewusst, dass die Anstrengungen der Ministerin nicht vergeblich gewesen waren. Irgendwie war es ihr gelungen, alle Akteure in Verbindung miteinander zu bringen. Die Ergebnisse und Leistungen waren wirklich erstaunlich. Gegen den Widerstand des konservativen Establishments und der Lehrergewerkschaft hatten die Ministerin und ihr Team es geschafft, zunächst einen Prototyp für ihr Konzept einer Neuen Mittelschule zu entwickeln und es dann zu skalieren – eine von mehreren Initiativen, die sie ergriff, um das österreichische Bildungssystem ins 21. Jahrhundert zu bringen. Außerdem konzentrierte sie sich auf den Aufbau individueller und kollektiver Führungsfähigkeiten im gesamten System.

Claudia Schmied, die regelmäßig durchs Land reist, um den Menschen zuzuhören, verkörpert einen neuen Typus von politischer Führung: unabhängig, professionell, selbstkritisch, inspiriert, mutig und spielerisch im Umgang mit machtvollen Interessengruppen in ihrem Land. Für mich zeigt sie, dass wir alles erreichen können, wenn wir uns mit der tiefen Intention unseres Lebenswegs verbinden.

Ministerin Schmied reflektiert über diesen systemischen Wandel:

> »Das österreichische Schulsystem hat immer noch viele 1.0-Elemente, einschließlich einer Kultur zentralisierter Regulierung und Kontrolle. Die Behörden sollen die Probleme beheben. Außerdem sehen wir zunehmend Elemente von System 2.0, bei dem demografische Veränderungen (weniger Schüler) oder Wahlmöglichkeiten von Eltern zum Konkurrenzkampf zwischen Schulen führen. Elemente von System 3.0 sind im österreichischen Bildungssystem sehr stark entwickelt, zum Beispiel in der politischen Macht, die die Lehrergewerkschaft in Bezug auf alle wichtigen Bildungsthemen des Landes hat.
>
> Doch das Ziel sollte sein, dass man die Qualitäten und mentalen Modelle von System 4.0 realisiert. Wenn wir erfolgreich sind, werden sich alle Schulpartner darauf konzentrieren, eine erfolgreiche Schule zu schaffen. Lehrer werden sich selbst als ›Zubin Mehtas‹ sehen, als Anleiter und Organisatoren einer höchsten Kreativität bei ihren Schülern, die die Erfahrung machen werden, dass sie das System mitgestalten. Die Grundlage von System 4.0 ist der gemeinsame Wille. Das bedeutet, dass das Beziehungselement in den Mittelpunkt gerückt wird. Das ist das Wichtigste. Dabei geht es darum, was unsere Schulen in der Zukunft zu leisten vermögen, um dem Wohl des Einzelnen und der Allgemeinheit zu dienen.«[191]

Die Neuerfindung des Bildungssystems für eine im Entstehen begriffene 4.0-Welt erfordert mehr als die Verbesserung von Leistungstests oder das Hinzufügen von einigen neuen Unterrichtsfächern in den

Lehrplan. Es erfordert gemeinsamen Willen, wie Claudia Schmied es formuliert, um die Grundlage des ganzen Hauses, des gesamten Bildungssystems zu erneuern. Es erfordert die Erkenntnis, dass die Essenz von Bildung in der Veränderung liegt – im Erschließen unserer tiefsten Fähigkeiten zum schöpferischen Gestalten und im Bereitstellen der Ressourcen für ein »transformatives Wissen«.[192]

Egal, wo man hinschaut – überall glauben die Menschen, dass ihre Bildungssysteme in der Krise stecken. Einige Systeme sehen die Krise bei der Leistung: Sie wollen, dass die Schüler bei standardisierten Tests besser abschneiden (Bildung 2.0). Andere sehen die Krise beim Prozess: Sie wollen, dass Lernen sich stärker am Schüler ausrichtet, Lehrer in Trainer verwandeln etc. (Bildung 3.0). Und einige möchten den Lernenden die Chance geben, ihre höchste menschliche Zukunftsmöglichkeit zu verwirklichen, ihnen Zugang zu den tiefsten Quellen von Kreativität und Unternehmertum eröffnen (Bildung 4.0).

Der Weg der Veränderung ist heute leichter zugänglich und wichtiger als je zuvor. Nietzsche fasst das Wesen dieses Weges mit einigen wunderbar einfachen Sätzen zusammen, wenn er in *Also sprach Zarathustra* die drei Metamorphosen des Geistes beschreibt:

> »Drei Verwandlungen nenne ich euch des Geistes: wie der Geist zum Kamele wird, und zum Löwen das Kamel, und zum Kinde zuletzt der Löwe [...]
>
> Was ist schwer? So fragt der tragsame Geist, so kniet er nieder, dem Kamele gleich, und will gut beladen sein. Was ist das Schwerste, ihr Helden? so fragt der tragsame Geist, dass ich es auf mich nehme und meiner Stärke froh werde [...]
>
> Alles dies Schwerste nimmt der tragsame Geist auf sich: dem Kamele gleich, das beladen in die Wüste eilt, also eilt er in seine Wüste. Aber in der einsamsten Wüste geschieht die zweite Verwandlung: zum Löwen wird hier der Geist, Freiheit will er sich erbeuten und Herr sein in seiner eigenen Wüste.
>
> Seinen letzten Herrn sucht er sich hier: feind will er ihm werden und seinem letzten Gotte, um Sieg will er mit dem großen Drachen ringen.
>
> Welches ist der große Drache, den der Geist nicht mehr Herr und Gott heißen mag? ›Du sollst‹ heißt der große Drache. Aber der Geist des Löwen sagt ›ich will‹. ›Du sollst‹ liegt ihm am Wege, goldfunkelnd, ein Schuppentier, und auf jeder Schuppe glänzt golden ›Du sollst!‹ [...]
>
> Meine Brüder, wozu bedarf es des Löwen im Geiste? Was genügt nicht das lastbare Tier, das entsagt und ehrfürchtig ist? Neue Werte schaffen – das vermag auch der Löwe noch nicht: aber Freiheit sich schaffen zu neuem Schaffen – das vermag die Macht des Löwen. Freiheit sich schaffen

> und ein heiliges Nein auch vor der Pflicht: dazu, meine Brüder, bedarf es des Löwen [...]
>
> Aber sagt, meine Brüder, was vermag noch das Kind, das auch der Löwe nicht vermochte? Was muss der raubende Löwe auch noch zum Kinde werden? Unschuld ist das Kind und Vergessen, ein Neubeginnen, ein Spiel, ein aus sich rollendes Rad, eine erste Bewegung, ein heiliges Ja-Sagen. Ja, zum Spiele des Schaffens, meine Brüder, bedarf es eines heiligen Ja-Sagens.«[193]

Die Krise des Bildungssystems besteht darin, dass es die Schüler bestenfalls als lasttragende Kamele behandelt. Was fehlt, ist ein tieferes Verständnis des menschlichen Entwicklungsweges und dessen, was wir brauchen, um gemeinsam Lernumwelten zu schaffen, die den Lernenden ermöglichen, den Ausgangspunkt ihres Handelns zu verschieben – vom beladenen Kamel zur »Freiheitspraxis«, das heißt von »Du sollst« zu »Ich will«, und dann vom Zustand des Löwen (»Freiheit von«) zum Zustand des Kindes, dem heiligen Ja (»Freiheit zu«), das uns den Zugang zur tiefsten Ebene der Kreativität ermöglicht.

Manche sagen: »Na ja, dieses 4.0-Ding, diese Verwandlung des menschlichen Geistes – das ist vielleicht was für die Elite, für einige wenige, aber nicht für die Masse.«

Nun, das entspricht nicht *unserer* Erfahrung und auch nicht unserer Überzeugung. Wenn man Menschen zu Augenblicken der Stille auffordert, damit sie ihre tiefe Entwicklungsreise erforschen können – ihr »entstehendes Selbst«, wie der Harvard-Professor Robert Kegan es formulieren würde[194], dann stellt man fest, dass die meisten Menschen heute sehr offen für eine derartige Veränderung sind. Wir waren überrascht, wie offen und interessiert insbesondere junge Führungskräfte reagieren, wenn es darum geht, tiefe Schichten des Bewusstseins und der Erkenntnis zu erforschen. Wir sind praktisch nie auf Ablehnung gestoßen, wenn wir diese Begriffe, Methoden und Instrumente in unserer Arbeit mit Bauern, Lehrern, Gesundheitsexperten, Gemeinschaften, Unternehmen und Regierungsinstitutionen einführten – das galt alters- und kulturübergreifend, auch wenn die meisten Teilnehmer keine dieser Prozessmethoden vorher kannten.

Was heißt das? Unserer Ansicht nach deutet es darauf hin, dass die wahre Grenze nicht »da draußen« in der Welt liegt, sondern in unseren Köpfen, in unseren Annahmen über das, was möglich ist.

Stufe	Gesundheit	Schulen	Beziehung	Lernender/Patient	Lehrer/Arzt
1.0 traditionelles Bewusstsein: *Hierarchie*	Autoritäts- und inputzentriert: *institutionsgesteuert*	Autoritäts- und inputzentriert: *lehrergesteuert*	Arzt-/lehrer-zentriert	Rezipient	Autorität
2.0 Egosystem-Bewusstsein: *Märkte und Wettbewerb*	Ergebniszentriert: *gesteuert durch Managed Care*	Ergebniszentriert: *testgesteuert*	Transaktional	Kunde	Experte
3.0 Stakeholder-Bewusstsein: *Netzwerke und Verhandlungen*	Patientenzentriert: *bedürfnisgesteuerte Pathogenese*	Schülerzentriert: *lerngesteuert*	Dialogisch	Klient	Coach
4.0 Ökosystem-Bewusstsein: *intentionales, gemeinsames Handeln (ABC, awareness-based collective action)*	Bürgerzentriert: *gesteuert durch auf Wohlbefinden gerichtete Salutogenese*	Auf unternehmerisches Denken zentriert: *gesteuert durch gemeinsames Hinspüren, Presencing und gemeinsames schöpferisches Gestalten*	Co-kreativ	Co-Gestalter	Hebamme

Tab. 10: Parallelen in der Verwandlung von Bildungs- und Gesundheitssystemen

Der gemeinsame Wille, von dem Claudia Schmied spricht, um das Fundament unseres Bildungssystems zu regenerieren, ist nie zuvor leichter zugänglich und möglich gewesen.

Tabelle 10 zeigt die Parallelen in der systemischen Verwandlung von Bildung und Gesundheit. Beide Systeme begeben sich auf einen Weg von einer autoritätszentrierten, inputgetriebenen Organisationsweise (1.0), über eine Form, die testzentriert und ergebnisgesteuert ist (2.0), und einer Form, die schülerzentriert ist und vom Lernen angetrieben wird (3.0), bis hin zu einer Organisationsweise, die unternehmerisch, co-kreativ und Presencing-getrieben ist (4.0). In diesem Prozess verschiebt sich die Achse des Systems (das heißt die Achse zwischen Schüler/Patient/Bürger und Lehrer/Arzt/Pfleger) von lehrer-/arztgesteuert (1.0) zu transaktional (2.0) zu dialogisch (3.0) und dann zu co-kreativ (4.0). In der Sprache von Nietzsches drei Verwandlungen des Geistes können wir das lasttragende Kamel (»Du sollst«) mit den ersten beiden Beziehungen verbinden, während sich der Löwe auf 3.0 bezieht (»Ich will«) und das Kind oder das aus sich rollende Rad zu 4.0 gehört (das heilige Ja).

Beijing: Gemeinschaften des Lernens in der chinesischen Regierung

Das mag hoffnungslos idealistisch klingen, und einige Leser sind vielleicht geneigt, beim Lesen die Augen zu verdrehen. Aber wir sind überzeugt, dass die wenigen entstehenden 4.0-Beispiele, die wir in diesem Buch beschreiben, nur exemplarische Teile einer wesentlich größeren Veränderung sind, die sich auf der ganzen Welt zu vollziehen beginnt. Diese Veränderung ist im Wesentlichen ein Bewusstseinswandel bei Führungskräften und Veränderungsmachern.

Der von Ministerin Claudia Schmied geleitete Transformationsprozess des österreichischen Bildungssystems, die Verwandlung der regionalen Gesundheitssysteme in Dänemark und Namibia, die Verwandlung der Korruption und staatlichen Dienste im indonesischen Bojonegoro und die Verwandlung des Sekretariats für das nationale Erbe, ein Quasi-Ministerium der Regierung in Brasilien, sind allesamt Geschichten und Beispiele eines größeren Musters. Ähnliches gilt für eine Gruppe führender chinesischer Regierungsvertreter, mit denen Otto und Peter Senge im Jahr 2012 zu arbeiten begannen.

Was uns bei dieser Zusammenarbeit tief berührte, war die Ernsthaftigkeit, mit der sie an einer sechsmonatigen U-Prozess-Reise teilnahmen. Sie begann mit einem Workshop in China, setzte sich mit einem zweiwöchigen Workshop am MIT und damit zusammenhängenden Lernreisen an der Ost- und Westküste der USA fort und führte die Teilnehmer dann zurück nach China, wo sie einen einwöchigen Workshop in einem Retreat-Zentrum durchführten. Während der zweiten Hälfte des Prozesses arbeiteten sie in kleinen Teams, um fünf Prototyp-Initiativen zu entwickeln. Als sie ihre Prototyp-Initiativen zunächst mit der Methode des Sozialen Presencing-Theaters erforschten, erkannten sie, dass sie die Rolle des Staates verändern oder weiterentwickeln mussten. Die bisherige staatliche Rolle bestand darin, im Mittelpunkt zu stehen und Lösungen zu liefern, die die Bedürfnisse der Bürger und Bürgerinnen erfüllten. Die neue Rolle, über die diese Führungskräfte bei ihrer Prototyparbeit etwas lernten, begann mit einem tiefen Zuhören, in dem sie die Sorgen der Bürger und aller anderen relevanten Stakeholder wahrnehmen konnten. In diesem co-kreativen Raum konnten die Stakeholder gemeinsam die Lösungen entwickeln, die ihren Bedürfnissen am besten entsprachen.

Alle waren beeindruckt, als die chinesischen Regierungsvertreter von ihren Ergebnissen und Lernerfahrungen berichteten. Doch besonders bewegend war ein dreistündiges Gespräch, bei dem sie ihre Gedanken, Überlegungen und bleibenden Eindrücke am Ende ihrer sechsmonatigen Erfahrung beschrieben (während der alle Teilnehmer in ihren bisherigen Jobs weiterarbeiteten). Hier einige Zitate, die Peter aufzeichnete, während wir im Abschlusszirkel saßen:

> »Die Veränderungen, die ich in mir selbst bemerke – dass ich ruhiger bin – mögen subtil sein, aber sie gehen tief.«
>
> »Kann ich wirklich loslassen?«
>
> »Bin ich offen? Ist mein Herz offen?«
>
> »Was mich bewegt, ist diese Gruppe. Jeder hier ist mein Lehrer.«
>
> »Was mich bewegt, ist die Authentizität in uns selbst; die Ernte [davon] ist echte Gemeinschaft.«
>
> »Was mich bewegt hat, war die Aufhebung von Grenzen.«
>
> »Ich spüre, wie sich mein inneres Selbst verändert. Ich spüre […] das Denken und Fühlen vom inneren Selbst.«
>
> »Für mich ist das Wichtigste, was ich gelernt habe, das Zuhören.«
>
> »Je mehr wir hier lernen, desto mehr stellen wir uns selbst infrage.«

»Hier geht es nicht nur darum, etwas Greifbares zu lernen; es geht darum zu lernen, den Zustand in uns selbst zu verändern.«

»Als Bürger der Erde fühlen wir uns überwältigt [von der Größe der Probleme], aber wenn wir mit unserer Welt verbunden sind, fühlen wir uns stark.«

»Ich glaube, dies wird eine bleibende Wirkung für mein Land haben.«

»Die Probleme, die [bei unserer Arbeit] auftauchen, bieten die Chance zu tieferem Nachdenken.«

Diese Bemerkungen haben Peter und uns dazu veranlasst, gemeinsam mit unseren chinesischen Partnern zu überlegen, wie man diese Art von Arbeit je nach Bedarf im chinesischen Kontext organisch weiterentwickeln, lokal anwenden und skalieren könnte. Mit der möglichen Ausnahme globaler Unternehmen gibt es auf diesem Planeten wahrscheinlich keine andere Institution, die maßgeblicher auf eine nachhaltige Ökonomie im Dienste aller hinwirken könnte als die chinesische Regierung.

Unternehmen 4.0

Was bedeutet dieser entstehende Wandel für diejenigen Institutionen, die in den Augen vieler die mächtigsten auf diesem Planeten sind – nämlich für Unternehmen? Viele Firmen sind nicht anpassungsfähig und relevant genug. Wie sieht also der Weg zu einem möglichen 4.0-Unternehmen aus?

Hier eine Kurzfassung des Weges für Unternehmen zu 4.0, den wir anschließend mit Beispielen veranschaulichen. Dieser Weg führt von – allgemein gesprochen –

1.0: eigentümer- und unternehmergetrieben mit zentralisierter Kontrolle; zu
2.0: Shareholder-getrieben, dezentralisiert und in Abteilungen aufgegliedert; zu
3.0: Stakeholder-getrieben, Netzwerk und Matrix; zu
4.0: einem durch gemeinsame Intention getragenen Ökosystem.

BALLE: Eine Bewegung gegründet im White Dog Café

Die Business Alliance for Local Living Economies (BALLE) hat 22 000 Mitglieder und ist das am schnellsten wachsende Netzwerk von sozial und ökologisch verantwortungsbewussten Unternehmern in Nordamerika.[195]

Die Gründung von BALLE führt uns zum White Dog Café in Philadelphia und zu dessen Gründerin und Besitzerin, Judy Wicks, die ihre Erinnerungen in dem Buch *Good Morning, Beautiful Business* beschrieben hat.[196] Im Laufe von 25 Jahren hat Wicks eine Reihe von neuen Geschäftspraktiken entwickelt, zum Beispiel direkte Partnerbeziehungen zu lokalen Bauern und den Einkauf von Produkten aus regionalem, nachhaltigem Anbau. Das White Dog Café bezahlte allen Angestellten einen existenzsichernden Lohn (living wage), unternahm mit den Gästen Lernreisen zu den landwirtschaftlichen Betrieben, von denen das Café seine Produkte bezog, und organisierte Ökotouren, um den Gästen zu zeigen, wo der Abfall aus dem Café landete, woher das städtische Wasser in Philadelphia stammt und wo die genutzte Energie erzeugt wird. Das White Dog Café wurde das erste Unternehmen in Pennsylvania, das 100 Prozent seiner Elektrizität aus erneuerbarer Energie bezog.[197]

Als Wicks diese Praktiken übernahm, wurde das florierende Café noch erfolgreicher. Doch anstatt sich auf dem Erfolg auszuruhen, beschloss Wicks, etwas anderes zu tun. Sie erkannte, dass sie, wenn ihr das Wohl ihrer Gemeinschaft und der Umwelt wirklich am Herzen lag, ihre Geschäftsmethoden mit anderen teilen und *ihren Konkurrenten helfen* und beibringen musste, ihrem Beispiel zu folgen. Wicks erinnert sich an den Augenblick, in dem ihr bewusst wurde, dass Unternehmen 3.0 – sozial verantwortungsbewusst zu handeln – einfach nicht mehr genug war. »Es war ein Augenblick, als ich erkannte, dass es so etwas wie ein einzelnes nachhaltiges Geschäft nicht gibt, ganz gleich, wie gut die Praktiken innerhalb meiner Firma waren, ganz gleich, ob ich kompostierte und recycelte, bei den lokalen Landwirten kaufte und erneuerbare Energien nutzte usw. – das war alles nur ein Tropfen auf dem heißen Stein. Ich musste über die Grenzen meines eigenen Unternehmens hinausgehen und anfangen, zusammen mit anderen zu arbeiten, und insbesondere mit meinen Konkurrenten, um ein ganzes System aufzubauen, das auf diesen Werten beruht.«[198]

Um in diese 4.0-Umwelt zu gelangen, gründete Wicks die White-Dog-Café-Stiftung, die sie mit einem Teil der Gewinne aus ihrem Restaurant finanzierte. Als Erstes fragte sie den Landwirt, der ihr Restaurant mit zwei Bio-Schweinen pro Woche belieferte, was er brauchen würde, um auch andere Restaurants zu beliefern. Als er ihr sagte, dass er dazu einen Kühllaster benötigen würde, lieh sie ihm

30 000 US-Dollar (aus den eigenen Gewinnen), damit er sich den Kühltransporter kaufen und anfangen konnte, alle ihre Konkurrenten mit Schweinefleisch dieser Qualität zu versorgen.[199] Das erste Projekt der Stiftung war Fair Food (www.fairfoodphilly.org), das dem ungewöhnlichen Zweck diente, die Konkurrenten des White Dog Cafés (die Köche und lokalen Restaurantbesitzer in Philadelphia) kostenlos zu beraten und ihnen beizubringen, wie sie artgerecht aufgezogene Schweine und andere Produkte von lokalen Familienbetrieben beziehen konnten und warum das wichtig war.[200]

Unter der Schirmherrschaft der Stiftung rief Wicks außerdem im Jahr 2001 das Sustainable Business Network (SBN) ins Leben, um die Geschäftsmethoden des White Dog weiter zu verbreiten. Im selben Jahr schloss sie sich mit anderen Partnern zusammen, um gemeinsam die Business Alliance for Local Living Economies (BALLE) zu gründen: Durch den Aufbau eines Netzwerks von inhabergeführten Unternehmen, die diese Methoden anwandten, sollte eine Alternative zur Konzernkettenökonomie geschaffen werden.

Die BALLE-Bewegung zeigt, wie lokale Unternehmen durch größere Kooperation anstatt durch Wettbewerb erfolgreich sein können. Die Pioniere und Unternehmer, die bereit sind, eigene Informationen über ihren Betrieb, ihre Methoden und die Bedürfnisse ihrer Firmen zu teilen und anderen in ihrem Bereich zu helfen, tragen zum Wohl des größeren Ökosystems bei und fördern damit gleichzeitig das eigene Unternehmen.

Natura: Das Umfeld des Unternehmens verändern

Natura, ein in Brasilien ansässiger Multimilliarden-Dollar-Konzern für ökologische Hautpflege- und Kosmetikprodukte, ist ein führendes Unternehmen im Bereich der nachhaltigen Entwicklung in Brasilien und Lateinamerika. Wenn das Unternehmen Rohstoffe aus Brasiliens Wäldern bezieht, sorgt es dafür, dass dieser Abbau auf sozial und ökologisch nachhaltige Weise geschieht und dass die Aktivität lokale kulturelle Traditionen nicht zerstört. Außerdem hat der Konzern Gewinnbeteiligungs-Vereinbarungen getroffen, die sicherstellen, dass ein Teil des Überschusses in die Nachhaltigkeit und kulturelle Resilienz der Amazonas-Gemeinschaften investiert wird, die den Beginn von Naturas Wertschöpfungskette bilden. Diese Gewinnbeteiligungs-Vereinbarungen im Natura-Ökosystem werden durch selbst organisierte kommunale Stiftungen in den Dörfern und

Gemeinschaften umgesetzt. Darüber hinaus investiert Natura in Bildung und Kompetenzaufbau und regt Geschäftspartner an, auch mit anderen Unternehmen zusammenzuarbeiten, damit Anbauer nicht wirtschaftlich von Natura abhängig werden.[201]

In den 1970er- und 1980er-Jahren entwickelte Natura ein direktes Verkaufsmodell, das die Entscheidungsgewalt in die Hände der Mitglieder legte. Heute werden die Produkte durch 1,5 Millionen Mikro-Unternehmer und Kosmetikberaterinnen vertrieben, die die Natura-Produkte in ihren eigenen Nachbarschaften weiterverkaufen.

So wie sich die BALLE-Bewegung auf Küchengespräche im White Dog Café zurückverfolgen lässt, lässt sich die Gründung von Natura auf Gespräche zurückführen, die vor vielen Jahren in einem winzigen kreativen Raum stattfanden. 1969 stand der damals 26-jährige Luiz Seabra vor seinem Kosmetikstudio in São Paulo und verteilte weiße Rosen an vorbeikommende Frauen. Dann führte er sie mit den weißen Rosen in der Hand von der Straße in sein Studio, um sie in ein Gespräch zu verwickeln und sie kostenlos über die neuen Hautpflege- und Kosmetikprodukte zu beraten, von denen er gerade einen Prototyp entwickelt hatte. »Ich verliebte mich«, erinnert sich Luiz, »in Beziehungen und in Schönheit.«

Und das ist bis heute so geblieben. Ich (Otto) traf Luiz im November 2011 in São Paulo. Luiz ist jetzt Ende sechzig, aber alles an ihm strahlt noch immer eine kraftvolle Jugendlichkeit und Lebensfreude aus. In dem Bürogebäude, das er mit seinen beiden Natura-Mitgründern teilt, erinnerte er sich, entspannt und in Jeans, wie alles anfing.

»Als Zwölfjähriger beobachtete ich, wie meine Schwester eine Hautpflege benutzte. Ich spürte mit ganzem Herzen, dass ich diese Produkte eines Tages erschaffen würde.« Vierzehn Jahre später verteilte er weiße Rosen, lud die Frauen in einen inspirierenden Beziehungsraum ein, der sie durch eine neue Art von Verbindung zu ihrem Körper, ihrer Schönheit, zueinander und zu sich selbst verzauberte.

»Die weiße Rose«, erklärte Luiz, »ist ein Symbol für das, was wir anbieten möchten. Was ist dein Geschenk? Was ist deine Gabe? Wie die Raupe, die sich in einen Schmetterling verwandelt, verwandelt und verändert sich auch das Geschenk, das wir in die Welt bringen.« Es braucht, so Luiz, *liebevolle Aufmerksamkeit*, um »seinen eigenen Weg zur Schönheit zu finden – den Weg zum Schmetterling.« Diese liebevolle Aufmerksamkeit ist laut Luiz das Wesen von Natura. »Es geht um Gespräche und Beziehungen, die uns durch Präsenz und Schönheit berühren.«

Als ich Luiz zuhörte, spürte ich die Präsenz einer Weltsicht, die Schönheit und Wahrheit gleichermaßen schätzt. Das beeindruckte mich. Es ist das, was mir an Nietzsche gefällt. Die meisten Menschen verstehen heute nicht, dass Wahrheit Schönheit schafft. Sie erkennen nicht, dass das Wesen der Mathematik ebenso wie das der Naturwissenschaften in ihrer Schönheit liegt. Um diese Essenz zu finden, muss man die Mathematik und Wissenschaft ganz durchdringen und den Weg bis zu ihren Quellen verfolgen. Luiz ist dieser Typ – er ging direkt zur Quelle. Als Zwölfjähriger fing er an, sein Herz zu öffnen und seiner Schwester aus dieser geöffneten Beziehung heraus zuzuhören.

Doch wie nutzte Luiz diese tiefe Ebene der Aufmerksamkeit und des Zuhörens, um ein 4,5-Milliarden-Dollar-Unternehmen mit 1,5 Millionen Beraterinnen aufzubauen und das Leben von mehr als 100 Millionen Verbrauchern täglich zu berühren? Das schafft man, sagt Luiz, indem man sich nicht nur darauf konzentriert, Zahlen oder Mitarbeiter zu managen, sondern indem man sich mit offenem Herzen und offenem Geist mit sich selbst konfrontiert – mit anderen Worten, indem man den Strahl der Beobachtung zurück auf sich selbst richtet. Das Problem, das heute in vielen Organisationen besteht, so Luiz, ist die Angst. Und das »einzige Gegenmittel für Angst ist Liebe«. Wenn wir über andere urteilen, erzeugen wir eine Atmosphäre der Kälte, die der Angst Raum gibt. Um diese angsterfüllte Atmosphäre zu verändern, müssen wir »uns mit unseren Quellen der Präsenz verbinden, unser Herz öffnen.«

Es ist eine Freude, Luiz zuzuhören, weil man spürt, dass er den Augenblick genießt. Er ist noch immer sichtbar verzaubert von der Welt; er ist immer noch in Beziehungen und in Schönheit verliebt. Man trifft selten einen Mann (oder überhaupt irgendjemanden), der die Präsenz des geöffneten Herzens so eindrucksvoll verkörpert.

Ich fragte mich, wie er diesen Zustand erreicht hat. Welcher Prozess hat ihn dorthin geführt?

»Ich bin sehr schüchtern«, antwortete er. Wirklich? »Aber ich bin fasziniert von der Welt.« Das war offensichtlich. Aber wie war er dorthin gelangt?

»Auch ich hatte zu viel Lärm im Kopf«, erzählte Luiz. »Deshalb war es wichtig, einen Ort der Stille in mir zu finden.« Diese Stille fand er erstmals, als er als Sechzehnjähriger einen philosophischen Text las, der eine Veränderung in seinem Denken und Fühlen bewirkte. Plotin schrieb, dass »das Teil im Ganzen und das Ganze im Teil ist.« Damals begann Luiz zu ahnen, dass diese tiefere Ebene der Wirklichkeit, auf die sich Plotin bezog, eine tiefere Ebene des Denkens erfordert – ein Denken, das durch die Klugheit des Herzens inspiriert wird. Dieser Augenblick der Einsicht eröffnete ihm eine ganz neue Welt. Es war eine intellektuelle und auch spirituelle Erfahrung, die ihm ermöglichte, »einen Ort der Stille in mir selbst zu finden. Die Verbindung zu diesem Ort war wie die Entdeckung eines neuen Lebens in mir selbst, eine Neugeburt.«

Seitdem hat er versucht, ausgehend von dieser Verbindung zum Essenziellen, in der inneren Stille zu handeln. Viele der herkömmlichen Management-Instrumente sind nur eine Fortsetzung des Lärms. »Der Gebrauch dieser traditionellen Management-Instrumente macht uns dümmer.« Guter Punkt, dachte ich, als ich das aufschrieb – es bedeutet, dass normale Wirtschaftsschulen uns zu Flachdenkern machen. Und sich dafür bezahlen lassen. Vielleicht sollte man das Geld sparen.

»Es ist an der Zeit, dass wir auf unsere Stille hören; um sie zu teilen, brauchen wir eine Art Massage.« Und um diese innere Stille zu kultivieren, »brauchen wir Filter gegen eine exzessive Banalität«. Das hilft uns, »Angst in Liebe zu verwandeln«.

Später an diesem Vormittag traf ich seinen Geschäftspartner und Mitgründer, Guilherme Leal. Nachdem er seine Firma 1979 mit Natura fusioniert hatte, trug Guilherme dazu bei, Natura zum größten Direktverkaufs-Kosmetikunternehmen in Brasilien zu machen. Was mich am meisten beeindruckte, war, wie diese beiden Männer miteinander umgingen. Diese beiden Männer schienen eine Beziehung zu haben, die sich durch Sensibilität, Respekt, Fürsorge und Dankbarkeit auszeichnete. Keines dieser Worte trifft es wirklich. Wenn ich ein einziges Wort wählen müsste, wäre es vielleicht *selbstlos.* Sie schienen sich aufrichtig an ihren Unterschieden zu freuen und einander darin zu unterstützen.

Trotz seines großen Erfolges steht das Unternehmen heute vor neuen Chancen und Herausforderungen. Wie alle Unternehmen wird auch Natura mit gesellschaftlichen und wirtschaftlichen Erschütterungen und Zusammenbrüchen konfrontiert. Außerdem spielen die Gründer heute eine weniger aktive Rolle in der alltäglichen Unternehmensführung. Eine aktuelle Herausforderung ist daher, das Wesen von Natura in diesem neuen Kontext lebendig zu halten. Eine weitere Herausforderung besteht darin, die direkte Verkaufsstrategie im Zeitalter von Web-2.0-Geschäftsmodellen neu zu erfinden. Wie kann Natura eine Plattform werden, die dem gesamten Ökosystem von Lieferanten und Kunden erlaubt, ihr höchstes Zukunftspotenzial gemeinsam zu erspüren und schöpferisch zu gestalten?

»Natura ist ein kollektives Phänomen«, sagt Marcelo Cardoso, Senior Vice President für Nachhaltigkeit und Organisationsentwicklung, »und heute stehen wir an der Schwelle eines neuen Evolutionszyklus.« Der neue evolutionäre Zyklus, vor dem Natura und andere Unternehmen stehen, betrifft die entstehende co-kreative Ökosystem-Ökonomie 4.0. Das Herz der künftigen ökosystembasierten Firma ist nicht länger ein bestimmtes Produktangebot – es ist vielmehr ein Netz von »multiplen Verbindungen und Beziehungen, die wir miteinander als Partner, Produzenten, Verbraucher, Eigentümer, Teilhaber und als Gemeinschaft haben. Die radikale Vision, die wir zu schaffen versuchen, stellt die Beziehung zu unseren Partnern und Kunden ins Zentrum des Unternehmens.«

Marcelo meint, dass drei Hauptprinzipien die 4.0-Organisationsweise charakterisieren. Das erste betrifft die Notwendigkeit, Einfluss durch Anziehungskraft statt durch Kontrolle auszuüben. Das zweite betrifft die Toleranz für Ungewissheit. Und das dritte betrifft die Abschaffung des 2.0-Prämiensystems. »Wir haben festgestellt, dass in Silicon Valley niemand Bonuszahlungen in Verbindung mit individuellen Zielen nutzt«, erklärt Marcelo. »In Zukunft werden wir unser individuelles Ziel- und Bonussystem durch fünf Ziele für das Gesamtunternehmen ersetzen, die Ausdruck der Firmengeschichte sind. In Zukunft werden wir festere und weniger veränderliche Vergütungen einführen.«

Dieser Wandel in Naturas Vergütungssystem wird von zahlreichen wissenschaftlichen Untersuchungen gestützt, die bestätigen, dass eine individualisierte Bezahlung mehr Schaden als Nutzen für die Unternehmensleistung bringt, außer in Fällen von ganz einfachen und mechanischen Routinearbeiten, die wenig Kreativität umfassen.[202] Im Wesentlichen beschreibt Marcelo die gegenwärtige Verwandlung von Natura mit den Begriffen von »Außen nach innen« und »Innen nach außen«. »Außen nach innen« bedeutet, dass man die Pflege von Beziehungen zum zentralen Bestandteil des künftigen Unternehmens macht. »Innen nach außen« bedeutet, dass man die Kontrolle loslässt ebenso wie individualisierte Ziele und Bonuszahlungen und sie durch eher intrinsische und co-kreative Mechanismen der Motivation, Richtungsgebung und Innovation ersetzt, häufig in Zusammenarbeit mit den Ökosystempartnern. Ist das ein einfacher Prozess? Nein, und Marcelo wäre der Erste, der darauf hinweisen würde, dass er sich selbst und Natura noch ganz am Anfang dieses Weges sieht.

Food Lab: Das Ökosystem der Nahrungsmittelproduktion verändern

BALLE und Natura sind eindrucksvolle Beispiele für Unternehmen, die von einer Mission angetrieben werden und sich in Richtung 4.0 bewegen. Doch wie steht es um eher traditionelle Unternehmen? Was ist notwendig, damit sie den Wandel zu 4.0 vollziehen?

Das Sustainable Food Lab arbeitet an diesen Fragen. Das Food Lab ist ein Forum, in dem sich Führungskräfte aus dem gesamten System mit den drängendsten und wichtigsten Problemen im Nahrungsmittel- und Landwirtschaftssektor auseinandersetzen.

Im Sommer 2002 trafen sich Hal Hamilton, Don Seville, Adam Kahane und Peter Senge auf einer internationalen Führungskonferenz zum Frühstück. Sie besprachen, wie die polarisierten Debatten über landwirtschaftliche Nachhaltigkeit von der Anwendung der Theorie U profitieren könnten. An dem Gespräch beteiligten sich später auch Führungskräfte von Unilever und der Kellogg Foundation, die ihre laufenden Investitionen in nachhaltige Landwirtschaftsprojekte beschrieben ebenso wie ihren Wunsch, den Mainstream zu beeinflussen. Sie wiesen allerdings darauf hin, dass weder die Kellogg Foundation noch Unilever mächtig genug seien, um dies allein bewirken zu können.

In den folgenden anderthalb Jahren interviewten Hal, Adam und ihre Kollegen Dutzende von Führungskräften in diesem Ökosystem in den USA, Europa und Brasilien. Im Anschluss luden sie einige ihrer Interviewpartner ein, dem Food Lab beizutreten mit dem Ziel, die Mainstream-Nahrungsmittelsysteme nachhaltiger zu gestalten.

Das Lab bringt Führungskräfte aus mehr als sechzig Unternehmen, staatlichen Institutionen, Agrargruppen und NGOs mit diesem expliziten Fokus zusammen. Obwohl ein nachhaltiges Nahrungsmittelsystem das zentrale Anliegen der Arbeit ist, erkennt die Gruppe, dass sich die Ansichten darüber, was Nachhaltigkeit bedeutet, bei den

Institutionen, Unternehmen und Organisationen, die im Lab vertreten sind, erheblich unterscheiden. Zu den Herausforderungen, vor denen das Lab-Team steht, gehört es, diese unterschiedlichen Perspektiven und Prioritäten als Katalysatoren für ein gemeinsames Lernen und signifikante Innovationen im System zu nutzen.[203]

Wir fragten Hal, den Co-Direktor des Food Lab, was er darüber gelernt hat, wie Organisationen bei der Zusammenarbeit und bei der Erneuerung ihres Weges zu 4.0 geholfen werden kann.

> »Was wir gelernt haben«, sagt Hal, »ist, dass man eine neue Infrastruktur für die Führung braucht, wenn man ein ganzes Ökosystem von Nahrungslieferanten zur Nachhaltigkeit bewegen will. Wir haben festgestellt, dass drei bestimmte Führungs- oder Lerninfrastrukturen besonders effektiv sind. Die erste bezeichnen wir als Lernreisen. Wir bringen verschiedene Gruppen von Stakeholdern an die interessanten Punkte und an die Ränder ihres Systems und vermitteln ihnen für ein oder zwei Tage die Möglichkeit, intensiv einzutauchen. Das hat sich immer als erfolgreich, regenerativ und zum Teil sogar transformativ erwiesen.
>
> Zweitens haben wir festgestellt, dass es entscheidend für den Erfolg ist, unsere Mitglieder in konkrete Prototyp-Projekte zu Erneuerungsthemen zu verwickeln, die gut zur strategischen Agenda dieser Organisationen passen. Wenn diese Projekte nur von persönlichem Interesse, aber für die Institution nicht relevant sind, dann sind diese Initiativen nicht tragfähig und können nicht skaliert werden.
>
> Schließlich haben wir herausgefunden, dass eine tiefere persönliche oder menschliche Dimension bei all dem am Werke ist. Ich weiß nicht genau, wie ich das nennen soll. Aber es hat mit der Tatsache zu tun, dass wir ein tieferes Netz menschlicher Beziehungen geknüpft haben, das all diese institutionellen Grenzen überspannt. Bei diesem anderen Netz von menschlichen Beziehungen geht es nicht einfach darum, dass man sich besser fühlt und mehr Energie hat. Es geht im Wesentlichen darum, dass man eine andere Beziehung zum eigenen Weg entwickelt, zum Weg unserer Gemeinschaft und zum Entwicklungsweg dieses Planeten. Von daher ist das ein Feld, das es dir möglich macht, dich wieder mit deinem eigenen Innersten zu verbinden.«

Zusätzlich zu diesen drei von Hal beschriebenen Lernerfahrungen gibt es eine vierte, die er nicht erwähnt hat: Bring die richtigen Leute mit einer 4.0-Denkweise in die Kerngruppe einer solchen Unternehmung. Die Gründer müssen das Wesen der Initiative mit allem, was sie tun, verkörpern – so wie alle Veränderungsmacher, deren Arbeit wir hier beschrieben haben: Jon, Suyoto, Alexandra, Claudia, Judy, Michelle, Luiz, Guilherme, Marcelo, Hal ...

Zusammenfassung

Tabelle 11 skizziert, wie eine Unternehmensentwicklung in die evolutionären Phasen der wirtschaftlichen Entwicklung und der ihr zugrunde liegenden Logik eingebettet ist. Das Ziel des Unternehmens 1.0 ist die Kontrolle über die gesamte Wertschöpfungskette. Die Logik dreht sich um Economies of Scope; der Fokus liegt auf der vertikalen Integration (zum Beispiel früher bei der alten IBM). Der Zweck des Unternehmens 2.0 ist Profit. Die Logik dreht sich um Economies of Scale, und der Fokus liegt auf horizontaler Integration (zum Beispiel Intel und Microsoft). Das Ziel von Unternehmen 3.0 ist die Beherrschung des Ökosystems. Die Logik dreht sich um Netzwerkökonomien. Beispiele sind Apple, Facebook und Google. Zielsetzung des Unternehmens 4.0 ist die verantwortungsbewusste Entwicklung des Ökosystems. Diese Logik dreht sich um Economies of Presencing – das heißt um das Erspüren und In-die-Welt-bringen entstehender Zukunftsmöglichkeiten. Zu Beispielen für diese Kategorie zählen BALLE, Natura und in Anfängen der chinesische E-Commerce-Riese Alibaba. Der Unterschied zwischen 3.0- und 4.0-Unternehmen ist die Intention: 3.0-Firmen haben den Ehrgeiz, ihr Ökosystem zu beherrschen, während 4.0-Firmen versuchen, dem Wohl und dem gemeinsamen Besitz aller zu dienen. Die 3.0- und 4.0-Unternehmen sind eine neue Form hybrider Unternehmen, die sich durch zwei Hauptmerkmale auszeichnen: Sie arbeiten als Wirtschaftsunternehmen, und sie erhalten ihre Inspiration und Energie durch eine soziale Mission (in 4.0-Unternehmen ist die Mission stärker integriert). Das ist nicht einfach ein unbedeutendes Merkmal, sondern eine Hauptantriebsfeder und Inspiration für visionäre Unternehmensgründer wie Steve Jobs bei Apple, Eileen bei Eileen Fisher, Luiz, Guilherme und Pedro bei Natura, Judy und Michelle bei BALLE und Hal beim Sustainable Food Lab. Diese Unternehmen sind Beispiele für eine »neue Essenz« dessen, was es bedeutet, ein erfolgreiches Unternehmen zu führen. In diesem entstehenden Unternehmensparadigma wird Erfolg nicht nur über den Profit, sondern auch über seine Relevanz für das größere Ökosystem und seine Beiträge für eine Überwindung der ökologischen, sozialen und spirituellen Bruchlinien definiert. Interessanterweise arbeiten einige dieser hybriden, von einer sozialen Mission angetriebenen Firmen zunehmend wie einige der innovativeren NGOs.

Stadium der ökonomischen Entwicklung	Koordinations-mechanismus *(Macht)*	Hauptsektor	Dominante ökonomische Logik	Unternehmenszweck	Unternehmens-beispiele	Stakeholder-Beziehungen
1.0: zentralisierte Staatsökonomie	Hierarchie, Regulierung, Kontrolle (*Peitsche*)	Erster Sektor: öffentlich	*Economies of scope:* vertikale Integration	Kontrolle über die gesamte Wert-schöpfungskette	Alte IBM	Kontrollierend
2.0: freie Marktwirtschaft	Markt und Wett-bewerb (*Zuckerbrot*)	Zweiter Sektor: privat	*Economies of scale:* horizontale Integration	Gewinn und Shareholder Value	Intel, Microsoft	Transaktional
3.0: soziale Marktwirtschaft	Netzwerke und Verhandlungen (*Normen*)	Dritter Sektor: sozial	*Economies of networks (and scope):* zirkuläre Integration	Ökosystem-Beherrschung	Apple, Facebook, Google	Empathisch, aber dominierend: kein gemeinsames Eigentum
4.0: co-kreative Ökosystem-Ökonomie	ABC: awareness-based collective action (intentionales, gemeinsames Handel) *(Gegenwärtigung des entstehenden Ganzen)*	Vierter Sektor: sektorübergreifende Kooperation	*Economies of Presencing:* spiralförmige Integration	Ökosystem-Verwaltung: co-kreative Beziehungen zu Selbst, anderen, Natur, dem Ganzen	Entstehende Beispiele: Natura, BALLE, Alibaba	Generativ: Co-sensing, Presencing und gemeinsame schöpferische Gestaltung des höchsten Zukunftspotenzials

Tab. 11: Stadien ökonomischer Logik und Unternehmensentwicklung

NGOs 4.0

Mit dem Fall der Berliner Mauer und dem Ende des Kalten Krieges begann der Übergang zu einer neuen Ära, die den Aufstieg einer neuen entstehenden Supermacht mit sich brachte – der globalen Zivilgesellschaft.

Seit Ende der 1980er-Jahre sind auf allen Kontinenten unzählige NGOs entstanden (zivilgesellschaftliche Organisationen). Paul Hawken bezeichnet diese Bewegung als die größte, die die Erde je erlebt hat.[204] Der Sektor der NGOs und Zivilgesellschaft ist der jüngste Neuzugang auf der globalen Bühne. Mit der Gründung der Vereinten Nationen nach dem Zweiten Weltkrieg schafften Regierungen eine globale Organisation, und mit der wachsenden Globalisierung, insbesondere nach 1989, breitete sich in mehreren aufeinanderfolgenden Wellen auch die Wirtschaft weltweit aus. Im Folgenden eine kurze Zusammenfassung, wie die Zivilgesellschaft sich selbst durch diese neue Gruppe von Institutionen und ihre Entwicklungswege zum Ausdruck bringt:

1.0: NGOs: Helfende Akteure, spenderabhängig
2.0: NGOs: Verfechter von Programmen, spenderabhängig
3.0: NGOs: Unternehmungen mit Multi-Stakeholdern oder mit sozialer Mission; zum Teil selbst finanziert
4.0: NGOs: Unternehmungen zur Ökosystemerneuerung, zum Teil oder vollständig selbst finanziert

WWF

Der World Wide Fund for Nature (WWF) (der frühere World Wildlife Fund) ist eine internationale NGO, deren Ziel der Schutz unserer Umwelt ist.[205] Mit über fünf Millionen Unterstützern arbeitet der WWF in mehr als 100 Ländern weltweit und ist die größte unabhängige Umweltschutzorganisation der Welt. Ihre Mission ist es, die Umweltzerstörung zu stoppen und umzukehren.

Während meines (Ottos) ersten Besuchs in der US-amerikanischen Zentrale des WWF, erklärte COO Marcia Marsh, wie sich die Arbeit der Organisation entwickelt hat:

> »Erst ging es uns allen um die Bewahrung der Umwelt. Dann erkannten wir, dass wir dazu die Menschen, Gemeinden oder Dörfer einbeziehen mussten, die in diesen Gebieten lebten. Ohne sie können wir nichts ausrichten. Dann erkannten wir, dass selbst das nicht genügt. Uns wurde klar,

dass die wirklichen Kräfte, die unsere Habitate und Gemeingüter zerstören, wenig mit den lokalen Gemeinschaften und viel mit den Kräften des globalen Marktes zu tun haben. Also erkannten wir, dass wir, wenn wir die Umwelt schützen wollten, sowohl mit lokalen Gemeinschaften als auch mit globalen Märkten arbeiten mussten – das heißt mit internationalen Unternehmen ebenso wie mit bewussten Verbrauchergruppen, die dazu beitragen würden, die zentralen Beschaffungspraktiken der Unternehmen in Richtung Nachhaltigkeit zu verschieben.«

Die drei Stufen, die Marsh beschrieb, zeichnen die Entwicklung des WWF von 1.0 (nur Umweltschutz) über 2.0 (Einbeziehung der Gemeinschaften) zu 3.0 (Einbeziehung der Märkte) nach. Bezogen auf die Herausforderungen bedeutet das: Je näher man dem aktuellen Rand der Arbeit kommt, »desto mehr hat man es mit komplexen, systemweiten Multistakeholder-Problemen zu tun, die kein einzelner Sektor, geschweige denn eine einzelne Institution, allein verändern kann«. Marsh erklärte in diesem Zusammenhang: »Deshalb brauchen wir Multistakeholder-Initiativen, um etwas zu bewegen.«

Ein Beispiel für den neuen Typus von Multistakeholder-Arbeit ist die *Coral Triangle Initiative* (CTI). Das Korallendreieck in Südostasien ist eine Meeresumwelt, die durch ihre biologische Bedeutung und ihre Schönheit einzigartig auf der Welt ist. Nicht weniger bedeutsam ist ihr wirtschaftlicher Wert für die 125 Millionen Menschen in der Region, die sechs Staaten umfasst: Indonesien, die Philippinen, Malaysia, Papua-Neuguinea, die Salomon-Inseln und Ost-Timor. Im Mai 2009 verpflichteten sich die Staats- und Regierungschefs dieser sechs Anrainerstaaten zu einem Aktionsplan zur Rettung des Korallendreiecks – der Coral Triangle Initiative Regional Plan ist auf zehn Jahre angelegt und einer der umfassendsten und konkretesten Pläne, die je für den Meeresschutz aufgestellt wurden.

Diese Initiative, die seither Millionen von Spendenzusagen bekommen hat, begann wie viele andere einflussreiche Initiativen – ganz klein. Und sie entstand aus einer Reihe angeregter Gespräche, die dazu beitrugen, die wachsende Frustration über eine festgefahrene Situation in die wirkungsvolle Absicht zu verwandeln, die Zukunft anders zu gestalten.

In diesem Fall wurden einige der ersten Gespräche durch die ELIAS-Initiative ausgelöst, die Marcia Marsh und andere gemeinsam mit uns am Presencing Institute und MIT ins Leben riefen. Wie Kate Newman, die erste WWF-Programmleiterin der CTI es beschreibt:

»Unsere Denkweise über die Herangehensweise an ein Problem wie das, das wir in der Region des Korallendreiecks erkannten, wurde damals von der großen Idee des ELIAS-Programms beeinflusst – also dass man alle Schlüsselakteure, die einander brauchen, um ein System zu verändern, zusammenbringt und ihnen dann Methoden und Werkzeuge an die Hand gibt, durch die sie etwas bewirken können. Ich erinnere mich noch an den Durchbruch, den wir eines Abends nach einer langen Diskussion mit mehreren anderen Stakeholdern erzielten, als uns plötzlich dämmerte, dass wir nie in der Lage sein würden, erfolgreich mit diesen Problemen umzugehen, wenn wir immer nur jeweils eine Region in Angriff nahmen. Wenn wir hingegen diese ganzen aneinandergrenzenden Regionen zu einer einzigen spektakulären Ökoregion zusammenfassen könnten – zu einer Region, von der kaum jemand weiß, dass sie den höchsten Grad an mariner Biodiversität der Welt bietet – und wenn man die begrenzten Mittel, die den einzelnen Regierungen im Gebiet des Korallendreiecks zur Verfügung standen, zusammenlegen könnte, dann würden wir bestimmt weitere Schlüsselakteure für die Sache gewinnen – sie würden plötzlich ein sehr reales Interesse daran haben, mitzuhelfen, einen wirklichen Wandel dieser Größenordnung mitzugestalten. Wir wollten all diese Akteure miteinander verbinden und dazu beitragen, eine Plattform zu schaffen, die ihnen ermöglichen würde, das System zum Besseren zu verändern.«

Im Jahr 2007 schloss sich der WWF mit Nature Conservancy und Conservation International zusammen. Gemeinsam erweiterten sie ihre Gesprächsbemühungen im Korallendreieck – ein Gebiet, in dem 75 Prozent aller der Wissenschaft bekannten Korallenspezies beheimatet sind und das nach dem Amazonas die Region mit der größten Artenvielfalt der Erde ist –, und sie mobilisierten Millionen an Spendengeldern, um die CTI-Vereinbarung umzusetzen. Trotz zahlloser Probleme bei der Realisierung der geplanten Zehnjahresziele der Initiative bleibt CTI eine ungeheure Inspiration und ein Vorbild für viele andere Initiativen, die versuchen, den Schutz und die gezielte Pflege unserer Gemeingüter auf bessere Weise zu organisieren.

Organisation 4.0 bedeutet, dass man von einer Organisationsweise, die sich um spezielle Interessengruppen dreht, zu einer Organisationsweise wechselt, die sich um eine gemeinsame Intention dreht. Eine Ökosystem-Ökonomie beginnt mit der Ermittlung, dem Schutz und der Pflege der knappsten und wichtigsten Gemeingüter. Dass man die Beziehung zwischen Unternehmen und NGOs dahin gehend verändert, dass sie nicht mehr antagonistisch und transaktional, sondern co-kreativ wird, ist ein entscheidender Faktor, wenn wir unsere Ökonomie erfolgreich zu einem florierenden 4.0-Betriebssystem verschieben wollen.

Bankwesen 4.0: Banken als Instrument positiven Wandels

Als Vermittler zwischen Kreditnehmern und Kreditgebern haben Banken eine einzigartige Stellung in einer Wirtschaft und damit in einer Gesellschaft. Alle unternehmerischen Ideen erfordern finanzielles Kapital; Unternehmen brauchen eine Bank als Partnerin, und die Bürger nutzen Finanzdienstleistungen. Banken handeln mit einem ganz besonderen Produkt – Geld. Geld ist ein legales Konstrukt, das sich in fast jeder ökonomischen Transaktion nutzen lässt. Es wird selten ungültig, ist leicht transferierbar, und jeder will es haben. Produkte der Realwirtschaft wie Äpfel oder Apple-Computer werden von Kunden mit einem spezifischen Bedürfnis genutzt und sind nur für einen bestimmten Zeitraum verwendbar. Doch Geld wird von jedem Akteur in einer Wirtschaft genutzt und ist fast überall und zu jeder Zeit verwendbar. Außerdem verliert es, außer in Zeiten der Hyperinflation, kaum an Wert. Daher haben Banken und der Finanzsektor einen Wettbewerbsvorteil gegenüber allen anderen Akteuren in der Realwirtschaft.[206] Hier, kurz zusammengefasst, die Entwicklung des Banksektors zu seiner heutigen Rolle in der Gesellschaft:

1.0: traditionelle Banken
2.0: Casino-Banken
3.0: sozial verantwortungsvolle Banken
4.0: transformative Ökosystem-Banken

Mit jeder Finanzkrise beginnt erneut die Diskussion über eine Regulierung des Finanzsektors ebenso wie über die Macht der Banken und die Risiken eines unregulierten Finanzsektors für die Gesellschaft. Doch sobald die Krise und ihre Auswirkungen in Vergessenheit geraten, ebbt diese Diskussion wieder ab. Aus einer evolutionären Perspektive spiegelt diese Debatte den Übergang von Bankwesen 2.0 zu Bankwesen 3.0 wider.

Was fehlt, ist eine Diskussion darüber, welches Potenzial Banken haben, die Krisen und Herausforderungen unserer Zeit als Aufgabe zu ergreifen, indem sie innovative Finanzinstrumente entwickeln, die an den Bedürfnissen und den zukünftigen Möglichkeiten von Unternehmen, Projekten oder Initiativen orientiert sind. Welche

Rolle können Banken für einen Schritt hin zu Gesellschaft 4.0 spielen?

Als sich der Bankensektor von 1.0 zu 3.0 entwickelte, fand ein paralleler, aber kaum bemerkter Erneuerungsprozess statt. Lokale Kommunen, Interessengruppen, religiöse Organisationen oder engagierte Bürger erkannten, dass ihre Visionen oder Ideen den Zugang zum Finanzsektor erforderten. In der Folge entstanden zahlreiche Finanzinstitutionen, die Profitabilität mit einer Mission verbinden oder, in der Sprache unserer Zeit, entlang der Triple Bottom Line operieren (d. h. finanziellen, sozialen und ökologischen Erfolg gleichzeitig verfolgen). Einige dieser Banken waren erfolgreich, andere sind gescheitert, und viele größere Finanzinstitutionen haben das Konzept der Triple Bottom Line auch zur Schönfärberei genutzt und ihre Geschäfte weiterhin überwiegend mit einer einzigen Bottom Line – der Profitabilität – fortgesetzt.

Andere Banken haben begonnen, Finanzinstrumente zum Vehikel eines transformativen Wandels zu machen, indem sie bewusst versuchen, Finanzierungen für soziale oder ökologische Innovationen zu entwickeln. Hinzu kommt ein strukturelles Hindernis. Für eine Bank ist es kosteneffizienter, einem etablierten multinationalen Konzern 300 Millionen Dollar zu leihen, als 300 Kredite über je eine Million Dollar an 300 einzelne soziale und »grüne« Unternehmen zu vergeben. Damit sind kleine und mittelständische Unternehmen in der Kreditvergabe strukturell benachteiligt, wie auch Kreditanfragen, die unkonventionell sind und eine lokale oder technische Expertise benötigen. Doch was, wenn diese Kredite die Innovationen finanzieren, die wir brauchen, um die drängenden Probleme unserer Zeit in Angriff zu nehmen?

Die Vergabe von 300 Krediten an sozial-ökologisch innovative Unternehmen wird dann zu einer bewussten Entscheidung, die nicht nur auf dem Rentabilitätsinteresse der Bank beruhen würde, *sondern auch auf dem Bewusstsein für ein gesellschaftliches Bedürfnis.* Solche Entscheidungen haben natürlich interne Auswirkungen. Die Bank braucht ein Team von Kreditsachbearbeitern, die sich mit Themen wie z. B. erneuerbaren Energien und sozialem Unternehmertum auskennen.

Derartige Finanzinstitutionen bestehen bereits. Im Jahr 2009 trafen sich zehn sozial und ökologisch engagierte Banken, um die Global Alliance for Banking on Values zu gründen, ein unabhängiges Netzwerk von Banken mit der Mission, »Finanzen zu nutzen, um eine nachhaltige Entwicklung für unversorgte Menschen, Gemeinschaften und die Umwelt bereitzustellen«.[207] Im Jahr 2013 hatte dieses Netzwerk fünfundzwanzig Mitglieder mit einem Vermögen von mehr als 40 Milliarden US-Dollar und war in allen Regionen der Welt tätig. Diese Banken betrachten Finanzierungen als Instrument sozialer Transformation.

Hier nur einige Beispiele für die Arbeitsweise dieser Banken.

Ein transformatives Ökosystem-Bankwesen

Die an früherer Stelle erwähnte BRAC-Bank hat ihren Sitz in Bangladesch. Ein BRAC-Kreditberater in der Altstadt von Dhaka geht von Kunde zu Kunde, besucht das Geschäft eines Kreditbewerbers, spricht mit dessen Nachbarn und macht sich mit dem Umfeld, in dem der Bewerber lebt, vertraut. Auf diese Weise kann BRAC entscheiden, ob sie Unternehmern, die bisher kein Konto und damit keine geprüfte Buchhaltung hatten, einen Kredit geben können oder nicht. Warum dieser Aufwand? BRAC ist überzeugt, dass diese kleinen Unternehmen Arbeitsplätze schaffen und Menschen die Möglichkeit geben, sich aus der Armut zu befreien.

Die GLS-Bank in Bochum und die Triodos-Bank in Europa haben schon vor Jahrzehnten Finanzierungsoptionen für Windenergie angeboten, als keine konventionelle Bank einen Windpark auch nur ansatzweise als Investitionsobjekt in Betracht gezogen hätte. Ihre Kreditberater haben eine Spezialausbildung für erneuerbare Energieprojekte. Doch beide Banken finanzieren auch soziale oder kulturelle Projekte wie alternative Schulen, biologische Landwirtschaft oder künstlerische Initiativen – alles Projekte, die in einer konventionellen Bank keinen Partner finden würden, aber die einen positiven Beitrag in unserer Gesellschaft leisten. Da die Kunden der Banken erwarten, dass alle finanzierten Projekte ihren hohen Standards für grüne und soziale Innovationen gerecht werden, werden die Kredite veröffentlicht. Diese Transparenz erlaubt eine einzigartige Kommunikation.

Als Netzwerk hat die Global Alliance for Banking on Values ein klares Ziel: Wir können die drängendsten Probleme unserer Zeit nicht ohne Finanzinstitutionen in Angriff nehmen, die diese neuen Unternehmen, NGOs und Initiativen finanzieren.

Das Gravitationszentrum des ökonomischen Feldes verschieben
Die Finanz- und Kapitalbewegungen in einer Wirtschaft schaffen mehr als nur einen Marktaustausch. Abbildung 15 zeigt, wie die Finanzökonomie mit der Realwirtschaft zusammenhängt und wie beide eine unterschiedliche Form sozial-ökonomischer Beziehung verkörpern, die unserer früheren Beschreibung der verschiedenen Gesprächs- und Bewusstseinsebenen ähnelt. Entsprechend der Intention, die der Verwendung des Geldes zugrunde liegt, unterscheiden wir zwischen vier Arten von Geld:

1) Casinogeld: genutzt zu Spekulationszwecken
2) Kaufgeld: genutzt zum Erwerb von Waren und Dienstleistungen
3) Leihgeld: genutzt zur Kreditvergabe
4) Schenkgeld: genutzt zur Pflege der Gemeingüter oder zur Unterstützung sozial engagierter Unternehmer

Die vier Arten des Geldes (Abb. 15, oben links) unterscheiden sich im Hinblick auf die Intention, die dem Geldtransfer zugrunde liegt.[208] Im oberen rechten Quadranten von Abbildung 15 finden sich die unterschiedlichen Optionen für die Geldverwendung:

1) spekulative Investitionen in Derivate oder Vermögenswerte der Realwirtschaft
2) Kauf von Waren und Dienstleistungen
3) Kreditvergabe für Initiativen und Unternehmungen
4) Geschenke für die Kultivierung kreativer Gemeingüter

Jeder Geldtransfer ist eine wirtschaftliche und kommunikative Handlung, die eine soziale Realität erzeugt. Wenn ich zum Beispiel Geld verwende, um etwas von Ihnen zu kaufen, ist unsere Beziehung in dem Augenblick, in dem ich Ihr Geschäft verlasse, in der Regel beendet. Doch wenn ich Geld verleihe, begründen wir eine Verbindung, die für die Dauer der Kreditvergabe bestehen bleibt. Geld schafft einen Möglichkeitsraum. Geld ist eine Form der Kommunikation zwischen handelnden Akteuren in einem ökonomischen System. Die vier Kreise oder Sphären sagen uns etwas über die Qualität dieser kommunikativen Beziehungen, darüber, wie stark sie Möglichkeiten schaffen und inwiefern sie sich unterscheiden. Wie in der unteren

Hälfte von Abbildung 15 dargestellt, reichen diese Beziehungen von einseitigem Downloading wie Propaganda und Korruption in der äußeren Sphäre bis hin zu co-kreativen Beziehungen in der innersten Sphäre.

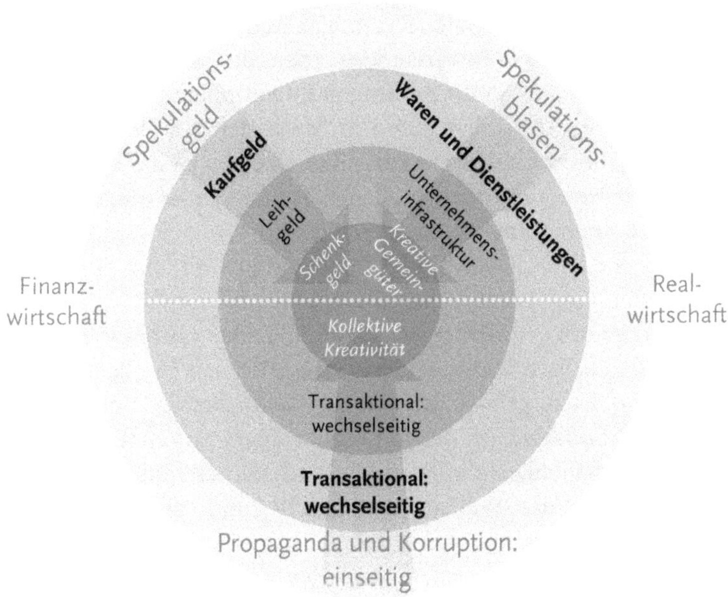

Abb. 15: Die Verschiebung des Gravitationszentrums für ökonomisches und kommunikatives Handeln

Das Problem der heutigen Wirtschaft ist, dass zu viel Geld in der toxischen Außensphäre zirkuliert, die eine Förderung von Spekulationsgewinnen unterstützt, was weitere Spekulationsblasen ebenso wie Korruption und Propaganda begünstigt. Außerdem bewegt sich zu wenig Geld in die innerste Sphäre, die das Herz und die Quelle allen sozialen, ökonomischen und kulturellen Lebens ist. In diesem inneren Kern liegen die Quellen aller ökonomischen Werte und der menschlichen Kreativität: Bildung, Gemeinschaft und die Pflege der Ökosystemgemeingüter. Und in dieser innersten Sphäre wird Schenk- oder Saatgeld am dringendsten gebraucht.

Okay, es befindet sich also zu viel Geld in der äußersten und zu wenig Geld in der inneren Sphäre. Doch wie groß ist dieses Problem tatsächlich? Sehr groß. Denken Sie an die Auslandsgeschäfte im Wert von 1,5 Billiarden US-Dollar, von denen nicht einmal fünf Prozent mit einer Transaktion in der Realwirtschaft verbunden sind. So groß ist das Problem. Es ist ein Riesenproblem – und es steht viel Geld auf dem Spiel für kleine, aber mächtige Interessengruppen, die sich von der überdimensionalen Gewinnblase in der äußeren Sphäre ernähren. Schätzungen der privaten Vermögenswerte, die aus den USA in ausländische Steueroasen verlagert werden, um (häufig illegal, aber zum Teil auch legal) Steuerzahlungen zu vermeiden, belaufen sich auf 20 Billionen US-Dollar (20 000 Milliarden US-Dollar!).[209] Die Umlenkung dieses Geldflusses, damit er globalen Gemeingütern zugutekäme, hätte weltweit unglaubliche Folgen. Es ist möglich. Aber es erfordert einen gemeinsamen Willen.

Der Weg in die Zukunft, zu Ökonomie 4.0, verlangt einen Umschwung des Gravitationszentrums unserer Wirtschaft von primär 1.0- und 2.0-Kommunikationsweisen (die beiden äußeren Sphären) zu 3.0- und 4.0-Gesprächs- und Beziehungsformen (die beiden inneren Sphären). Dazu gehört, dass wir das Geldsystem so umgestalten, dass Spekulationsgeld (in der äußeren Sphäre) automatisch umgelenkt und in Schenkgeld verwandelt wird (in der inneren Sphäre), das dazu beiträgt, die kreativen Gemeingüter im Inneren zu pflegen. Das in diesem Abschnitt beschriebene transformative Ökosystem-Bankwesen ist eine Antwort auf diese Herausforderung.

Eine weitere ist die Idee des »alternden Geldes«, eine Idee, bei der Geld – genauso wie Produkte der Realwirtschaft – seinen Wert mit der Zeit verliert. Das bedeutet, dass Geld – wie Joghurt – eine begrenzte Verwendungsdauer hätte. In Europa gab es im Mittelalter derartige Geldsysteme. Die Folge war, dass das Geld in – zum Beispiel – den kulturellen Sektor floss, anstatt in Spekulationsblasen investiert zu werden; Zeugnis dafür sind die Kirchenbauten, die das Angesicht Europas noch heute, viele Jahrhunderte später, prägen.[210]

Auch wenn eine Lösung für das 21. Jahrhundert noch nicht klar erkennbar ist, ist das Problem sichtbarer denn je: Wir müssen das Spielfeld zwischen der Real- und der Finanzökonomie wieder in ein ausgewogenes Verhältnis bringen, damit die Finanzen der Realwirtschaft dienen und nicht andersherum.

Ein entstehender vierter Sektor: Sektorenübergreifende Plattform für eine kooperative Ökosystem-Wirtschaft

Jedes Beispiel für die entstehende intentionale Ökosystem-Ökonomie 4.0 wirkt aus seinem eigenen Kontext heraus und hat seinen eigenen inspirativen Herzschlag. Das sehen wir an der namibischen Gesundheitsinitiative, der 4-D-Regierung in Indonesien, dem dänischen Gesundheitsökosystem, den Bildungsreformen in Österreich, bei Natura in Brasilien, Chinas Alibaba, dem Sustainable Food Lab, BALLE, ELIAS, der Coral Triangle Initiative des WWF und den ersten Beispielen für ein transformatives Ökosystem-Bankwesen. Was haben diese Beispiele gemeinsam?

Jede Initiative wurde von einer kleinen Kerngruppe gestartet, die eine tiefe Intention teilen, eine Zukunft zu schaffen, die anders ist als die Vergangenheit. Ob an einem Küchentisch oder in einem fensterlosen Raum im Keller – sie beginnen in einem geschützten Raum, in dem inspirierte und doch ehrliche Gespräche stattfinden können – ein Schmelztiegel, in dem die ehrgeizigsten Träume und die profansten Alltagspraktiken sich treffen, verbinden, sich gegenseitig überprüfen und weiterentwickeln. Zudem teilen diese Menschen ähnliche Prozesse und Instrumente, verlassen sich auf Methoden, die großen komplexen Gruppen und Systemen erlauben, ihre institutionellen Spannungen in ein gemeinsames Bewusstsein und kooperative Erneuerung zu verwandeln.

Die hier beschriebenen Beispiele veranschaulichen eine Reihe von Prinzipien für entstehende Ökosystem-Ökonomien, die unserer Ansicht nach künftig mit größerer Intentionalität und systemweit institutionalisiert werden können. Hier ist unser erster Versuch, einige dieser entstehenden Schlüsselprinzipien in Worte zu fassen:

1) *Offenheit:* Führung verlagert sich vom Inneren der Organisation zur Umgebungssphäre.
2) *Transparenz:* Informationen sind transparent.
3) *Teilen:* Das Eigentum an Gütern ist zugänglich und intentional verteilt.
4) *Intention:* Die Organisation operiert entlang einer gemeinsamen Intention, nicht entlang von Strukturen.
5) *Schutzräume:* Co-kreative Initiativen erfordern qualitativ hochwertige Kerngruppen und Schutzräume.

6) *Gespräch:* Verlagerung des Gesprächs von den Ebenen 1 und 2 (toxisch, transaktional) zu den Ebenen 3 und 4 (dialogisch, co-kreativ).
7) *Bewusstsein:* Umschwung der primären Handlungsweise vom Egosystem- zum Ökosystem-Bewusstsein.
8) *Gemeingüter:* Ermittlung, Schutz und Pflege der Gemeingüter als Grundlage des gesamten Ökosystems.
9) *Ein spielerischer Ansatz:* Schaffung einer Kultur, die das Spielerische, eine unternehmerische Haltung und gemeinsames schöpferisches Gestalten wertschätzt.
10) *Vielfalt und Symbiose:* Diese beiden Prinzipien ermöglichen ein erfolgreiches Gedeihen von Ökosystemen.

Was wir heute beobachten, ist die Entstehung eines vierten Sektors, der sektorenübergreifende Plattformen schafft, welche die Menschen miteinander verbinden, indem sie die obigen Prinzipien verkörpern und sie im Kontext spezifischer Ökosysteme anwenden, wie zum Beispiel: Gesundheit (Namibia, Dänemark), Bildung (Österreich), nachhaltige Nahrungsmittel (Food Lab), spezifische Branchen (Natura), Kleinunternehmer (Alibaba), staatliche Stellen (China) und lokale, ortsansässige Ökonomien (BALLE).

Schlussfolgerung und praktische Übungen

In diesem Kapitel haben wir den Prozess institutioneller Inversion beschrieben. Mithilfe von Beispielen haben wir versucht zu zeigen, dass die Führungsherausforderung und die Transformation in unterschiedlichen Kontexten im Wesentlichen gleich sind: Der Weg führt von 1.0 zu 4.0 und ist ein Prozess, bei dem das soziale Feld umgekehrt wird, damit neue Eigenschaften von co-kreativen Beziehungen kultiviert werden, die das Neue entstehen lassen.

Journaling-Fragen

1) Wie können Sie Ihre Gesprächsbeziehungen von den Ebenen 1 und 2 auf die Ebenen 3 und 4 verschieben – das heißt von Downloading und Debatte zu Dialog und kollektiver Kreativität? Seien Sie konkret. Nennen Sie ein oder zwei Beispiele.

2) Betrachten Sie Abbildung 15: Wie könnten Sie und Ihre Organisation Ihre ökonomischen und finanziellen Beziehungen von den äußeren zu den inneren Sphären verschieben – das heißt von Spekulation und Konsum zu unternehmerischer Initiative und zur Pflege kreativer Gemeingüter in Ihrem gegenwärtigen Kontext und Ihrer gegenwärtigen Gemeinschaft? Nennen Sie ein oder zwei Beispiele. Wo tragen Sie zu Gemeingütern bei? Wo ergreifen oder ermöglichen Sie unternehmerische Initiativen?
3) Wie hängen die ersten beiden Fragen miteinander zusammen? Seien Sie konkret. Denken Sie im Rahmen Ihrer Beispiele darüber nach.
4) Wie können Sie Ihre eigenen Kapitalquellen weiterhin pflegen – das heißt Ihre eigenen Quellen der Kreativität?
5) Betrachten Sie Tabelle 11. Wie würde Ihr Unternehmen oder Ihre Organisation aussehen, wenn Sie sich entscheiden würden, als co-kreative Ökosystem-Unternehmung 4.0 zu arbeiten? Nutzen Sie die obige Auflistung der zehn Grundprinzipien als Anregungen, um konkrete Vorstellungen und Ideen zu entwickeln.
6) Welchen kleinen Prototyp könnten Sie entwickeln, der es Ihnen ermöglichen würde, Ihre interessanteste Idee für eine mögliche Unternehmung 4.0 zu erforschen?

Dialogkreis

Besuchen Sie die Website des Presencing Institute, wählen Sie die Tool Section, www.presencing.com/tools/u-browser, und laden Sie das Case Clinic Tool herunter. Es ist ein effektiver Prozess, der eine kleine Gruppe in siebzig Minuten durch einen äußerst co-kreativen, siebenstufigen U-basierten Prozess führt. Jede Sitzung konzentriert sich auf einen Fallgeber. Es empfiehlt sich, dass Sie mit nur einer Sitzung und einem Fallgeber beginnen und zusätzliche Sessions bei den kommenden Treffen mit Ihrer Gruppe durchführen. Genießen Sie den Prozess und berichten Sie von Ihren Erfahrungen auf der Website des Presencing Institute, das dafür einen speziellen Raum für soziales Netzwerken anbietet.

8 Blick nach vorn: Landebahnen der Zukunft

Wir leben in einem Zeitalter der Krisen und Zusammenbrüche. Ein Ziel dieses Buches war, Sie auf eine globale Reise zu inspirierenden Projekten mitzunehmen, die Antworten auf diese Umbrüche vorschlagen. Zum Abschluss möchten wir Sie einladen, die Frage zu verfolgen, wie eine Bewegung und Schritte aussehen könnten, die in Richtung einer 4.0-Gesellschaft und -Ökonomie führen, an denen jeder auf dieser Erde teilnehmen kann.

Zu Beginn dieses Buches haben wir drei Fragen gestellt:

1) Wie führen wir im Angesicht von zusammenbrechenden Systemen und *von einer im Entstehen begriffenen Zukunft her*?
2) Welcher *evolutionäre* Bezugsrahmen bietet im Hinblick auf die *Entwicklung der Ökonomie* eine Orientierung?
3) Welche *Strategien* können uns helfen, selbst als Instrument zur Veränderung des Ganzen zu agieren?

Bei der Erforschung dieser Fragen haben wir drei Ideen dargelegt. Die erste ist, dass es zwei grundsätzlich unterschiedliche Formen von Lernen gibt: das Lernen aus der Vergangenheit und *das Lernen von der entstehenden Zukunft*. Um von der entstehenden Zukunft zu lernen, müssen wir einen Lernzyklus aktivieren, der nicht nur eine Öffnung des Denkens (die Aufhebung kognitiver Grenzen), sondern auch die Öffnung des Herzens (die Aufhebung unserer Beziehungsgrenzen) und die Öffnung des Willens (die Aufhebung der Grenzen unseres kleinen Willens) umfasst. Der U-Prozess des Lernens von der entstehenden Zukunft vollzieht diese Öffnung mit den drei Phasen: »Beobachte, beobachte«, »Suche den Ort der Stille und lass das innere Wissen hochkommen« und »Greife den Funken der Zukunft und beginne sie unmittelbar im Tun zu erkunden«.

Die zweite Idee betrifft die Matrix der ökonomischen Evolution (Tab. 3). Die Matrix besagt, dass *die Evolution ökonomischer Strukturen die Evolution des menschlichen Bewusstseins verkörpert* – oder, um es präziser auszudrücken, dass sie extrem interdependent sind. Die Matrix bietet vier Grammatiken oder Paradigmen ökonomischen Denkens.

Die Entwicklung der Matrix ist durch verschiedene Zivilisationen auf verschiedenen Wegen durch die Jahrhunderte verkörpert worden. Die Bottom Line ist, dass die heutige Verwandlung ökonomischer Strukturen die Verwandlung des menschlichen Bewusstseins vom Egosystem-Bewusstsein zum Ökosystem-Bewusstsein erfordert.

Die dritte Idee ist, dass die nächste Revolution eine Strategie erfordern wird, die sich von einer Mundo- oder Systemperspektive aus auf alle acht Akupunkturpunkte fokussiert (vgl. Matrix der ökonomischen Evolution). Gleichzeitig muss die Strategie einen *Umstülpungsprozess* einbeziehen, den Institutionen und Akteure durchlaufen müssen, wenn sie den Schritt von 1.0 zu 4.0 gehen. Um diesen Umstülpungsprozess zu ermöglichen, müssen Akteure auf allen Ebenen den Strahl der Aufmerksamkeit zurück auf sich selbst und die Quellen des SELBST richten lernen. Das bedeutet, dass sich das Denken, Fühlen und Wollen (Mikro) öffnet, das Gespräch vom Downloading zum generativen Dialog verschiebt (Meso) und hierarchische Silos in Felder der kooperativen Innovation verwandelt werden (Makro).

Die Feedbackschleife von Materie und Geist schließen: Ökonomie 4.0

Was ist die Essenz dieses Entwicklungsweges, an dem wir alle teilnehmen?

Die Frage bringt uns zurück zu Master Nan in Schanghai, der von der Reintegration von Geist und Materie sprach (Kapitel 4). Sie bringt uns außerdem zurück zu einer weniger bekannten wissenschaftlichen Tradition des Westens, die darauf zielt, die Trennung von Geist und Materie in Naturwissenschaft, Sozialwissenschaft und Philosophie aufzuheben – eine intellektuelle Tradition, die unter anderem mit den Namen Varela, Husserl, Steiner und Goethe verbunden ist und sich dadurch auszeichnet, dass man den Lichtstrahl der *wissenschaftlichen Beobachtung* zurück auf die Beobachtung des Beobachtenden – zurück auf die Quelle – richtet.

Aus Systemsicht liegt die Quelle dort, wo die Feedbackschleife zwischen Geist und Materie sich individuell und kollektiv im Jetzt schließt. Wir haben das als »Annäherungs«- (Closing-in-) oder Akupunkturpunkte bezeichnet, die sich wie folgt verändern:

1) *Natur:* Schließen der Feedbackschleife von Produktion, Konsum, Wiederverwendung und Recycling (durch ein geschlossenes Kreislaufmodell).
2) *Arbeit:* Schließen der Feedbackschleife von Arbeit (Jobs) zu ARBEIT (Sinn) durch den Aufbau neuer unternehmerischer Infrastrukturen, die die tieferen Quellen empathischer unternehmerischer Aktivität aktivieren.
3) *Kapital:* Schließen der Feedbackschleife im Kapitalfluss durch die Umlenkung spekulativer Investitionen in die ökologische, soziale und kulturell-kreative Erneuerung (durch Schenkgeld und intentionales, geduldiges Kapital).
4) *Technik:* Schließen der Feedbackschleife von der Technikgenerierung zu echten gesellschaftlichen Bedürfnissen, insbesondere bei unterversorgten Märkten (durch Bedürfnis-Assessment und partizipatorische Planung).
5) *Führung:* Schließen der Feedbackschleife von Führung zur entstehenden Zukunft des Ganzen (durch Praktiken des gemeinsamen Hinspürens, Inspirierens und schöpferischen Gestaltens).
6) *Konsum:* Schließen der Feedbackschleife von ökonomischem Output zum Wohl aller (durch bewussten, kooperativen Verbrauch und neue Indikatoren wie das später in diesem Kapitel beschriebene »Bruttonationalglück«).
7) *Koordination:* Schließen der Feedbackschleife in der Ökonomie von den Teilen zum Ganzen (durch ABC, awareness-based collective action).
8) *Eigentum:* Schließen der Feedbackschleife von Eigentumsrechten zu bestem gesellschaftlichen Nutzen (durch gemeinsames Eigentum und am Allgemeinwohl orientierte Eigentumsrechte, die die Interessen künftiger Generationen schützen).

Der Weg von 1.0 zu 4.0, den wir in diesem Buch erforscht haben, ist ein Weg, Geist und Materie wieder miteinander zu verbinden, nicht nur auf individueller, sondern auch auf kollektiver Ebene in Bezug auf sämtliche der acht Akupunkturpunkte in der Matrix.

Landebahnen

In Kapitel 5 haben wir das Prinzip des Durchhaltevermögens als zwölftes Prinzip beschrieben: Gib niemals auf, gib niemals auf! Die letzten achtzehn Jahre, die wir in Boston gelebt haben, haben wir eine Intention oder einen Traum verfolgt. Nicht, dass wir viel darüber geredet hätten. Häufig fühlte er sich zu weit entfernt an – so anders als unsere gegenwärtige Realität. Doch manchmal erschien er möglich und sogar ganz nah zu sein. Als wir schließlich schon fast aufgeben wollten, bemerkten wir allmählich, dass etwas geschehen war. Wir merkten, wie die Saat der Zukunft überall um uns herum zu sprießen und die Schichten des Asphalts zu durchstoßen begann.

Bei dem einfachen Traum, den wir immer hatten, geht es um die Schaffung einer Global Awareness Action Leadership School, die Wissenschaft (die Sichtweise der 3. Person) mit sozialem Wandel (die Sichtweise der 2. Person) und die Evolution des Selbst (die Sichtweise der 1. Person) so miteinander verbindet, dass sich ein zusammenhängendes Bezugssystem von bewusstseinsbasierter Action Research ergibt.[211]

Mit anderen Worten: Wir möchten einen Schutzraum aufbauen, der den Schritt und die Transformation in Richtung einer 4.0-Wirtschaft und -Gesellschaft unterstützt und dafür Techniken und Prozesse entwickelt.

Die traditionellen Institutionen des höheren Bildungswesens stehen vor demselben Problem, vor dem die kränkelnde US-amerikanische Autobranche während der Krise von 2008 (und darüber hinaus) stand: Sie hat ein überteuertes Produkt; sie ist von den realen Bedürfnissen des Einzelnen und der Institutionen abgetrennt; sie ist unfähig, sich für die gesamte potenzielle Verbraucherbasis zu öffnen, und sie wird in wachsendem Maße irrelevant für die Auseinandersetzung mit den größten globalen Herausforderungen unserer Zeit.

In Anbetracht der sich ausweitenden Revolution der Online-Lernplattformen ist absehbar, dass das höhere Bildungswesen traditioneller Art wahrscheinlich ein Auslaufmodell ist. Um nur ein Beispiel zu nennen – das MIT, Harvard und Berkeley haben sich zusammengeschlossen, um eine Online-Lernplattform zu schaffen (edX genannt), die alle Kurse ohne oder gegen eine geringe Gebühr online anbieten wird.[212] Was heute allerdings noch niemand weiß, ist, wie das neue Modell höherer Bildung aussehen wird. Hier beginnen wir gerade jetzt mit ersten Experimenten, die sich auf die unten stehenden Kernelemente beziehen.

U.School: Studium als personale, relationale und gesellschaftliche Erneuerung

Wir wollen dieses Buch beenden, indem wir einige der Zukunftsbilder vorstellen, die wir im Laufe der Jahre mit vielen Kollegen und Freunden gemeinsam entwickelt haben. Unser Vorschlag lautet, dass man sieben Kernelemente zu einer neuen Lern- und Innovationsökologie verbindet, die Veränderungsinitiatoren aus allen Sektoren und Kulturen helfen könnte, neue Wege zu 4.0 zu bahnen. Hier die sieben Elemente, durch deren Verknüpfung eine Art Universität 4.0 entstehen könnte:

1) *Global Classroom.* Ein Ansatz, der unterschiedliche Technologien verbindet, um eine intensive, persönliche Lernbeziehung zwischen einer globalen, multilokalen Gemeinschaft von Lernenden und einer Weltklasse-Fakultät zu schaffen, indem man Live-Stream-Unterrichtssitzungen und Mini-Vorlesungen mit interaktiver praktischer Arbeit in kleinen Gruppen kombiniert. Mediengestützte soziale Gesprächsräume setzen den Klassenraumdialog zwischen den Sitzungen fort.
2) *Deep dives – Eintauchen in inspirierende lokale, regionale und globale Hotspots der Erneuerung.* Deep dives sind Vertiefungsreisen (reale, nicht virtuelle), die dem Lernenden ermöglichen, zahlreiche neue Perspektiven zu gewinnen, nachzuempfinden und sich damit zu verbinden (zum Beispiel in marginalisierten Gemeinschaften), und die den Lernenden mit einem globalen Netz inspirierender, lebendiger Beispiele in Kontakt bringen, die sich auf vielversprechende neue Weise mit kritischen Herausforderungen auseinandersetzen.
3) *Achtsamkeitsbasierte Führungstechnologien.* Die Fähigkeit, Prozesse tief greifender gesellschaftlicher Erneuerung zu fördern, gründet in achtsamer Führung und bewusstseinsbasierten Führungstechniken, die die Intelligenz von Kopf, Herz und Hand miteinander verbinden. Diese Methoden kombinieren Methoden und Prozesse des organisationalen Lernens mit partizipatorischen Innovationstechniken und mischen sie mit bewusstseinsbasierten Führungspraktiken. Die Meisterung dieser kombiniert neuen Führungstechniken wie Presencing, Hinspüren und Verwirklichen entstehender Zukunftsmöglichkeiten ist der methodische Grundpfeiler der Schule.

4) *Coaching Circles.* Eines der wichtigsten Mittel, um den Raum für tiefe Lernprozesse zu halten, ist ein Kreis von Peers und eine Praxis, die im tiefen Zuhören gründet. Ein Coachingkreis besteht normalerweise aus fünf bis sieben Teilnehmern und wendet eine Version des Case-clinic-Prozesses an, den wir am Ende von Kapitel 7 beschrieben haben. Wir haben festgestellt, dass diese Peergruppenzirkel eine erstaunliche Wirkung haben. Sie halten den Raum für die individuelle und gemeinsame Erneuerung.
5) *Action-Lernen.* Die Studierenden nehmen an gesellschaftlichen Innovationen teil, indem sie Zugang zu einer globalen Innovationsökologie haben, die sie einlädt, an der Gestaltung von Prototyplösungen mitzuwirken, die hilfreich für eine bestimmte Gemeinschaft oder Stakeholder-Konstellation sind. Diese Prototypen sind eingebettet in ein globales Netzwerk und werden unter der Anleitung von Mentoren und Veränderungsmachern erstellt, die selbst an Beispielen institutioneller Erneuerung arbeiten.
6) *Innovations-Hubs.* Innovationen passieren an realen Orten. Innovations-Hubs sind ein Prototyp für eine neue global operierende Universität der Zukunft. Während ein traditioneller Campus um Fachdisziplinen herum organisiert ist, die sich jeweils getrennt voneinander mit gesellschaftlichen Anliegen befassen, ist ein Innovations-Hub die Umkehrung dieses Prinzips. Ein Hub stellt die entstehenden Zukunftsmöglichkeiten in den Mittelpunkt und organisiert die Fachbereiche und Werkzeuge um sie herum. Innovations-Hubs schaffen einen Ort für kreative Gespräche, die anwendungszentrierte Action-Learning-Prozesse und theoretisch ausgerichtete globale Unterrichtssitzungen miteinander verknüpfen und zwischen ihnen vermitteln. Bei Innovationszentren geht es um die Integration der Intelligenz von Kopf, Herz und Hand, nicht nur für Einzelne, sondern auch für Gruppen von Innovatoren. Innovations-Hubs sehen an unterschiedlichen Orten unterschiedlich aus. Doch ihnen sind die folgenden Merkmale gemeinsam: a) ein schlichter Raum, der inspiriert; b) die aktive, kreative Atmosphäre von Künstlern, Innovatoren oder Unternehmern im Umfeld; c) die Hightechausstattung, die all diese Orte an ein funktionales, globales Netz von gemeinsamen Sensing-Praktiken anbindet;

d) die Klarheit eines gut organisierten Think-tanks; und e) die Funktionalität eines Avantgarde-Theaters. Kurz, ein Innovations-Hub hat wenig Ähnlichkeit mit einer heutigen Universität und ließe sich im Prinzip in Städten, Ökosystemen und urbanen oder ländlichen Gemeinschaften auf der ganzen Welt replizieren.

7) *Individualisierte lebenslange Lernbiografien.* Wenn das Klassenzimmer global ist, wenn das Erspüren und In-die-Welt-bringen unserer entstehenden Zukunft den realen Lehrplan darstellt und wenn die mögliche Nutzerbasis dieser Schule nicht nur zehn oder hundert oder tausend, sondern Millionen, Abermillionen oder Milliarden von Lernenden umfasst – im Grunde jeden, der sich dafür interessiert, sein unternehmerisches Potenzial zu aktivieren, zu stärken und umzusetzen –, dann lautet die Frage: Wer steuert die Komplexität eines derart distribuierten Ökosystems? Wer stellt den Lehrplan auf? Die Antwort lautet – Sie selbst.

Die heutige Bildungsstruktur bietet den Großteil der Ausbildung früh im Leben und früh in der beruflichen Laufbahn. Später, wenn das Lerninteresse und die Erfahrungsgrundlagen sich weiterentwickeln, ist der Möglichkeitsraum reduzierter. Die Chance, die Zukunft der höheren Bildung neu zu gestalten, liegt darin, sie stärker auf den individuellen Lebensweg zuzuschneiden und damit den sich entwickelnden Bedürfnissen und Zielen jedes Einzelnen anzupassen.

Während der letzten neunzehn Jahre hatten wir mit unseren Kollegen und Kolleginnen hier am Presencing Institute und am MIT die Möglichkeit, Projekte, Initiativen oder Prototypen entlang der sieben Bruchlinien in verschiedenen Sektoren oder Regionen durchzuführen. Die Aufgabe, die vor uns liegt, besteht darin, diese sieben Kernelemente gezielter und vollständiger in eine institutionsübergreifende Plattform zu integrieren: Diese Plattform sollte der nächsten Generation von Veränderungsmachern helfen, sich mit dieser Ökologie von Individuen, Institutionen und Initiativen zu verbinden, die jetzt anfangen, Wege zu einer Gesellschaft 4.0 zu bahnen.

Diese Initiativen zu integrieren, Studierende in Anwendungsprojekte zu schicken oder sie durch Onlinekurse zu schleusen schafft nicht etwas substanziell Neues. Es ist das, was die meisten Unternehmen und Institutionen heute tun – sie reagieren auf Herausforderungen, indem sie mehr vom selben tun: Sie senken Kosten und werden schlanker und smarter, aber sie erfinden sich nicht neu.

Um eine tief greifende Erneuerung wie eine Transformation hin zu einem Ökosystem 4.0 zu initiieren, bedarf es *Praxisfelder* für Lernende und Führungskräfte – das heißt schöpferische Orte, die ihnen ermöglichen, Prototypen zu neuen Prozessen, Denkweisen und neuen Formen grenzübergreifender Kooperation zu entwickeln und auszuprobieren. Was fehlt, sind Infrastrukturen, die neue Räume für tief greifende kooperative Erneuerung eröffnen. Traditionelle Bildungsinstitutionen könnten wieder gesellschaftlich relevant werden, wenn sie sich in diesen Raum hineinbewegen und sich in der Welt von 4.0 neu erfinden, einer Welt mit einer potenziellen Nutzergruppe von Milliarden von Lernenden. Zum ersten Mal in der Geschichte können Universitäten wirklich global arbeiten, doch um wieder relevant für die Gesellschaft zu werden, müssen sie gleichzeitig lokal wirken.

Stellen Sie sich vor, wie unsere Welt aussehen würde, wenn wir ein pulsierendes Netz von Orten schaffen könnten, an denen man diese lebendige Verbindung zwischen lokal und global auf kreative Weise fühlen und erleben könnte. Wo die Menschen – durch gemeinsames Erspüren – einen Zusammenhang sehen und erleben könnten, zu dem ihre Arbeit und ihre Projekte beitragen, und wo sie sich inspirieren lassen könnten. Stellen sie sich vor, wir könnten diese Orte schaffen, die allesamt auf ihre jeweils eigene Weise und in großem Maßstab die oben beschriebenen sieben Elemente integrieren und lokal-globale Gemeinschaften des praktischen Tuns, des Lernens und der Wissenserzeugung ermöglichen würden. Das Ganze kann dann in kooperativen Online-Fieldbooks resultieren, die Methoden, Prozesse oder Instrumente breit zugänglich machen.

Wir nennen diese hier dargestellte Netzwerkplattform U.School, weil Selbstreflexion eine Kernkompetenz für Führung im 21. Jahrhundert darstellt und weil die U.School als umgekehrte Pyramide organisiert ist, um einen Schutzraum für Transformationsprozesse anzubieten. Abbildung 16 zeigt, wie die Kernaktivitäten der U.School-Plattform strukturiert sein könnten.

Die Innovations-Hubs, die von Partnerinstitutionen der U.School aus allen gesellschaftlichen Bereichen gemeinsam gestaltet werden, bieten eine Infrastruktur für drei Kernaktivitäten: 1. die Einführung von projektorientierten Transformationslaboren; 2. die Wissenserzeugung, die sich aus diesen Projekten und Initiativen ergibt; 3. die Integration dieser neuen Werkzeuge in neue Lernumwelten, die auf die Entwicklung von gemeinsamen Innovationsfähigkeiten zielen. Zurzeit befinden wir uns in den Anfangsphasen des »Aussäens« von U.School-Initiativen, Labs und Programmen in Bhutan, China, Indonesien, den Philippinen, Indien, Südafrika, Ägypten, Brasilien, Europa und Nordamerika.

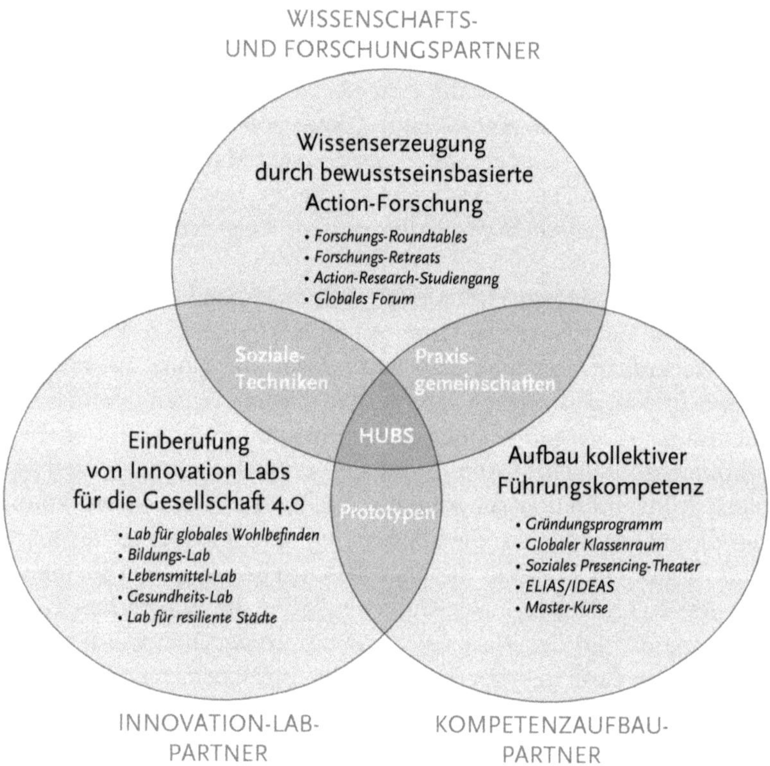

Abb. 16: U.School: Drei Kernaktivitäten

Aufbauend auf der MIT-Tradition, an Lösungen für gesellschaftliche Herausforderungen zu arbeiten, wurden am Presencing Institute und in seinem Umfeld verschiedene Elemente der U.School aufgebaut und erprobt. Es folgt eine Zusammenfassung einiger unserer ersten Ergebnisse.

Achtsamkeitsbasierte Aktionsforschung

Ergebnisse der Aktionsforschung sind u. a. in den Büchern *Presence* und *Theorie U* festgehalten, die den U-Prozess für Innovationen und Systemwandel entwickeln.[213]

Die im vorliegenden Buch vorgestellte Matrix der ökonomischen Evolution bietet einen weiteren Eckstein bewusstseinsbasierter Aktionsforschung. Das Presencing Institute arbeitet mit Creative Commons (CC), um die aus dieser Aktionsforschung entstehenden Methoden, Techniken und Prozesse für eine breite Öffentlichkeit zugänglich und nutzbar zu machen.[214]

Aufbau gemeinsamer Führungskompetenz

Am Presencing Institute und MIT haben wir mehrere Prototypen von Lernfeldern entwickelt, die viele der oben beschriebenen Prinzipien verkörpern und verbinden. Dazu gehören IDEAS China, IDEAS Indonesien, das U-Lab (alle MIT Sloan), Mel King Community Fellows (MIT CoLab), Global Classroom, das Presencing Foundation Program und das Angebot von Master-Kursen am PI, sowie ein U-LabX MOOC (Massive Open Online Course), der ab Herbst 2014 über www.edX.org kostenlos angeboten wird. Seit Anfang 2000 haben mehrere Tausend Teilnehmer weltweit diese Programme abgeschlossen.

Globales Forum

Die Global-Presencing-Foren laden Erneuerer und Veränderungsmacher aus den verschiedensten Sektoren, Systemen, Altersstufen und Kulturen ein. Die Foren werden per Live-Stream an verschiedene Orte auf der ganzen Welt übertragen. Ziel der Foren ist es, Beispiele für eine Transformation zu Ökosystem-Bewusstsein sichtbar zu machen und Projekte und Menschen miteinander zu verbinden und in ihrem Handeln zu unterstützen.

Beispiele: Spüren, was entstehen möchte

Zu den Ergebnissen unserer Aktionsforschungs-Projekte gehören verschiedene Beispiele, von denen wir einige kurz in diesem Buch beschrieben haben. Im Folgenden möchten wir zwei weitere vorstellen, die sich in einem frühen Stadium befinden. Vielleicht regen diese Projekte Sie an, über mögliche Projekte in Ihrem lokalen Kontext nachzudenken, die dazu beitragen könnten, eine Transformation zu einer Ökosystem-Ökonomie zu beschleunigen.

Eine Coop-Initiative in der Bronx

»In der Bronx«, sagt Dayna Cunningham, Leiterin des MIT CoLab, einem langjährigen Partner des PI, »sehen wir die Anfänge einer kritischen Masse, die institutionsübergreifend arbeitet und trotz sehr schwieriger Bedingungen immer wieder eine tiefere Ebene der Humanität im Feld aktiviert.«[215]

Dayna bezieht sich auf die Bronx Cooperative Development Initiative (BCDI), ins Leben gerufen von lokalen Aktivisten, die seit Langem von gescheiterten Versuchen frustriert waren, in der Bronx ökonomische Veränderungen zu initiieren. BCDI hat in den letzten zwei Jahren einen breiten Multistakeholder-Prozess in Gang gesetzt, der lokale Organisationen, Geschäfte sowie kleine und mittelständische Unternehmen, Gewerkschaften und Ankerinstitutionen der Bronx in einer umfassenden kommunalen Planungs- und Entwicklungsinitiative miteinander verbindet. Ziel ist eine gemeinsame wirtschaftliche Entwicklung, eine robustere lokale Demokratie und urbane Nachhaltigkeit.

Dayna sieht diese Anstrengungen als die Saat für etwas Neues, das durch eine neue Generation junger Menschen zu wachsen beginnt, die offener und empfänglicher auf die Möglichkeit reagieren, über ihr begrenztes Eigeninteresse hinauszusehen und etwas ins Auge zu fassen, das der ganzen Gemeinschaft dienen könnte. Auch einige größere Institutionen – Krankenhäuser, Universitäten und kulturelle Einrichtungen – beginnen zu erkennen, dass es von Vorteil für sie sein könnte, nicht isoliert von der lokalen Gemeinschaft, sondern gemeinsam mit ihr zu arbeiten. Heute unterstützen dreizehn Ankerinstitutionen die Initiative.

> »Es besteht das Bedürfnis, eine tiefere Ebene der Menschlichkeit im gesamten sozialen Feld zu aktivieren«, sagt Dayna, »und deshalb brauchen wir jetzt so etwas wie die U.School. Wir stecken mitten in einer handfesten Krise. In diesem Moment brauchen wir vor allem genügend Menschen, die das Können, das Herz und das Wissen haben, um uns dabei zu helfen, uns vom Rand des Zusammenbruchs zurückzuziehen und einen anderen Weg einzuschlagen. Bei der Arbeit für soziale Gerechtigkeit und Rassengleichheit habe ich immer wieder erlebt, dass alle Bestrebungen, eine umfassendere Humanität in soziale Systeme zu bringen, scheitern, weil es keinen Raum gibt, wo sie gehalten werden.

Die Bronx hat eine lange und reiche Geschichte, was Organisationen und Führungsförderung angeht. Viele Vertreter der jüngeren Generation sind empfänglich für das Führungskonzept des geöffneten Herzens, das PI entwickelt hat. Wir wissen, dass es tatsächlich eine Reihe von Fähigkeiten gibt, die man erlernen, unterrichten und mit anderen Menschen teilen kann; man kann sie üben, verfeinern und sich selbst zu einem Mittel des Wandels machen. Das ist eine besonders eindrucksvolle und vielversprechende Sache. Die U.School hat das Potenzial, das Unterrichten und Erlernen dieser Kompetenzen auf eine Weise zu institutionalisieren, die sie in so großem Maßstab verfügbar machen könnte, wie es unserer derzeitigen Krise angemessen ist – wie die kritische Masse von Menschen, die wir in der Bronx treffen, die bereit sind, das Terrain der sozialen Bewegungen zu verändern.«

Das Global Well-Being and Gross National Happiness Lab: Wege zu einem Bruttoglücksprodukt

»Was wir anstreben, ist eine Transformation: Wir brauchen Absolventen, die ihr volles menschliches Potenzial entfalten, die sich um andere kümmern – einschließlich anderer Spezies –, die ökologisch bewandert sind, kontemplativ ebenso wie analytisch in ihrem Verständnis der Welt, frei von Gier und ohne exzessive Bedürfnisse; sie wissen, verstehen und sind sich bewusst, dass sie nicht von der Natur und von anderen getrennt sind – alles in allem bringen sie ihre Menschlichkeit voll zum Ausdruck [...] Am Ende wird ein im Bruttonationalglück geschulter Absolvent keinen Zweifel haben, dass er nur glücklich sein kann, wenn er zum Glück anderer beiträgt.«

Lyonchen Jigme Y. Thinley, ehemaliger Premierminister von Bhutan[216]

Die Aufgabe von Ha Vinh Tho, Programmkoordinator von Bhutans Zentrum für das Bruttonationalglück (Gross National Happiness, GNH) besteht darin, diese Intention in die Tat umzusetzen. »Das obige Zitat«, sagt Tho, »fasst den Auftrag des GNH-Zentrums im Wesentlichen zusammen.« Tho, Absolvent der Presencing Global Masterclass, entwickelt dieses Beispiel einer U.School-Initiative mit einer Intention, die sie direkt mit der globalen Ökologie von gleichgesinnten Initiativen verbindet. Deshalb arbeitet Tho an einer weiteren Initiative, dem sogenannten Global Well-Being and GNH Lab.

In Zusammenarbeit mit der GIZ Global Leadership Academy, dem Deutschen Ministerium für wirtschaftliche Zusammenarbeit und Entwicklung und Bhutans GNH-Zentrum hat das Presencing Institute ein Labor gegründet, um neue Methoden der Messung und Umsetzung der Zufriedenheit und des Fortschritts in Gesellschaften auf der ganzen Welt zu erforschen. Das letztendliche Ziel des Labs ist es, lokale Prototypen wie das GNH-Zentrum in vielfältigen Kontexten und Ländern zu entwickeln und umzusetzen und dadurch die gemeinsamen Lebens- und Lernerfahrungen sichtbar zu machen.

Es ist seit vielen Jahren klar, dass man eine Alternative zum BIP braucht, um den ökonomischen Fortschritt zu messen. Mittlerweile gibt es die verschiedensten alternativen Messmethoden und Indizes. Das in Bhutan eingeführte »Bruttonationalglück« ist ein Beispiel für diese neuen Ansätze.

Der Premierminister Thinley erläutert, was genau mit »Glück« gemeint ist:

> »Wir haben das ›Glück‹ im GNH klar unterschieden von den flüchtigen, erfreulichen ›Feel good‹-Stimmungen, die so häufig mit diesem Begriff assoziiert werden. Wir wissen, dass es kein echtes anhaltendes Glück gibt, wenn andere leiden, und dass es nur daraus erwächst, dass wir anderen dienen, in Harmonie mit der Natur leben und unsere innere Weisheit und das wahre und strahlende Wesen unseren eigenen Geistes entfalten.«[217]

Das Global Well-Being and GNH Lab brachte im Januar 2013 einige der führenden Initiativen zusammen, die »über das BIP« hinausgehen. Dies sind staatliche Projekte, NGO-Projekte, akademische Initiativen, und sie stammen aus so unterschiedlichen Ländern wie Bhutan, Deutschland, Indien, den USA, Sri Lanka, China, Brasilien und Schottland. Dazu gehören z. B. das Kernteam des GNH-Zentrums in Bhutan, ein Gouverneur und eine First Lady aus den USA, die versuchen, das soziale und ökologische Wohl in ihrem Staat zu erhöhen; Veränderungsinitiatoren von Natura (Brasilien), Eileen Fisher (USA), BALLE (Nordamerika), OECD (Paris), Oxfam (Großbritannien) und SEWA, die Self Employed Women's Association in Indien, die 1,7 Millionen Mitglieder hat und sich inspiriert von Gandhis Prinzipien darum bemüht, Kompetenzen für Unternehmertum und lokale Ökonomien zu fördern.

Das Lab begann mit einer Woche in Brasilien, während der die Gruppe zu den Favelas in Rio und zu Dörfern im Regenwald des Amazonas ging. Die Teilnehmer arbeiteten in Peer-Coaching-Gruppen und trafen sich dann im April 2013 erneut zu einer einwöchigen Arbeitswoche in Bhutan. Daraus entstanden multilokale Prototyp-Initiativen in den Kontexten ihrer verschiedenen Institutionen. Das Lab wird seinen ersten Zyklus beenden, indem es auf regionalen Forum-Events in Berlin, Boston und Asien über die Ergebnisse des Prototyping berichtet.

»Der Prozess selbst fühlt sich an, als ob er ein Eigenleben und Eigenkräfte hätte«, sagt Marian Goodman, die geschäftsführende Direktorin von PI in Cape Town.

Eine Bewegung im Werden

Die Bronx Cooperative Initiative ist lokal, während das GNH-Lab global arbeitet. Doch beide sind Teil desselben Musters – sind Teil einer Öffnung, die sich jetzt um uns herum vollzieht. Was sehen *Sie* in Ihrem Kontext? Sehen Sie ebenfalls einige tiefe strukturelle Entwicklungsthemen wie in der Bronx, bei denen die Menschen anfangen, Grenzen zu überwinden, um eine Zukunft zu gestalten, die sich von der Vergangenheit unterscheidet? Sehen Sie auch neue Konstellationen von Akteuren, die zusammenkommen, wie im Global Well-Being and GNH Lab? Wo sehen Sie Beispiele wie diese in Ihrem Umfeld oder an anderen Orten?

Die in diesem Buch beschriebenen Projekte und Initiativen zielen darauf ab, Teil einer weit größeren Veränderung zu sein, die sich heute in der Welt vollzieht. Sie sind Teil einer Öffnung, die mehr und mehr Menschen bewusst macht, was für sie wirklich wichtig ist. Immer mehr Initiativen, Individuen oder Gruppen verschieben das soziale Feld von Ego zu Öko, vom Ich zum Wir. Doch dieser Bewegung fehlen unterstützende Infrastrukturen, die helfen würden, die potenzielle Macht und Wirkung dieser Arbeit aufzubauen. Das genau ist der Beitrag, den die U.School leisten kann.

Schlussfolgerung und praktische Übungen

Dieses Buch beschreibt Beispiele für das Enden einer Organisationslogik und Gesellschaftsform und die Geburt einer anderen. In unseren Institutionen, Ökonomien, Netzwerken, Gemeinschaften und persönlichen Situationen erleben wir beide Seiten dieses Übergangs von Sterben und Werden aus erster Hand. An jedem einzelnen Tag erleben und durchleben wir eine Art von Tod und Werden – insbesondere auf kollektiver Ebene.

Das bringt uns zurück zu der dritten Frage. Welche Strategien können dazu beitragen, dass wir als Instrument für eine im Entstehen begriffene Zukunft wirken?

Wir wissen, dass wir

1) *den Lichtstrahl der Aufmerksamkeit* zurück auf ihre Quelle lenken müssen, um als Individuen, Gruppen und Organisationen kreative Beziehungen zu pflegen und die Bewegung der institutionellen Inversion zu fördern;
2) *uns auf alle Akupunkturpunkte konzentrieren müssen,* um die ökonomische und gesellschaftliche Logik, die unserem Handeln zugrunde liegt, zu 4.0 zu verschieben;
3) *das globale Feld des unternehmerischen Tuns verschieben müssen,* indem wir ein multiregionales Netzwerk von schöpferischen Orten und »Innovationszentren« schaffen, die die nächste Generation von Unternehmern dabei unterstützt, die Fähigkeit zum Aufbau intentionaler Ökonomien zu entwickeln, und zwar in einem Maßstab, der den Anforderungen unserer Zeit entspricht (U.School).

Indem wir uns auf diese Hebelpunkte konzentrieren, treten wir in einen neuen Raum ein – einen Raum, der durch unterschiedliche historische Strömungen, die zusammenfließen, geformt wird. Es gibt drei Strömungen oder Bewegungen, die heute zusammenkommen:

- *die globale Zivilgesellschaft,* in der Tradition von Mandela, Gandhi und Martin Luther King;
- *die Aktionswissenschaft,* wie sie von Kurt Lewin und Ed Schein vertreten wird; und
- *Achtsamkeit und Bewusstheit,* die dem Wesen aller tieferen Wissenstraditionen innewohnen, wie durch das Gespräch mit Master Nan und Francisco Varela (Kapitel 4) veranschaulicht und erläutert wurde.

Wie können wir uns der Situation gewachsen zeigen? Wie können wir den Herausforderungen unserer Zeit auf der Ebene begegnen, die dafür notwendig ist? Indem wir diese drei Strömungen zusammenführen. Und indem wir sie in den Dienst der Transformation und Umstülpung aller Schlüsselinstitutionen in Wirtschaft, Regierung und Bildung stellen. Diese Entwicklung nimmt gerade ihren Anfang.

Wie Peter Senge es am Ende unseres Berlin-Forums im Jahr 2012 formulierte: »Offensichtlich waren viele daran beteiligt, diese bemerkenswerten Errungenschaften Wirklichkeit werden zu lassen, doch ohne die Vision und das Engagement [dieser Gemeinschaft], wären diese vielen Ströme nie zu dem Fluss zusammengeflossen, den wir heute alle sehen.«

Es fühlt sich an, als ob wir alle einen langen Weg gegangen wären, um den gegenwärtigen Ort des Möglichen zu erreichen. Die Tür scheint weit offen zu stehen. Jetzt ist es an uns – an *uns* und an *Ihnen* –, die Schwelle von unserem gegenwärtigen zu unserem höheren Selbst, von Ego zu Öko, zu überschreiten, damit sich diese Strömung mit dem größeren Fluss verbindet – jeden Tag, jeden Augenblick, immer wacher, intentionaler und gemeinschaftlicher.

Journaling-Fragen

Was sehen Sie, wenn *Sie* sich umschauen? Was ist die Saat der Zukunft oder der Keim, den Sie in Ihrem Feld entdecken? Denken Sie in Ruhe über die folgenden zwölf Fragen nach. Nehmen Sie sich etwas Zeit und schreiben Sie zu jeder Frage etwa eine Minute lang auf, was Ihnen dazu einfällt.

1) Was fühlen Sie in sich selbst, das sich verwandeln möchte?
2) Was möchten Sie lebendig werden lassen?
3) Was müssen Sie loslassen?
4) Was war Ihre wichtigste Erkenntnis bei der Lektüre dieses Buches?
5) Was war Ihre wichtigste Erkenntnis über sich selbst bei der Lektüre dieses Buches?
6) Was hat Sie beim Lesen dieses Buches berührt und warum?
7) Welche kostbare Zukunftssaat (Intention) ist Ihnen bei der Lektüre dieses Buches bewusst geworden?
8) Wie könnten Sie Menschen aus verschiedenen Systemen zusammenbringen, um etwas Inspirierendes, Lustiges und Bedeutungsvolles zu tun – Ihre Version eines Bruttonationalglück- oder Gesellschaft-4.0-Laboratoriums?
9) Wer gehört zu Ihrem Coachingkreis – Ihrem Kreis von fünf oder sieben Personen?
10) Welche Praktiken (Momente der Stille) nutzen Sie, um sich mit der Quelle zu verbinden?
11) Wie bringen Sie Schönheit und Wahrheit in Ihrem Leben und Ihrer Arbeit ins Gleichgewicht?

12) Was sind Ihre wichtigsten nächsten Schritte? Ihre Handlungsmöglichkeiten für die nächsten drei Tage?

Dialogkreis

Reflektieren Sie mit anderen Menschen in Ihrem Kreis über die folgenden Punkte:

1) Jeder berichtet, wo er eine Öffnung zu einer zukünftigen Möglichkeit spürt.
2) Jeder erzählt von einer Beobachtung seiner eigenen Erfahrung im Laufe der letzten drei Wochen (Öffnung von Denken, Fühlen oder Wollen).
3) Sprechen Sie über Ihre Beobachtungen im Hinblick auf einen Gesprächsumschwung, den Sie möglicherweise in Ihrer Gruppe bemerkt haben.
4) Tauschen Sie sich darüber aus, wie all diese Beobachtungen mit der institutionellen Inversion in Ihrem Umfeld zusammenhängen.
5) Welche Initiative könnte, wenn man sie gemeinsam in Gang setzen würde, dazu beitragen, das Feld Ihres Systems zu 4.0 zu verschieben?
6) Wer müsste involviert werden, damit das funktioniert?
7) Besprechen und beschließen Sie Ihre nächsten Schritte.

Nutzen Sie die Website www.presencing.com als Ressource, um sich Werkzeuge zu beschaffen, tauschen Sie Erfahrungen und Beispiele aus und verbinden Sie sich mit einer globalen Gemeinschaft von anderen Kreisen, die sich dem »Fluss anschließen«. Besuchen Sie eines der bevorstehenden Forum-Events direkt über freies Live-Streaming oder vor Ort, damit wir uns online oder direkt verbinden können. Trauen Sie Ihrem guten Gefühl ...

Danksagung

Dieses Buch ist aus einem ganzen Netz von kooperativen Beziehungen und Initiativen mit unseren Partnern und Partnerinnen in Nicht-Regierungsorganisationen, Unternehmen und Regierungsstellen entstanden. Wir möchten allen danken, die an diesen Initiativen beteiligt waren. Danken möchten wir auch unseren Kollegen, Kolleginnen und Studierenden am Presencing Institute (PI) für viele anregende Diskussionen und Denkanstöße.

Wir danken Steve Piersanti von Berrett-Koehler, der uns auf hilfreiche Weise unterstützt und auch herausgefordert hat.

Dank auch an all die Interviewpartner und Kollegen aus unserem Dialogue-on-Leadership-Projekt, insbesondere an Brian Arthur, Eleanor Rosch, den verstorbenen Master Huai-Chin Nan und den verstorbenen Francisco Varela. Wir danken Joseph Jaworski, der gemeinsam mit uns das Dialogue-on-Leadership-Projekt gestaltet und unser Verständnis für das Sensing und das In-die-Welt-bringen der entstehenden Zukunft vertieft hat.

Ein herzliches Dankeschön auch an unseren guten Freund Gregor Barnum, der viel zu früh von uns gegangen ist und ungeheuer viel zu der Reise beigetragen hat, die – unter anderem – zu diesem Buch führte.

Wir danken unserer engen Freundin und Kollegin Dayna Cunningham, die uns unglaublich inspiriert und motiviert hat. Deine unermüdliche Arbeit für eine gerechte, resiliente und faire Gesellschaft ist ein leuchtendes Beispiel.

Danke auch an Phil Thompson. Deine Arbeit und das PhD-Seminar über die Transformation des Kapitalismus, das du initiiert und gemeinsam mit uns 2012 am MIT Department for Urban Studies unterrichtet hast, sind eine laufende Quelle der Inspiration.

Ein Dankeschön auch an unsere Kollegen und Kolleginnen an der MIT Sloan School of Management: Deborah Ancona, Rick Locke, Simon Johnson, Wanda Orlikowski, Tom Malone, John Sterman, John Van Maanen und Ed Schein. Ferner an Sandy Pentland, MIT Media Lab, an unsere Kollegen und Kolleginnen Rebecca Henderson an der Harvard Business School, Marshall Ganz an der Kennedy School und Robert Kegan an der Harvard Graduate School of Education und an Colette Boudreau am MIT Leadership Center.

Wir danken allen Teilnehmern und Teilnehmerinnen des Presencing-in-Action-Masterkurses, die durch ihre Arbeit, ihre Lernprozesse und ihr Feedback zu frühen Ideen für dieses Buch beigetragen haben. Ein spezieller Dank an Yishai Yuval, Gail Jacob und Antoinette Klatzky.

Danke auch an die Kerngruppe des Presencing Institute – Veränderungsmacher und Veränderungsmacherinnen, die sich bemühen, eine Welt tiefer Beziehungen zu schaffen, die jedem Menschen erlaubt, aus einem Ökosystem-Bewusstsein heraus zu handeln: Marian Goodman, Arawana Hayashi, Beth Jandernoa, Dayna Cunningham, Ben Chan, Frans Ade Nugraha Sugiarta, Ilma Pose, Jim Marden, Julia Kim, Kelvy Bird, Martin Kalungug-Banda, Reola Phelps, Tho Ha Vinh und Ursula Versteegen.

Ein Extra-Dankeschön an Marian Goodman und Beth Jandernoa: Durch ihre heitere Gelassenheit und ihre meisterhafte Beherrschung von Methoden, die Veränderungsprozesse fördern, haben sie viele von uns inspiriert und klarer erkennen lassen, wie man die Anwendung von Presencing-basierten sozialen Techniken kultivieren und weiterentwickeln kann. Besonderer Dank auch an Arawana Hayashi, die die gemeinsame Gestaltung des Sozialen Presencing-Theaters am PI geleitet hat. Ein großes Dankeschön an Kelvy Bird für ihre Arbeit mit der globalen PI-Community.

Dank an unsere guten Freunde Peter Senge, Arthur Zajonc und Jon Kabat-Zinn, die seit vielen Zyklen Mentoren, Kollegen und Weggefährten auf unserer Reise zu einer Verbindung von Wissenschaft, Bewusstseinsveränderung und sozialem Wandel sind.

Wir danken den Stiftungen, die das Presencing Institute in den letzten Jahren finanziell unterstützt haben: der Nathan Cummings Foundation, der 1440 Foundation, der DOEN Foundation und der Kalliopeia Foundation.

Dank an Erica Dhawan und Elizabeth Hoffecker Moreno für ihre frühen Forschungsbeiträge zu diesem Buch. Dank an Karen Speerstra, die uns beim Schlussteil des Buches geholfen hat. Danke an Peter Teague, der mit uns gemeinsam Round-Table-Dialoge gestaltet hat, die dieses Buch inspiriert haben.

Janice Spadafore: Ohne dich hätte keines der Projekte in diesem Buch stattgefunden, und das Buch wäre nie geschrieben worden. Wir danken dir aus tiefstem Herzen!

Und ein großes Dankeschön an Adam Yukelson, dem ersten PhD-Studenten der Action Research am PI: Es hat viel Spaß gemacht, die Abschlussphase des Buches gemeinsam zu gestalten. Danke für deine enorme Energie, Konzentration und Klugheit.

Und schließlich ein großes Dankeschön an Janet Mowery, die jede Seite dieses Buches von seiner ersten bis zu seiner letzten Version redigiert hat und eine Engelsgeduld mit unseren überzogenen Deadlines und hektischen Aktivitätsausbrüchen an der Ziellinie hatte.

C. Otto Scharmer & Katrin Käufer
Cambridge, Massachusetts, März 2014

Anmerkungen

1 Nicholas D. Kristof (2011): Equality, a True Soul Food Opinion. *New York Times*, 1. 1. 2011. Verfügbar unter: www.nytimes.com/2011/01/02/opinion/02kristof.html?_r [21. 2. 2014].

2 Etienne G. Krug et al. (2002): World Report on Violence and Health. Genf (Weltgesundheitsorganisation), p. 185.

3 Lawrence J. Lau (2012): What the World Needs Is Financial Stability. (Unveröffentlichtes Manuskript). Lau ist Ralph and Claire Landau Professor of Economics, Chinese University of Hong Kong; Kwoh-Tin Li Professor in Economic Development Emeritus, Stanford University; und Chairman, CIC International (Hong Kong) Co., Limited.

4 James B. Davies et al. (2007): Estimating the Level and Distribution of Global Household Wealth. United Nations University, World Institute for Development Economics Research, research paper no. 2007/77, p. 26. Verfügbar unter: http://www.wider.unu.edu/publications/working-papers/research-papers/2007/en_GB/rp2007-77 [24. 2. 2014].

5 C. O. Scharmer (2009): Theory U: Leading from the Future as It Emerges. San Francisco (Berret-Koehler), p. 59. [dt. (2013): Theorie U – Von der Zukunft her führen. Presencing als soziale Technik. Heidelberg (Carl-Auer-Systeme), 3. Aufl.]

6 Dabei handelt es sich um: Bank of America, Citigroup, Goldman Sachs, JPMorgan Chase, Morgan Stanley und Wells Fargo.

7 Simon Johnson (2011): The Financial Stability Oversight Council Defers to Big Banks. *Baseline Scenario*, 20. 1. 2011. Verfügbar unter: http://baselinescenario.com/2011/01/20/the-financial-stability-oversight-council-defers-to-big-banks/ [21. 2. 2014].

8 Matt Taibbi (2010): Obama's Big Sellout, 15. 1. 2010, Video, *Rolling Stone*, www.totalnoid.com/2009/12/14/rolling-stones-matt-taibbi-obamas-big-sellout/ [8. 12. 2012]; und Simon Johnson a. James Kwak (2010): 13 Bankers: The Wall Street Take-Over and the Next Financial Melt-Down. New York (Pantheon Books), p. 95, 185.

9 Mancur Olson (1968): Die Logik des kollektiven Handelns: Kollektivgüter und die Theorie der Gruppe. Tübingen (Mohr).

10 Der von Peter Senge geprägte Begriff »mentale Modelle« wurde eingeführt in Peter Senge et al. (2011): Die fünfte Disziplin. Kunst und Praxis der lernenden Organisation. Stuttgart (Schäffer-Poeschel), 11. Aufl.

11 Dieses Zitat wird im Allgemeinen Albert Einstein zugeschrieben, aber wir haben keine Quelle gefunden, die dies belegt.

12 Garrett Hardin (1968): The Tragedy of the Commons, *Science* 162, no. 3859: 1243–48.

13 Wolfgang Münchau (2011): Peer Steinbrücks größte Fehleinschätzung. Kolumne. *Der Spiegel*, 3. 10. 2011. Verfügbar unter: www.spiegel.de/wirt-

schaft/wolfgang-muenchau-peer-steinbrueck-und-seine-groesste-fehleinschaetzung-a-859295.html [21. 2. 2014].

14 Reuters (2008): Euro-Gipfel beschließt Krisenhilfe für Banken. *Der Spiegel*, 12. 10. 2008. Verfügbar unter: www.spiegel.de/wirtschaft/einigung-in-paris-euro-gipfel-beschliesst-krisenhilfe-fuer-banken-a-583684.html [21. 2. 2014].

15 Eleanor Rosch (1999): Primary Knowing: When Perception Happens from the Whole Field. Interview vom 15. 10. 1999, Berkeley, Kalifornien. Verfügbar unter: www.presencing.com/presencing/dol/Rosch-1999.shtml#four [21. 2. 2014].

16 Donella H. Meadows et al. (1972): Die Grenzen des Wachstums. Stuttgart (Deutsche Verlags-Anstalt).

17 Wie erwähnt wurden die meisten Interviews von Otto Scharmer durchgeführt, viele davon gemeinsam mit seinem Kollegen Joseph Jaworski. Siehe auch www.presencing.com/presencing/dol [21. 2. 2014].

18 Vgl. Peter Senge et al. (2004): Presence: Human Purpose and the Field of the Future. Cambridge, MA (Society for Organizational Learning); Scharmer: Theory U.

19 Scharmer: Theory U.

20 Vgl. www.democracynow.org/2012/9/12/500_days_author_kurt_eichenwalds_new [21. 2. 2014].

21 Matthäus 19:23–24.

22 Der Begriff Umstülpung (bzw. Inversion) bezeichnet einen tiefen Öffnungsprozess, bei dem ein sozialer Bereich vollständig umgekrempelt wird und sich das Innere nach außen und das Äußere nach innen verschiebt; die Dinge werden sozusagen auf den Kopf gestellt. Vgl. dazu auch Kapitel 5.

23 BBC News (2008): IMF in »Global« Meltdown Warning. Business, 11. 10. 2008. Verfügbar unter: http://news.bbc.co.uk/2/hi/7665515.stm [21. 2. 2014].

24 Sie können es sich ansehen auf: www.youtube.com/watch?v=SgjIgMdsEuk. [21. 2. 2014].

25 World News, 6. 12. 2012. Verfügbar unter: http://news.linktv.org/videos/hero-of-egyptian-revolution-holds-teach-in-for-occupy-wall-street-protestors [21. 2. 2014].

26 Democracy Now! (2011): Asmaa Mahfouz & the YouTube Video That Helped Spark the Egyptian Uprising. 8. 2. 2011. Verfügbar unter: www.democracynow.org/2011/2/8/asmaa_mahfouz_the_youtube_video_that [21. 2. 2014].

27 Paul O. Hawken (2007): Blessed Unrest: How the Largest Movement in the World Came into Being and Why No One Saw it Coming. New York (Viking), p. 4. [dt. (2010): Wir sind der Wandel: Warum die Rettung der Erde bereits voll in Gang ist – und kaum einer es bemerkt. Emmendingen (Nietsch).]

28 Simon Johnson (2009): The Quiet Coup. *Atlantic*, Mai 2009. Verfügbar unter: www.theatlantic.com/doc/200905/imf-advice [21. 2. 2014].

29 Johan Galtung (1996): Peace by Peaceful Means: Peace and Conflict, Development and Civilization. Thousand Oaks, CA (Sage), p. 197. [dt. (2007): Frieden mit friedlichen Mitteln. Münster (Agenda), 2. Aufl.]
30 Thomas Johnson (2006): The Battle of Chernobyl [DVD]. Brooklyn, NY (First Run/Icarus Films).
31 Ibid.
32 Chernobyl Forum 2003–2005: Chernobyl's Legacy: Health, Environmental and Socio-Economic Impacts, and Recommendations to the Governments of Belarus, The Russian Federation and Ukraine, 2nd rev. ed. Verfügbar unter: www.iaea.org/Publications/Booklets/Chernobyl/chernobyl.pdf [21. 2. 2014].
33 Johnson: The Battle of Chernobyl, 1: 26.
34 Im Januar 1986 schlug Gorbatschow die Abschaffung der nuklearen Mittelstreckenraketen in Europa vor und regte einen Drei-Stufen-Plan für den Abbau aller Atomwaffen bis zum Jahr 2000 an, was häufig als der »Januar-Vorschlag« bezeichnet wird. Am 28. Juli 1986 startete er außerdem den Prozess des Truppenabzugs aus Afghanistan und der Mongolei. Am 11. Oktober desselben Jahres trafen sich Gorbatschow und Ronald Reagan im Gästehaus Höfði in Reykjavik, Island, um über die Reduzierung nuklearer Mittelstreckenraketen in Europa zu sprechen. Zur großen Überraschung ihrer politischen Berater einigten die beiden sich im Prinzip darauf, ihre nuklearen Mittelstreckensysteme aus Europa abzuziehen und sich weltweit jeweils auf 100 INF-Raketen zu beschränken. Außerdem kamen sie im Prinzip überein, alle Atomwaffen bereits in zehn Jahren (bis 1996) abzuschaffen, anstatt bis zum Jahr 2000, wie Gorbatschow ursprünglich vorgeschlagen hatte. 1987 kulminierte dies in der Unterzeichnung des INF-Vertrages (Intermediate-Range Nuclear Forces Treaty).
35 www.abc.net.au/news/20110-82-5/three-planets-resources-population/2854812 [21. 2. 2014].
36 United Nations Environment Programme (UNEP): At a Glance: Millennium Issues. Verfügbar unter: www.unep.org/ourplanet/imgversn/111/glance.html [9. 12. 2012].
37 L. R. Oldeman (2000): Impact of Soil Degradation: A Global Scenario. International Soil Reference and Information Centre, working paper no 2000/01, p. 2. Verfügbar unter: www.isric.org/isric/webdocs/docs/ISRIC_Report_2000_01.pdf [21. 2. 2014].
38 David Pimentel (2006): Soil Erosion: A Food and Environmental Threat. *Environment, Development, and Sustainability* 8, No. 1: 119–37.
39 UNEP: At a Glance: Millennium Issues: Food and Agriculture Organization of the United Nations (FAO), Land Degradation Assessment. Verfügbar unter: www.fao.org/nr/land/degradation/en/ [21. 2. 2014].
40 Intergovernmental Panel on Climate Change (IPCC) (2007): Working Group I: The Physica Science Basis, IPCC Fourth Assessment Report: Climate Change 2007. Verfügbar unter: www.ipcc.ch/publications_and_data/ar4/wg1/en/spmsspm-direct-observations.html [21. 2. 2014].

41 World Bank (2012): New Report Examines Risks of 4 Degree Hotter World by End of Century, 18. 11. 2012. Verfügbar unter: www.worldbank.org/en/news/2012/11/18/new-report-examines-risks-of-degree-hotter-world-by-end-of-century [21. 2. 2014].

42 Millennium Eco-System Assessment (2005): Eco-Systems and Human Well-Being: Synthesis. Washington, DC (Island Press), p. 1. Verfügbar unter: www.millenniumassessment.org/documents/document.356.aspx.pdf [21. 2. 2014].

43 Achim Steiner (2010): Rehabilitating Nature-Based Assets Generates Jobs, Wealth and Restoration of Multi-Trillion Dollar Services. UNEP, press release, 3. 6. 2010. Verfügbar unter: www.unep.org/Documents.Multilingual/Default.asp?DocumentID=628&ArticleID=6596&l=en [24. 2. 2014].

44 Die reichsten ein Prozent der erwachsenen Weltbevölkerung haben ein Einkommen von mehr als 500 000 US-Dollar; Davies et al.: Estimating the Level and Distribution of Global Household Wealth.

45 Branko Milanovic (2006): Global Income Inequality: What It Is and Why It Matters. UN Department of Economic and Social Affairs, working paper no. 26, p. 9. Verfügbar unter: www.wds.worldbank.org/servlet/WDSContentServer/WDSP/IB/2006/03/02/000016406_20060302153355/Rendered/PDF/wps3865.pdf [9. 12. 2012].

46 FAO (2012): The State of Food Security in the World, Executive Summary, p. 2. Rome, Italy. Verfügbar unter: www.fao.org/hunger/en/ [24. 2. 2014].

47 World Bank (2012): World Bank Sees Progress against Extreme Poverty, but Flags Vulnerabilities. press release no. 2012/297/DEC, Washington, DC. Verfügbar unter: http://web.worldbank.org/WBSITE/EXTERNAL/NEWS/0,,contentMDK:23130032~pagePK:64257043~piPK:437376~theSitePK:4607,00.html [24. 2. 2014].

48 Navteij Dhillon a. Tarik Yousef (eds.) (2009): Generation in Waiting: The Unfulfilled Promise of Young People in the Middle East. Washington, DC (Brookings Institution); Michael Kumhof a. Romain Ranciere (2010): Inequality, Leverage and Crises. International Monetary Fund (IMF), working paper no. 10/268. Verfügbar unter: www.imf.org/external/pubs/ft/2010/wp10268.pdf [27. 2. 2013], und Isabel Ortiz a. Matthew Cummins (2011): Global Inequality: Beyond the Bottom Billion: A Rapid Review of Income Distribution in 141 Countries. UNICEF Social and Economic Policy, working paper (April 2011). Verfügbar unter: www.networkideas.org/featart/apr2011/Ortiz_Cummins.pdf [24. 2. 2014].

49 International Labour Organization (ILO) (2008): World of Work Report 2008 – Global Income Inequality Gap Is Vast and Growing. Press release, 16. 10. 2008. Verfügbar unter: www.ilo.org/global/about-the-ilo/newsroom/news/WCMS_099406/lang--en/index.htm [24. 2. 2014].

50 Die Einkommensungleichheit hat seit den 1990er-Jahren insbesondere in den folgenden Ländern zugenommen: China, Indien und englischsprachigen Ländern wie Großbritannien, Australien, USA und – in geringerem Ausmaß – Kanada. Vgl. Anthony B. Atkinson et al. (2011): Top Incomes in the Long Run of History. *Journal of Economic Literature* 49, no. 1: 3.

51 The National Institute of Mental Health's Epidemiological Catchment Area untersuchte eine »große und repräsentative Stichprobe von Ansteckungsgebieten in den USA und Kanada« und stellte fest, dass Menschen, die um 1910 herum geboren wurden, ein wesentlich geringeres Risiko hatten, in ihrem Leben eine »Episode schwerer Depression« zu durchlaufen, als Leute, die nach 1960 geboren wurden. Zudem zeigte die Studie, dass »jede nachfolgende Personengruppe in jedem Gebiet eine höhere Depressionsrate hatte als vorangehende Personengruppen. Die enormen Unterschiede in den Depressionsraten bei den Personengruppen deuten darauf hin, dass sich das Depressionsrisiko über die Generationen etwa verzehnfacht hat.« Siehe Ed Diener a. Martin E. P. Seligman (2004): Beyond Money: Toward an Economy of Well-Being. *Psychological Science in the Public Interest* 5, no. 1: 16.
52 www.who.int/mental_health/prevention/suicide/suicideprevent/en/ [24. 2. 2014].
53 Barry Schwartz (2004): The Paradox of Choice. New York (HarperCollins), p. 209. [dt. (2011): Anleitung zur Unzufriedenheit. Warum weniger glücklich macht. Berlin (Ullstein), 3. Aufl.]
54 www.who.int/mental_health/prevention/suicide/suicideprevent/en/ [24. 2. 2014].
55 Vandana Shiva (2006): Erd-Demokratie: Alternativen zur neoliberalen Globalisierung. Zürich (Rotpunkt).
56 Lau: What the World Needs Is Financial Stability.
57 Vgl. die Beschreibung der Archetypen in Senge et al.: Presence; und Senge et al.: Die fünfte Disziplin.
58 Richard Wilkinson a. Kate Pickett (2009): The Spirit Level: Why Equality Is Better for Everyone. New York (Penguin), p. 7. [dt. (2012): Gleichheit ist Glück: Warum gerechte Gesellschaften für alle besser sind. Berlin (Tolkemitt).]
59 Quelle: United Nations Development Program (2006): Human Development Report. New York (Oxford University Press).
60 Quelle: Richard Wilkinson a. Kate Pickett (2009): The Spirit Level: Why Equality Is Better for Everyone. New York (Penguin), p. 20.
61 Joseph Stiglitz (2012): The Price of Inequality: How Today's Divided Society Endangers Our Future. New York (Norton), p. 8. [dt. (2012): Der Preis der Ungleichheit: Wie die Spaltung der Gesellschaft unsere Zukunft bedroht. München (Siedler).]
62 Ibid., p. 17.
63 Quelle: Global Footprint Network a. WWF (2012): Living Planet Report 2012. Gland, Schweiz (WWF), p. 60.
64 Arnold J. Toynbee (2010): Der Gang der Weltgeschichte. Frankfurt a. M. (Zweitausendeins [u. a.]).
65 Diese Idee verdanken wir Johan Galtung.
66 Thomas L. Friedman (2013): The Virtual Middle Class Rises. *New York Times*, 2. 2. 2013. Verfügbar unter: www.nytimes.com/2013/02/03/opinion/sunday/friedman-the-virtual-middle-class-rises.html?ref=thomaslfriedman [24. 2. 2014].

67 Karl Polanyi (2002): Chronik der großen Transformation. Marburg (Metropolis).
68 Paul J. Crutzen et al. (2008): N2O Release from Agro-Biofuel Production Negates Global Warming Reduction by Replacing Fossil Fuels. *Atmospheric Chemistry and Physics* 8: 389–95.
69 Adam Smith (1976): An Inquiry into the Nature and Causes of the Wealth of Nations. Chicago (University of Chicago Press), p. 18.
70 Ernst Haeckel (1866): Generelle Morphologie der Organismen. Allgemeine Grundzüge der organischen Formen-Wissenschaft, mechanisch begründet durch die von Charles Darwin reformirte Descendenz-Theorie, Band 2. Berlin (Reimer), S. 286.
71 Präsentation von Johan Galtung im Herbst 1989 an der Universität Witten/Herdecke, Deutschland, persönliche Aufzeichnungen.
72 Johnson: The Quiet Coup.
73 Johnson a. Kwak: 13 Bankers, p. 10.
74 Simon Johnson (2011): Tunnel Vision, or Worse, from Banking Regulators. *New York Times,* Economix, 20. 1. 2011. Verfügbar unter: http://economix.blogs.nytimes.com/2011/01/20/tunnel-vision-or-worse-from-banking-regulators/ [24. 2. 2014].
75 Der Westen ignoriert außerdem weiterhin indigene Quellen der Weisheit und verstärkt »Attentional violence« durch kulturelle Respektlosigkeit. *Attentional violence (*aufmerksamkeitsverwandte Gewalt oder Gewalt im Kontext der Nichtbeachtung notwendiger Aufmerksamkeitsgebung*)* bezieht sich auf den Schaden, der angerichtet wird, wenn das persönliche Potenzial und Zukunftsmöglichkeiten ignoriert oder nicht gesehen werden. Diese Form der Gewalt kann noch heimtückischer sein als körperliche, strukturelle und kulturelle Gewalt. Otto Scharmer (2009): Attentional Violence. Blog entry, 24. 8. 2009. Verfügbar unter: www.blog.ottoscharmer.com/?p=18 [24. 2. 2014].
76 Max Weber (1993): Die protestantische Ethik und der »Geist« des Kapitalismus. Bodenheim (Athenäum), S. 153.
77 Juliet B. Schor (2010): Plenitude: The New Economics of True Wealth. New York (Penguin), p. 43.
78 UN News Center (2010): Restoring Damaged Eco-Systems Can Generate Wealth and Employment— UN Report, 3. 6. 2010. Verfügbar unter: www.un.org/apps/news/story.asp?NewsID=34906 [24. 2. 2014].
79 Eine bemerkenswerte Ausnahme ist die ökonomische Denkschule der Physiokraten; diese Denkströmung begann allerdings in der vorindustriellen Ära.
80 Einige bedeutende Ausnahmen bestätigen die Regel. Vgl. Polanyi: Chronik der großen Transformation.
81 Janine Benyus (2009): Biomimicry: Innovation Inspired by Nature. New York (HarperCollins); Fritjof Capra (2002): Verborgene Zusammenhänge. Bern u. a. (Scherz); und Karl-Henrik Robert (2008): The Natural Step Story: Seeding a Quiet Revolution. Gabriola Island, BC (New Society).

82 Ernst Ulrich von Weizsäcker et al. (2010): Faktor Fünf: Die Formel für nachhaltiges Wachstum. München (Droemer).
83 William McDonough u. Michael Braungart (2011): Einfach intelligent produzieren. Berlin (Berlin Verlag), 6. Aufl.
84 Vgl. Bill McKibben (2008): Deep Economy: The Wealth of Communities and the Durable Future. New York (St. Martin's Griffin).
85 Siehe www.dannwisch.de/ [24. 2. 2014].
86 Polanyi: Chronik der großen Transformation.
87 ILO: World of Work Report 2008 – Global Income Inequality Gap Is Vast and Growing. Siehe auch World Bank (2013): Jobs Are a Cornerstone of Development, Says World Development Report 2013. press release, 1. 10. 2012. Verfügbar unter: www.worldbank.org/en/news/2012/10/01/jobs-cornerstone-development-says-world-development-report [24. 2. 2014].
88 Daniel H. Pink (2010): Drive: Was Sie wirklich motiviert. Salzburg (Ecowin).
89 Steve Jobs, Apple-Gründer und verstorbener CEO, Commencement Speech, Stanford University 2005. Verfügbar unter: www.youtube.com/watch?v=D1R-jKKp3NA [24. 2. 2014].
90 Gemeinschaften in Vermont arbeiteten mit einer derartigen gemeinsamen Vernetzung nach der Flut von 2011. Siehe Nina Keck (2011): Neighbors Help Each Other Deal with Vermont's Flood. NPR, 14. 9. 2011. Verfügbar unter: www.npr.org/2011/09/14/140458332/neighbors-help-each-other-get-past-vermont-flood-waters [24. 2. 2014].
91 Siehe www.bignam.org/BIG_pilot.html [24. 2. 2014].
92 Ibid.
93 Eine frühere Verwendung des Begriffs bezog sich auf die Köpfe der Tiere in einer Herde. Im Mittelalter fand der Begriff *Kapital* Eingang in das Vokabular der Wirtschaft, als er in *Summa capitalis* für die Summe einer geschäftlichen Berechnung verwendet wurde.
94 Larry Neal (1990): The Rise of Financial Capitalism: International Capital Markets in the Age of Reason: Studies in Monetary and Financial History. Cambridge (Cambridge University Press).
95 Stiglitz: The Price of Inequality, p. 61.
96 Diana Farrell et al. (2007): Mapping Global Capital Markets. Fourth Annual Report, McKinsey Global Institute, January 2008, 7.
97 Robert Kimmitt (2008): Public Footprints in Private Markets. *Foreign Affairs* 87, no. 1: 121.
98 Sally Kohn (2011): Profit on Wall Street, Recession on Main Street. *Guardian,* 24. 8. 2011. Verfügbar unter: www.guardian.co.uk/commentisfree/cifamerica/2011/aug/24/profit-wall-street-recession [24. 2. 2014].
99 Johnson a. Kwak: 13 Bankers, p. 13, 61.
100 Ibid., p. 115.
101 Johnson: The Quiet Coup.
102 Kimmitt: Public Footprints in Private Markets.
103 Lau: What the World Needs Is Financial Stability.

104 Bernard Lietaer (2009): Erhöhte Unfallgefahr. Interview, *Brand Eins* Magazin, Januar 2009. Verfügbar unter: www.brandeins.de/magazin/-afc796490a/erhoehteunfallgefahr.html [27. 2. 2013].

105 Laut dem früheren Finanzminister Larry Summers in einer Rede bei der Brookings Institution, Washington, DC, 13. 3. 2009, *Wall Street Journal.* Verfügbar unter: http://blogs.wsj.com/washwire/2009/03/13/remarks-by-lawrence-summers-at-the-brookings-institution/ [24. 2. 2014].

106 »Global Job Losses Could Hit 51m«, *BBC News,* 26. 1. 2009. Verfügbar unter: http://news.bbc.co.uk/2/hi/7855661.stm [24. 2. 2014].

107 Joseph A. Schumpeter (1975): Capitalism, Socialism and Democracy. New York (HarperCollins). [dt. (2005): Kapitalismus, Sozialismus und Demokratie. Tübingen (Francke).]

108 Ibid., p. 205.

109 Tobi Baxendale (2010): Public Attitudes to Banking. Ein Studenten-Beratungs-Projekt von ESCP Europe für das Cobden Centre. Verfügbar unter: www.cobdencentre.org/?dl_id=67 [24. 2. 2014].

110 Rudolf Steiner (1904/05): Nationalökonomischer Kurs und Nationalökonomisches Seminar: Vierzehn Vorträge. Dornach (R. Steiner Verlag).

111 Die BRAC-Bank wurde 2001 gegründet und hatte im Jahr 2011 fast 7 000 Mitarbeiter und ein Kreditvolumen von 926 Mio. US-Dollar. Mindestens 51 Prozent ihrer Kredite sind von kleiner oder mittlerer Größenordnung.

112 Margrit Kennedy et al. (2004): Regionalwährungen. München (Riemann); Phillipp Jebens (2008): Komplementärwährungen/Regionalgeld: eine Antwort auf die Globalisierung. Norderstedt (Grin).

113 Jürgen Habermas (1981): Theorie des kommunikativen Handelns, Band 2: Zur Kritik der funktionalistischen Vernunft. Frankfurt (Suhrkamp).

114 Jürgen Habermas (1981): Theorie des kommunikativen Handelns, Band 1: Handlungsrationalität und gesellschaftliche Rationalisierung. Frankfurt (Suhrkamp).

115 Jeremy Rifkin (2014): Die dritte industrielle Revolution. Frankfurt a. M. (Fischer).

116 Bill Joy (2000): Why the Future Doesn't Need Us. *Wired* 8, no. 4. Verfügbar unter: www.wired.com/wired/archive/8.04/joy.html [24. 2. 2014].

117 Erik Rauch (2012): Productivity and the Workweek. Verfügbar unter: http://groups.csail.mit.edu/mac/users/rauch/worktime [24. 2. 2014]; John de Graaf (2001): Affluenza Cure Calls for Political Action: Different Standards for Workweek an Opportunity. Special to the *Denver Post,* 29. 10. 2001.

118 Für eine eher künstlerische Darstellung derselben Aussage siehe das »Handlebars«-Video der Flobots auf www.youtube.com/watch?v=HLUXoy4EptA [24. 2. 2014].

119 Naomi Klein (2012): Geoengineering: Testing the Waters. *New York Times,* Opinion, 27. 10. 2012. Verfügbar unter: www.nytimes.com/2012/10/28/opinion/sunday/geoengineering-testing-the-waters.html?pagewanted=all&_r=1& [24. 2. 2014].

120 Division for Science Policy and Sustainable Development at UNESCO (2010): UNESCO Science Report: The Current Status of Science around the World. Executive Summary (UNESCO Publishing). Verfügbar unter: http://unesdoc.unesco.org/images/0018/001898/189883e.pdf [24. 2. 2014].
121 Global Forum, 90/10 Gap. Verfügbar unter: www.globalforumhealth.org/about/1090-gap/ [9. 12. 2012].
122 http://en.wikipedia.org/wiki/History_of_Wikipedia [24. 2. 2014].
123 www.linuxfoundation.org/news-media/blogs/browse/2011/08/what-we-know-sure-linux's-20th-anniversary [24. 2. 2014].
124 Julius Pokorny (1994): Indogermanisches etymologisches Wörterbuch. Tübingen (Francke), S. 672.
125 Schlussstrophe des Gedichts »Selige Sehnsucht«. In: West-östlicher Divan, Buch des Sängers. Hamburger Ausgabe, Bd. 2, S. 18.
126 Steve Jobs (2005): You've Got to Find What You Love. *Stanford News*, Commencement Address, 12. 6. 2005. Verfügbar unter: http://news.stanford.edu/news/2005/june15/jobs-061505.html [24. 2. 2014]. Kursivierung durch die Autoren.
127 Zitiert in Senge et al.: Presence, p. 158.
128 Jorge Majfud (2009): The Pandemic of Consumerism. *UN Chronicle* 46, nos. 3–4: Research Library Core: 87.
129 Siehe www.lohas.com [24. 2. 2014].
130 Johan Galtung prägte den Begriff *Weltinnenpolitik*.
131 Albert Hirschman (1971): Exit, Voice, and Loyalty. Cambridge, MA (Harvard University Press).
132 Wir danken Philip Cass, CEO, Columbus Medical Association and Affiliates, für diese Beobachtung.
133 http://creativecommons.org/ [24. 2. 2014].
134 Die Allmende findet sich heute u. a. immer noch in Süddeutschland, im schwedischen Gotland oder in der Schweiz.
135 Manfred Brocker (1992): Arbeit und Eigentum. Der Paradigmenwechsel in der neuzeitlichen Eigentumstheorie. Darmstadt (Wissenschaftliche Buchgesellschaft), S. 33.
136 Hardin: The Tragedy of the Commons.
137 Peter Barnes (2008): Kapitalismus 3.0. Hamburg (VSA).
138 Artikel 14, Absatz 2, Deutsches Grundgesetz.
139 http://data.worldbank.org/country/china [24. 2. 2014].
140 Andrew Malone (2008): The GM Genocide. *Mail Online*, News, 2. 11. 2008. Verfügbar unter: www.dailymail.co.uk/news/article-1082559/The-GM-genocide-Thousands-Indian-farmers-committing-suicide-using-genetically-modified-crops.html [24. 2. 2014]; und Anthony Gucciardi (2012): Monsanto's GMO Seeds Contributing to Farmer's Suicide Every 30 Min. *Natural Society*, 4. 4. 2012. Verfügbar unter: http://naturalsociety.com/monsantos-gmo-seeds-farmer-suicides-every-30-minutes [24. 2. 2014].
141 Barnes: Kapitalismus 3.0.
142 Mark Levine (2009): Share My Ride. *New York Times Magazine*, 5. 3. 2009. Verfügbar unter: www.nytimes.com/2009/03/08/magazine/08Zipcar-t.html?pagewanted=all&_r=0 [24. 2. 2014].

143 Rachel Botsman (2010): Präsentation bei TEDx Sydney, Mai 2010. Verfügbar unter: www.ted.com/talks/rachel_botsman_the_case_for_collaborative_consumption.html [24. 2. 2014].

144 Christian Felber (2010): Die Gemeinwohlökonomie: Das Wirtschaftsmodell der Zukunft. Wien (Deuticke).

145 Rachel Botsman a. Roo Rogers (2010): What's Mine Is Yours: The Rise of Collaborative Consumption.New York (HarperBusiness).

146 Kerstin Bund (2011): Käufer werden Nutzer. Interview mit Robert Henrich. *Die Zeit* 51, 15. 12. 2011. Verfügbar unter: www.zeit.de/2011/51/Car2go-Carsharing-Daimler [24. 2. 2014].

147 Vincent Graff (2011): Carrots in the Car Park. Radishes on the Roundabout. The Deliciously Eccentric Story of the Town Growing *All* Its Own Veg. *Daily Mail*, 10. 12. 2011. Verfügbar unter: www.dailymail.co.uk/femail/article-2072383/Eccentric-town-Todmorden-growing-ALL-veg.html#ixzz1n6xuJwWzCitizens [24. 2. 2014].

148 www.mondragon-corporation.com/ENG.aspx [24. 2. 2014].

149 Raymond Saner et al. (2012): Cooperatives – Conspicuously Absent in Trade & Development Discourse. CSEND Policy Brief no. 8, Geneva, November 2012. Verfügbar unter: www.csend.org/site-1.5/images/files/20121117_Co-operatives%20conspicoulsly%20absent.pdf [24. 2. 2014].

150 Siehe http://en.wikipedia.org/wiki/Internet [24. 2. 2014]; und www.ietf.org/ [24. 2. 2014].

151 Peter Senge: Closing the Feedback Loop between Mind and Matter. Privat aufgenommenes Interview am 15. 3. 1996. Verfügbar unter: www.presencing.com/presencing/dol/Senge.shtml [24. 2. 2014].

152 Konfuzius (2003): Das große Lernen (Daxue). Stuttgart (Reclam), S. 8–9.

153 Master Nan Huai-Chin: Entering the Seven Meditative Spaces of Leadership. Privates Interview, 25. 10. 1999. Verfügbar unter: www.presencing.com/presencing/dol/Huai-Chin.shtml [24. 2. 2014].

154 Francisco Varela: The Three Gestures of Becoming Aware. Privates Interview, 12. 1. 2000. Verfügbar unter: www.presencing.com/presencing/dol/Varela.shtml [24. 2. 2014].

155 Ibid.

156 Er bezeichnete dieses Selbst mit dem nicht unproblematischen Ausdruck »Übermensch«.

157 Friedrich Nietzsche (1883): Also sprach Zarathustra. Zarathustra's Vorrede, Abschnitt 4. Chemnitz (Schmeitzner). Verfügbar unter: www.nietzschesource.org [8. 3. 2014].

158 Zitiert in Roberta Grossman et al. (2004): Hannah Senesh: Her Life and Diary. Woodstock, VT (Jewish Lights), p. 304. Aus dem Hebräischen ins Englische übersetzt von Yishai Yuval.

159 E-Mail von Yishai Yuval an die Autoren, 13. 11. 2012.

160 E-Mail von Antoinette Klatzky an die Autoren, 13. 11. 2012.

161 Zitiert aus Thich Nhat Hanh (1997): Nenne mich bei meinen wahren Namen. Gesammelte Gedichte. Bielefeld (Theseus). © Droemersche Verlagsanstalt Th. Knaur Nachf. GmbH & Co. KG, München.

162 E-Mail von Dayna Cunningham an die Autoren, 8. 11. 2013.
163 E-Mail von Gail Jacobs an die Autoren, 29. 11. 2013.
164 Ibid.
165 Martin Buber (1995): Ich und Du. Stuttgart (Reclam), S. 58.
166 Abbildung erstellt von David Black, MPH, PhD, Cousins Center for Psychoneuroimmunology, Semel Institute for Neuroscience and Human Behavior, University of California, Los Angeles. Quelle: J. M. G. Williams a. J. Kabat-Zinn (eds.) (2013): Mindfulness: Diverse Perspectives on its Meaning, Origins, and Applications. London (Routledge), p. 2 .
167 Jon Kabat-Zinn (2011): Vorwort in Donald McCown et al.: Teaching Mindfulness: A Practical Guide for Clinicians and Educators. New York (Springer), p. X. [dt. (2011): Achtsamkeit lehren. Freiburg (Arbor).]
168 Persönliches Gespräch mit den Autoren.
169 Ibid.
170 Zitiert in Scharmer: Theory U, p. 416.
171 Brian Arthur: Interview, Palo Alto, Kalifornien am 16. 4. 1999. Verfügbar unter: www.presencing.com/presencing/dol/Arthur.shtml [24. 2. 2014].
172 Für weitere Beispiele siehe www.presencing.com/presencing/dol/C07.shtml. [24. 2. 2014].
173 Vgl. http://climateinteractive.org [24. 2. 2014].
174 William Isaac (2002): Dialog als Kunst gemeinsam zu denken. Köln (EHP).
175 Vgl. http://wwf.panda.org/what_we_do/footprint/water/dams_initiative/dams/wcd/ [24. 2. 2014].
176 Persönliche Gespräche mit den Autoren.
177 Zitiert in ibid.
178 Vgl. http://just-energy.org/ [24. 2. 2014].
179 Vgl. www.worldwildlife.org/what/wherewework/coraltriangle/ [24. 2. 2014].
180 Zum Beispiel erhielten wir kürzlich drei neue Anfragen über die Entwicklung von drei Sektoren umfassenden Innovations- und Führungsplattformen auf Landesebene unter Verwendung des IDEAS/ELIAS-Modells in Brasilien, Sambia und auf den Philippinen.
181 Methoden und Instrumente zu kollektiven Sensing-Sitzungen sind u. a. Stimmen aus dem Feld, persönliche Erzählungen, Systemdenken, Szenariodenken, Modelling, Constellation-Praktiken, World Café und Soziales Presencing-Theater. Vgl. zum Beispiel www.theworldcafe.com/ [24. 2. 2014] und www.presencing.com/embodiment [24. 2. 2014].
182 In einem Sonderbericht für das *Time Magazine* findet der Autor Steven Brill scharfe Worte für die Gesundheitsbranche und legt offen, dass »die Kosten, mit denen Krankenhauspatienten konfrontiert werden, wenn sie ohne eigene Wahlmöglichkeiten in diesen Markt geraten, nichts Rationales haben«. Die Beispiele reichen von 1,50 US-Dollar für eine Tylenol-Tablette (Amazon verkauft 100 Stück für 1,49 US-Dollar) bis zu 49 237 US-Dollar für ein medizinisches Ausrüstungsteil, das »ungefähr 19 000 Dollar« kostet. Steven Brill (2013): Bitter Pill: Why Medical Bills Are Kill-

ing Us. *Time,* Health and Family, 20. 2. 2013. Verfügbar unter: http://healthland.time.com/2013/02/20/bitter-pill-why-medical-bills-are-killing-us/?iid=sci-main-mostpop2 [24. 2. 2014].

183 Harry G. Summers (1982): On Strategy: A Critical Analysis of the Vietnam War. Novato, CA (Presidio), p. 1.

184 Für Beispiele vgl. http://inovacao.enap.gov.br/index.php?option=com_content&task=blogcategory&id=50&Itemid=53 [24. 2. 2014].

185 Persönliche Gespräche mit den Autoren.

186 Persönliche Gespräche mit den Autoren in Brasilien; und http://en.wikipedia.org/wiki/Participatory_budgeting [24. 2. 2014].

187 »Northern Lights: Special Report: The Nordic Countries«. *Economist,* 2. 2. 2013: 1–16.

188 Persönliche Notizen der Autoren.

189 Dieses und die folgenden Zitate in diesem Abschnitt stammen aus den Aufzeichnungen der Autoren.

190 Für Details zum Case-Clinic-Prozess vgl. http://presencing.com/tools/u-browser [24. 2. 2014].

191 E-Mail-Austausch mit den Autoren, Februar 2013.

192 Uwe Schneidewind (2012): Towards a Transformative Literacy. *Rural* 21, 11. 12. 2012. Verfügbar unter: www.rural21.com/nc/english/news/detail/article/towards-a-transformative-literacy-0000559 [24. 2. 2014].

193 Nietzsche: Also sprach Zarathustra. Die Reden Zarathustras, Von den drei Verwandlungen.

194 Robert Kegan (2008): Die Entwicklungsstufen des Selbst. München (Kindt); Robert Kegan a. Lisa Laskow Lahey (2000): How the Way We Talk Can Change the Way We Work. San Francisco (Jossey-Bass); und Robert Kegan a. Lisa Laskow Lahey (2009): Immunity to Change: How to Overcome It and Unlock the Potenzial in Yourself and Your Organization. Boston, MA (Harvard Business Press).

195 Wir danken der MIT-Studentin Elizabeth Hoffecker Moreno für wertvolle Hintergrundrecherchen zu diesem Abschnitt.

196 Siehe www.whitedog.com/ [24. 2. 2014]; und Judy Wicks (2013): Good Morning, Beautiful Business: The Unexpected Journey of an Activist Entrepreneur and Local Economy Pioneer. White River Junction, VT (Chelsea Green).

197 Judy Wicks (2004): Good Morning, Beautiful Business. Vortrag vor der E. F. Schumacher Society, Stockbridge, Massachusetts, Oktober 2004; Interview mit Judy Wicks, 23. 8. 2011; und »About Judy«, www.judywicks.com/about [24. 2. 2014].

198 Judy Wicks: Interview mit Elizabeth Hoffecker Moreno, 23. 8. 2011.

199 Ibid.

200 Wicks: Good Morning, Beautiful Business, p. 24.

201 Robert G. Eccles et al. (2011): Natura Cosméticos, S. A. Harvard Business School case no. 94–120–52. Boston (Harvard Business School Publishing).

202 Pink: Drive.
203 Susan Sweitzer (2004): Sustainable Food Laboratory: Learning History. (Unveröffentlichtes internes Dokument, zur Verfügung gestellt von der Autorin).
204 Hawken: Blessed Unrest.
205 World Wildlife Fund bleibt der offizielle Name des WWF in Kanada, den USA und Großbritannien.
206 Banken haben auch einen Wettbewerbsvorteil gegenüber Nicht-Banken aufgrund des sogenannten »Mindestreserve-Bankwesens«, was Banken erlaubt, höhere Investitionen zu tätigen, als ihnen an Einlagen zur Verfügung stehen.
207 Siehe www.gabv.org/ [24. 2. 2014].
208 Zur Unterscheidung zwischen Kauf-, Leih- und Schenkgeld vgl. Rudolf Steiner (2013): Rethinking Economics: Lectures and Seminars on World Economics. Great Barrington, MA (SteinerBooks).
209 Matthew Valencia (2013): Storm Survivors. *Economist*, special report on offshore finance, 16.–22. 2. 2013: 4.
210 Fritz Andres (1994): Alterndes Geld im Mittelalter. *Info* 3 (Juni): 17.
211 Bill Torbert (2001): The Practice of Action Inquiry. In: Peter Reason a. Hilary Bradbury (eds.): Handbook of Action Research: Participative Inquiry and Practice. Thousand Oaks, CA (Sage), p. 250.
212 Für weitere Informationen über edX, siehe https://www.edx.org [24. 2. 2014].
213 Senge et al.: Presence; Scharmer: Theory U.
214 Siehe http://presencing.com/tools/u-browser [24. 2. 2014].
215 Persönliche Gespräche mit den Autoren.
216 Lyonchen Jigme Y. Thinley (2009): Keynote Address. Karen Hayward und Ronald Colman, Educating for Gross National Happiness Workshop, 7.–12. 12. 2009, vorbereitet für das Erziehungsministerium, Royal Government of Bhutan, Thimphu, Bhutan, Januar 2010.
217 Lyonchen Jigmi Y. Thinley, Thimphu, 7. 12. 2009.

Sach- und Personenregister

Über die Autoren

C. Otto Scharmer, Dr., ist Senior Lecturer am Massachusetts Institute of Technology (MIT) und Gründer des Presencing Instituts und der u-school for Transformation. Er ist Mitglied des UN Learning Advisory Council for the 2030 Agenda, des World Future Council und der High-Level 21st Century Transformational Economics Commission des Club of Rome. Er wurde mit dem Jamieson Prize for Teaching Excellence des MIT und dem European Leonardo Corporate Learning Award ausgezeichnet. Im Jahr 2021 erhielt er den Elevating Humanity Award des Organizational Development Network. Veröffentlichungen u. a.: *Theorie U – Von der Zukunft her führen. Presencing als soziale Technik* (5., völlig überarb. u. erw. Aufl. 2020) und *Essentials der Theorie U – Grundprinzipien und Anwendungen* (2. Aufl. 2022).

Weitere Informationen: www.ottoscharmer.com

Katrin Käufer ist Gründungsmitglied und Forschungsdirektorin des Presencing Instituts in Cambridge, Massachusetts, und Fellow am Community Innovators Lab (CoLab) des Instituts für Urbane Studien und Planung des Massachusetts Institute of Technology (MIT). Ihr 2022 veröffentlichtes Buch *Just Money – Mission-driven Banks and the Future of Finance* wurde mit dem Axiom Business Book Award ausgezeichnet.